华中区域气候变化评估报告

主　编：崔讲学

副主编：万素琴　刘　敏　陈正洪

　　　　廖玉芳　王纪军

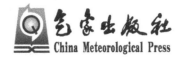

气象出版社

China Meteorological Press

内容简介

华中区域包括河南省、湖北省、湖南省。《华中区域气候变化评估报告》内容包括华中区域气候变化科学基础、影响与适应、分省报告三编共 16 章,对华中区域气候变化事实及原因、气候变化已经产生的影响、未来气候变化预估及可能影响等科学问题进行了系统梳理,较全面反映和展示了华中区域气候变化研究进展和成果。

本书可供各级政府及相关行业决策部门在制订适应气候变化战略和措施时参考使用,也可供气象、农业、林业、水文、能源等领域的科研与教学人员参考使用。

图书在版编目(CIP)数据

华中区域气候变化评估报告/崔讲学等编. —北京:气象出版社,2013.11
ISBN 978-7-5029-5839-8

Ⅰ.①华… Ⅱ.①崔… Ⅲ.①气候变化-评估-研究
报告-中南地区 Ⅳ.①P468.26

中国版本图书馆 CIP 数据核字(2013)第 255026 号

出版发行:气象出版社

地　　址:	北京市海淀区中关村南大街 46 号	邮政编码:	100081
总 编 室:	010-68407112	发 行 部:	010-68409198
网　　址:	http://www.cmp.cma.gov.cn	E-mail:	qxcbs@cma.gov.cn
责任编辑:	隋珂珂	终　　审:	汪勤模
封面设计:	博雅思企划	责任技编:	吴庭芳
印　　刷:	北京京华虎彩印刷有限公司		
开　　本:	787 mm×1092 mm　1/16	印　　张:	15.25
字　　数:	392 千字	彩　　插:	2
版　　次:	2014 年 5 月第 1 版	印　　次:	2014 年 5 月第 1 次印刷
定　　价:	60.00 元		

《华中区域气候变化评估报告》编写委员会

主　　编：崔讲学

副 主 编：万素琴　刘　敏　陈正洪　廖玉芳　王纪军

编写人员：万素琴　刘　敏　陈正洪　任永健　廖玉芳

　　　　　王纪军　高　媛　周　博　曾小凡　王学雷

　　　　　江明喜　王海军　翟红楠　党海山　彭嘉栋

　　　　　潘　攀　刘安国　孙　杰　王　凯　史瑞琴

　　　　　夏智宏　向　华　叶丽梅　常　军　赵福华

　　　　　杨宏青　刘志雄　邓爱娟　杜东升　吴贤云

　　　　　邹用昌　李　兰　梁益同　王万里　杨爱萍

　　　　　李　辉　王晓燕　吴宜进　张海林　秦鹏程

　　　　　王　苗

统　　稿：万素琴　任永建

校　　稿：王　凯　孙　杰　夏智宏　万素琴

审　　稿：崔讲学　万素琴　刘　敏　陈正洪

咨询专家：沈晓农　丁一汇　居　辉　翟盘茂　罗　勇

　　　　　孙　颖　高　云　巢清尘　任国玉　姜　彤

　　　　　刘洪滨　郭建平　熊安元　杜尧东　田　啟

　　　　　徐夏楠　蔡正方　高广金　李嗣军　何报寅

　　　　　蔡庆华　陈　辉　徐　影　许红梅　苏布达

　　　　　翟建青　陈葆德　侯依玲　袁佳双　王金星

　　　　　何　勇　姜海如　周月华　赵　瑞　何志学

　　　　　潘鄂芬　张　勤

序　一

全球气候正在经历着以变暖为主要特征的显著变化,由此引起了一系列气候与环境问题,对农业、自然生态系统(如湖泊湿地、森林等)、水资源、人类健康和社会经济等产生了显著影响,受到了社会各界的广泛关注。应对气候变化已经成为全球可持续发展的重要命题,也是我国经济社会发展面临的现实问题。

华中区域位于我国中部的黄河中下游和长江中游地区,是全国东、西、南、北四境过渡的要冲,起着承东启西、沟通南北的重要作用,在我国国民经济发展全局中具有举足轻重的地位。第一,华中区域三省是我国重要的粮食生产基地,河南省小麦、湖南省稻谷、湖北省油菜面积和产量均居全国首位;第二,华中区域水资源丰富,长江、黄河、淮河等河流横穿境内,湖泊水库众多,长江三峡工程、南水北调中线工程等重大水利工程建设与安全运行,以及防汛抗旱、水电开发、生态环境保护等任务艰巨;第三,以武汉、郑州、长沙等大城市为中心的武汉城市圈、长株潭城市圈、中原经济区经济发展快,都面临着节能减排、保护环境与经济发展相协调的现实问题。

华中区域也是我国南北气候过渡带,气候复杂多变,气象灾害频繁。近50年来,区域年平均气温和最低气温上升明显,气温日较差减小,夏季延长,冬季缩短,强降水发生频率增加,旱涝转换加快。全球气候变化的负面影响日益突出,应对气候变化的挑战越来越大。加强华中区域适应气候变化特别是应对极端气候事件能力建设,不仅是实现区域经济社会又好又快发展必须重视和解决的现实问题,也是保障人民生命财产安全必须重视和解决的重大民生问题。因此,科学应对气候变化,保障区域经济社会可持续发展十分重要,也十分紧迫。作为科学应对气候变化的基础工作,编制华中区域气候变化评估报告,具有重要的意义和应用价值。

在2010年中国气象局气候变化科研专项的支持下,河南、湖北、湖南三省气象局联合相关部门业务科研人员经过两年多的努力,细化和补充《气候变化国家评估报告》,完成了《华中区域气候变化评估报告》。该报告对华中区域及区域三省气候变化基本事实、影响进行了科学评估，从农业、水资源、湿地生态、森林生态、重大工程、人类健康、能源消费等方面提出了区域适应气候变化的措施及建议。我很高兴为该报告作序，并将此推荐给政府有关部门以及广大科技工作者。我特别感谢参与编写和出版该报告的作者、评审专家和气象出版社。

中国气象局局长 郑国光

2013 年 12 月

序　二

　　湖北省位于我国中部地区,是中国重要的工业、农业和科教大省,自然资源富集,交通区位优越,产业实力雄厚,科技教育发达,发展潜力巨大。2007年国务院正式批准武汉城市圈成为"全国资源节约型和环境友好型建设综合配套改革试验区",2010年湖北省被国家发展和改革委员会确定为全国首批低碳示范省区之一。近年来湖北省深入实施"两圈一带"战略,加快构建促进中部地区崛起的重要战略支点,推进跨越式发展,社会经济处于历史上最好、最快的发展时期。这个时期也是对能源需求最旺盛的时期。从减缓气候变化的角度讲,节能减排的压力很大,从适应气候变化的角度讲,产业结构和布局调整、科技创新的任务很繁重。

　　另一方面,湖北省地处我国东亚季风区,属南北气候过渡带,是气候变化的敏感区域。在全球气候变暖的背景下,湖北省的气候也发生了显著变化,年平均气温和最低气温上升明显,气温日较差减小,夏季延长,冬季缩短,强降水发生频率增加。气候变化对湖北省经济社会发展的影响已经显现,如极端天气气候事件频发、危害加重,抗灾投入大幅增加;气温变幅加大以及水分条件的变化导致湖北省农业生产的不稳定性增加,病虫草害趋于严重;导致湖北省湿地面积减少、生物多样性改变、生态功能下降;增加了湖北省境内重大工程安全运行的风险;对湖北省公共卫生安全产生了不容忽视的影响;增大了湖北省电力供应的压力。根据气候模式模拟结果,未来50年,湖北省年平均气温将继续上升,暴雨、干旱、高温热浪、强风雹、强雷暴等极端天气气候事件发生频次将增加,强度加剧,如不采取适应措施,将对经济社会发展和人民生命财产安全造成严重影响。因此,科学应对气候变化、有效减灾防灾成为湖北省各级政府、各部门的重点工作。编制气候变化评估报告,是科学应对气候变化工作的基础,能够为应对气候变化提供最直接的科学依据。

　　为此,在中国气象局的领导和组织下,由湖北省气象局牵头,多个单位参加,经过两年多的努力,完成了《华中区域气候变化评估报告》。本书系统地揭示了华中区域气候变化的事实,研究总结了气候变化对华中区域农业、水资源、湿地生态系统、森林生态系统及能源消费已经产生的影响和未来几十年可能产生的影响;提出适应气候变化的建议。这对于各级领导和广大公众认识气候变化,提高应对气候变化意识具有重要的作用。

　　本书即将出版发行,我很高兴为其作序,并推荐给政府决策部门、科技人员及广大读者。

湖北省气候变化委员会主任 邓楚光

2013 年 12 月

前　言

华中区域位于我国中部、黄河中下游和长江中游地区,起着承东启西、沟通南北的重要作用,在我国整个国民经济发展中具有举足轻重的地位。华中区域是我国南北气候过渡带,气候复杂多变,气象灾害及其次生灾害发生频繁。在全球气候变暖的背景下,华中区域面临着气候变化可能带来的诸多不利影响,将制约区域经济的发展。因此,科学地应对气候变化、推动区域经济持续发展显得十分重要和紧迫。编制华中区域气候变化评估报告,能够为河南、湖北、湖南三省政府及各部门应对气候变化提供最直接的科学依据。

《华中区域气候变化评估报告》分为三编。第一编为科学基础,利用过去 50 年实测气象资料系统地揭示了华中区域基本气候要素、极端天气气候事件变化基本事实和规律,分析区域气候变化的成因,对 21 世纪未来 90 年气温、降水及极端气候事件变化趋势做出预估。第二编为影响与适应,主要依据大量文献成果,补充了部分研究,评估了过去 50 年气候变化对区域农业、水资源、湿地生态系统、森林生态系统、重大工程、人体健康及能源已经产生的影响;预估了未来气候变化对华中区域农业、水资源、湿地生态系统、森林生态系统、重大工程、人体健康及能源可能产生的影响,提出华中区域适应气候变化的若干建议,为区域各省应对气候变化提供决策依据。第三编为分省报告,分别针对河南、湖北、湖南三省揭示了 50 年气候要素、极端天气气候变化事实,评估了过去 50 年气候变化对各省敏感行业的影响,提出了适应气候变化建议和措施。

各篇章编写人员如下:

第 1 章	万素琴	刘　敏					
第 2 章	王海军	高　媛	周　博	任永健	史瑞琴	万素琴	王　凯
	杨宏青	王　苗					
第 3 章	王海军	高　媛	周　博	向　华	叶丽梅	万素琴	王　凯
	杨宏青						
第 4 章	王　凯	高　媛	周　博	王万里	梁益同	孙　杰	吴宜进
	张海林	秦鹏程					
第 5 章	任永健	陈正洪	史瑞琴				
第 6 章	任永健	万素琴					
第 7 章	万素琴	刘安国	刘　敏	潘　攀	赵福华	刘志雄	邓爱娟
	杨爱萍						
第 8 章	曾小凡	夏智宏	王纪军	潘　攀	常　军	廖玉芳	赵福华

彭嘉栋

第 9 章　王学雷　王晓燕　李　辉　王纪军　廖玉芳　潘　攀　常　军
　　　　　赵福华　彭嘉栋

第 10 章　江明喜　党海山　王纪军　潘　攀　常　军　廖玉芳　赵福华
　　　　　彭嘉栋

第 11 章　任永健　万素琴　王纪军　常　军

第 12 章　翟红楠　陈正洪　王纪军　廖玉芳

第 13 章　任永健　陈正洪　李　兰

第 14 章　王纪军　潘　攀　常　军　高　媛　周　博　史瑞琴　向　华
　　　　　叶丽梅

第 15 章　万素琴　孙　杰　曾小凡　王学雷　党海山　高　媛　周　博
　　　　　任永健　史瑞琴　向　华　叶丽梅

第 16 章　廖玉芳　赵福华　杜东升　吴贤云　邹用昌　高　媛　周　博
　　　　　史瑞琴　向　华　叶丽梅

附　　录　万素琴　任永健　高　媛　周　博

《华中区域气候变化评估报告》编制由 2010 年中国气象局气候变化专项资助,编制工作由湖北省气象局牵头主持,河南省气候中心、湖南省气候中心、中国科学院测量与地球物理研究所、中国科学院植物园、华中科技大学、华中农业大学、华中师范大学、湖北省疾病预防控制中心、武汉市气象局等十家单位的四十多位业务、科研人员共同完成。报告在编写和修改过程中,中国气象局科技与气候变化司多次组织有关专家,对报告提出了很好的修改意见。另外,报告能顺利出版,还得益于湖北省发展和改革委员会、河南省发展和改革委员会、湖南省发展和改革委员会的大力支持和帮助。在此表示衷心感谢!

本书虽然经多次修改完善,但由于涉及面广,尤其是未来气候变化预估、气候变化对各行业的影响等方面存在较多不确定性和复杂性,加上目前针对华中区域开展的气候变化影响研究积累较少,不足之处在所难免,恳请广大读者批评指正,以便我们在后续的工作中不断完善。

作者

2013 年 10 月

目　　录

第二编　影响与适应

第一编　科学基础

第1章　绪　　论

　　为了科学地制定和实施应对全球气候变化的措施,联合国政府间气候变化专门委员会(IPCC)于 1990、1996、2001、2007 年先后发布了四次全球气候变化的科学评估报告。美、英等发达国家也开展了国家级气候变化评估的工作,针对气候变化对本国的影响进行了全面评估,并提出了适应性对策。中国政府对气候变化的影响高度重视,于 2006 年 12 月 26 日发布第一次《气候变化国家评估报告》,这是发展中国家编写的第一份气候变化评估报告,2011 年出版了《第二次气候变化国家评估报告》。本章简要介绍 IPCC 报告、国家气候变化评估报告主要结论、本报告编写的必要性及解决的主要问题。

1.1　IPCC 评估报告的主要结论

　　1990 年 IPCC 发布第一次评估报告(FAR)。报告指出(IPCC,1990):过去 100 年全球平均气温已经上升 0.3~0.6℃,海平面上升 0.1~0.2 m,温室气体尤其是 CO_2 浓度由工业革命(1750—1800 年)时的 230 ppm 上升到 353 ppm。如果不对温室气体的排放加以控制,到 2025—2050 年间,大气温室气体浓度将增加一倍左右,全球平均温度到 2025 年将比 1990 年之前升高 1℃左右,到 21 世纪末将升高 3℃左右(比工业化前高 4℃左右)。海平面高度到 2030 年将升高 0.20 m,到 21 世纪末升高 0.65 m。IPCC 第一次评估报告主要采用不同复杂程度的大气—海洋—陆面耦合模式对未来气候变化进行预估,在大气 CO_2 加倍的情景下,模拟结果表明未来 50~100 年全球平均增温 1.5~3.5℃,但报告同时指出,预估结果存在很多不确定性。利用 CO_2 倍增情景,评估了未来气候变化对农业、林业、自然地球生态系统、水文和水资源、海洋与海岸带、人类居住环境、能源、运输和工业各部门、人类健康和大气质量以及季节性雪盖、冰和多年冻土层的影响,并初步提出了针对上述气候变化的响应对策。IPCC 第一次评估报告确认了有关气候变化问题的科学基础,初步揭示了全球气候变暖的事实,并指出自然波动或人类活动或二者共同影响是造成近百年的气候变化可能原因。IPCC 第一次评估报告的发布,使全世界对温室气体排放和全球变暖之间的联系产生了警觉,增进了各国政府间在气候变化问题上的对话,并促使联合国大会做出了制定联合国气候变化框架公约(UNFCCC)的决定。

1996 年 IPCC 发布第二次评估报告(SAR)。与第一次评估报告相比,报告的主要成果表现在四个方面(IPCC,1996):(1)对未来气候情景的设置,在原有的 CO_2 浓度增加基础上,还考虑了气溶胶浓度增长带来的直接辐射作用。结果表明,相对于 1990 年,2100 年的全球平均气温将上升 $1\sim3.5℃$,海平面上升 $0.15\sim0.95$ m,在一些地区会出现严重的洪涝干旱灾害。(2)人类健康、陆地和水生生态系统和社会经济系统对气候变化的程度和速度十分敏感,有些不利影响是不可逆的,但有些影响是有利的。(3)提出了使大气温室气体浓度稳定的方法和可能措施。(4)提出了公平问题是制定气候变化政策、公约及实现可持续性发展的一个重要方面。IPCC 第二次评估报告中使用了更为复杂的全球耦合气候模式,并第一次考虑了较为真实 CO_2 浓度和气溶胶的强迫效益,模拟结果与 20 世纪气候变化特征更为吻合。与此同时,报告进一步指出人类活动是气候变暖的主要原因。

2001 年 IPCC 发布第三次评估报告(TAR)。报告主要成果为(IPCC,2001a,b):(1)近一百多年(1860—2000 年)全球平均气温上升的范围是 $0.4\sim0.8℃$,变暖程度是近千年中最显著的。20 世纪海平面上升了 $0.1\sim0.2$ m,极端天气/气候事件(暴雨、干旱等)强度有增强的趋势并可能与全球变暖有关。报告采用了新的排放情景,利用改进的更复杂的海气耦合模式和简化的海气耦合模式重新对未来 100 年气候变化进行预估。结果表明:21 世纪全球气温将上升 $1.4\sim5.8℃$,海平面上升 $0.1\sim0.9$ m,与第一和第二次评估报告的结果较为一致。(2)综合了气候变化对自然和人类系统的影响及其脆弱性。(3)提出了减缓措施和对策建议,特别是限制或减少温室气体排放和增加"汇"的对策等。关于变暖的原因,报告首次指出"过去 50 年观测到的大部分增暖可能归因于人类活动(66%以上可能性)"。IPCC 第三次评估报告为各国政府制定应对气候变化的政策,为《京都议定书》的生效与如何具体执行提供了科学支撑,并促使在气候公约谈判中引入了适应和减缓的议题。第三次评估报告特别强调适应气候变化的重要性,推动了《气候变化影响、脆弱性和适应的内罗毕工作计划》的制定,也为 2002 年第二次地球首脑峰会宣言提供了重要基础。

2007 年 IPCC 正式发布第四次评估报告(AR4)。与以往评估报告相比,本次报告强调了有关气候变化预估不确定性问题的研究成果,更加突出了气候系统的变化,描述了气候系统多圈层的观测事实,并阐述了气候系统各圈层的多种过程及其变化的主要原因。第一工作组报告(《气候变化 2007:科学基础》)主要评估了气候变化的科学事实、过程、归因、预估及其不确定性。评估结论主要有:

(1)气温变化特征。1906—2005 年 100 年间全球年均地表气温上升了 0.74℃,其中 1956—2005 年 50 年升温达 0.65℃;20 世纪后半叶可能是过去 1300 年中最暖的 50 年。其中北半球中高纬地区升温最明显,这使中高纬许多地区的非冰冻季节延长(IPCC,2007)。

不同季节全球年均地表气温的增加速率也存在明显差异,以增温速率相对较大的 1976—2000 年为例,其年均地表气温升高最为显著的是冬季,特别是北半球中高纬地区,春季增幅次之;秋季增幅最弱,某些地区还表现为降温趋势;夏季增温则比较弱(气候变化国家评估报告,2007)。增温的另一个特征是夜间地表温度增高明显,自 1950 年以来,全球陆面夜间的日平均最低温度的增加率是白天日平均最高温度增加率的 2 倍(任国玉等,2004),气温日较差明显变小。

（2）降水变化特征。观测表明,降水在数量、强度、频率和类型等方面都在发生着变化（丁一汇等,2008）。与此同时,相关的研究表明,20 世纪全球陆地上的降水增加了 2% 左右（Hulme,1998）,但各个地区实际的变化并不一致（Karl T R, et al.,1998）。在北半球大陆中高纬大部分地区,20 世纪降水增多最为明显,30°～85°N 陆地地区降水量增加 7%～12%,且以秋冬季节最为显著。热带(10°N 到 10°S)增加 2%～3%；但是,在北半球副热带陆地地区,年降水量却明显减少,这在非洲北部表现得特别明显,而在南半球 0°～55°的大陆区域的降水量增加 2% 左右。由于海洋上的降水观测资料非常少,目前还难以估计全球海洋平均降水变化趋势,因而也难以估计过去 100 多年全球平均的降水量变化趋势（气候变化国家评估报告,2007）。

（3）极端天气气候事件。从极端天气气候事件的变化研究来看,与温度有关的指标在近 50 年中变化明显,如夏季暖夜日数显著增加,霜冻日数显著减少,年内温度较差显著减少等（Frich P, et al.,2002）。总体来说,在全球范围内呈现出热日增多而冷日减少的变化事实。

与降水有关的指标反映出降水的局地性变化（气候变化国家评估报告,2007）。过去 50 年雨季的极端强降水和总降水变化的线性趋势在全球不同地区存在着明显差异,但共同的特点是极端强降水的线性趋势比总降水的增加幅度大（Easterling, et al.,2003）,连续 5 d 最大降水量和大雨降水事件频率显著增加（Frich P,2002）。北半球中高纬地区在 20 世纪后半叶,极端强降水事件频率平均上升 2%～4%（Houghton J T, et al.,2001）。

（4）气候变化归因及未来变化。IPCC(2007a)进一步肯定了人类活动是近 50 年全球气候变暖的主要原因（90% 以上可能性）；在温室气体排放的多种情景下,到 21 世纪末全球地面平均气温将上升 1.1～6.4℃,海平面相应升高 0.18～0.59 m；与此同时,高温、热浪、强降水等极端天气事件的发生频率和强度很可能增加,生态系统和人类社会将受到严重威胁。

第二工作组报告（《气候变化 2007:影响、适应和脆弱性》）主要评估了气候变化已产生的和未来可能的影响,提出了适应气候变化的对策建议（IPCC,2007b）。全球气候变暖已经对许多自然系统和生物系统产生了可辨别的影响,但由于适应和非气候因子的作用,仍有许多影响仍难以辨别。气候变化将对未来自然生态和经济社会发展产生长期的影响,如果不采取切实可行的重大行动,数以亿计的人口将面临饥饿、缺水、洪水及疾病等的威胁。但报告最后也指出,社会经济系统的脆弱性不仅取决于气候变化,还取决于发展的路径,促进可持续发展,采取兼顾适应和减缓的政策措施,可以降低气候变化的风险。

第三工作组报告（《气候变化 2007:减缓》）主要评估了温室气体排放的历史演变和未来趋势、温室气体排放减缓的潜力与成本及政策措施。报告（IPCC,2007c）指出,2004 年全球温室气体排放相比 1970 年增长了 70%,相比 1990 年增长了 24%。如果不采取进一步的措施,到 2030 年全球温室气体排放还将增长 40%～110%。为了减缓气候变化,必须将大气中温室气体的浓度稳定在一定水平,因而需要大幅度减少温室气体排放。对于全球减排的前景,报告作出了比较乐观的估计,认为现有各种技术手段和许多在 2030 年以前具有市场可行性的低碳和减排技术,可以实现较低成本的有效减排。同时,通过国际合作的一致行动以及合理的政策措施,可持续发展与减排之间并不矛盾,还可以相互促进,有助于最终实现"公约"将温室气体浓度稳定在较低水平的长期目标。

IPCC 第四次评估报告综合、系统、全面地评估了气候变化的最新研究结果,在气候公约谈判中发挥了重要作用,大大消除了对气候变化是否真实和正在发生气候变化的怀疑,并将口头响应提升到最高政治层面的行动和公众意识的觉醒,是国际科学界和各国政府在气候变化科学认识方面形成的共识性文件,已为联合国气候变化大会的召开和国际社会应对气候变化提供了重要决策依据。

1.2 《气候变化国家评估报告》主要结论

中国政府于 2002 年启动了第一次气候变化国家评估报告的编写工作,该报告于 2006 年 12 月正式发布。这份报告是在国家气候变化对策协调小组指导下,由科技部、中国气象局、中科院等十二个国家部委共同组织跨学科、多领域专家组的综合研究而成。《气候变化国家评估报告》(以下简称《国家报告》)共分"气候变化的历史和未来趋势"、"气候变化的影响与适应"和"减缓气候变化的社会经济评价"三个部分。第一部分主要阐述了中国气候变化的基本事实与可能原因,对 21 世纪全球与中国的气候变化趋势做出预估。并分析了气候变化科学研究中的不确定性,为气候变化影响研究提供气候演变事实及未来气候变化情景,为政府制定适应与减缓对策提供科学依据。第二部分主要评估了气候变化对中国敏感领域如农业、水资源、森林及其他自然生态系统、海岸带环境与近海生态系统、人体健康以及重大工程的影响,分析了气候变化对中国不同区域的影响,并提出适应气候变化措施。第三部分主要对中国未来减缓碳排放的宏观效果及社会经济影响进行了综合评价,并对全球应对气候变化的公平性原则及国际合作行动进行了综合评价,阐述了中国减缓气候变化的战略思路与实施对策。

报告指出,近百年来中国年平均地表温度明显增加,升温幅度在 0.5～0.8℃,比全球平均值略高;近 50 年中国增温尤其明显,主要发生在 20 世纪 80 年代中后期;近 100 年和近 50 年降水量变化趋势不显著,但年际波动较大。21 世纪中国气温将继续上升,其中北方增温大于南方,冬春季增暖大于夏秋季。中国降水量也呈增加趋势,降水日数在北方显著增加,降水区域差异更加明显。未来中国的极端天气气候事件发生频率可能增加,中国将面临更明显的干旱、寒冷、高温极端事件的气候变化。

报告还指出,气候变化对中国产生了严重影响,气候变化已有的影响是现实的、多方面的。各个领域和地区都存在有利和不利影响,但以不利影响为主。受气候变化影响,20 世纪 50 年代以来,中国沿海海平面每年上升 1.4～3.2 mm;西北冰川面积减少了 21%;西藏冻土最大减薄了 4～5 m;某些高原内陆湖泊水面升高;西南、三江平原和青海湿地面积减少、功能衰退;近 20 年来,春季物候期提前了 2～4 d;海南和广西海域发现珊瑚白化;气候变化使农业生产的不稳定性增加,产量波动增大。北方及南方局部干旱高温危害加重,但增温使东北地区冬小麦种植北界北移西延,粮食产量增加;中国六大江河的实测径流量五十年以来都呈下降趋势,同时,长江、松花江等局部地区洪涝灾害频繁发生;气候变化还增加疾病的发生和传播。

报告提出未来 50 到 100 年在全球继续变暖条件下,气候变化对中国自然生态系统和社会经济部门的影响将加剧。中国北方地区年平均径流可能减少 2%～10%,而南方地区平均增加 24%;各地森林生产力将增加 1%～10%,但林火灾害、森林病虫害传播范围会扩大、程度加重,部分林业工程区可能逐步转化为非宜林地;青藏铁路沿线多年冻土会进一步退化,影响路基稳定性,威胁铁路运营安全;气候变化可能导致风景地的变迁,对旅游业不利;气候变暖还将增加未来中国夏季制冷的电力消费需求。

《国家报告》对中国的气候变化事实、未来趋势与影响,以及相关国际公约对我国生态环境、经济社会等方面可能带来的影响做了综合分析和整理,为制定和实施应对气候变化的国家战略和对策、支持国家在气候变化领域的国际活动、指导气候变化的科学研究和技术创新、促进经济和社会的可持续发展提供了科学的技术支撑,为各级政府制定国民经济和社会发展规划提供重要参考依据。同时,《国家报告》对促进我国国民经济各领域尤其是能源领域的技术创新,以及对外交、环境及社会经济发展产生了重大的影响。并且提出了我国应对全球气候变化的立场、原则主张及相关政策,是我国应对气候变化工作的一个重要里程碑。

为满足新形势下应对气候变化内政外交的需求,2008年12月我国再次启动由科技部、中国气象局、中科院联合牵头组织,国内其他相关部门共同参与的《第二次气候变化国家评估报告》编制工作,并于2010年12月完成编写工作。此次国家评估报告在第一次评估报告的基础上进行拓展和延伸,主要涉及中国的气候变化、气候变化的影响与适应、减缓气候变化的社会经济影响评价、气候变化有关评估方法的分析以及中国应对气候变化的政策措施、采取的行动及成效等五部分内容。《第二次气候变化国家评估报告》的编写以满足国家应对气候变化内政外交需求为目标,突出了中国特色;编写工作对我国气候变化研究的关键问题进行了系统梳理,全面、准确、客观、平衡地反映我国科学界在气候变化领域最新、最重要的研究进展和成果,展示我国在应对气候变化方面取得的成效。同时,《第二次气候变化国家评估报告》注意将评估结论建立在坚实的科学研究基础之上,充分考虑目前对气候变化问题认识的局限性和科学不确定性。

《第二次气候变化国家评估报告》指出,在百年尺度上,中国的升温趋势与全球基本一致。1951—2009年中国陆地表面平均温度上升1.38℃,变暖速率为0.23℃/10a。中国降水无明显的趋势性变化,但是存在20~30年尺度的年代际振荡。1951年以来,中国的高温、低温、强降水、干旱、台风、浓雾、沙尘暴等极端天气/气候事件的频率和强度存在变化趋势,并有区域差异。强降水事件在长江中下游、东南和西部地区有所增多、增强,全国范围小雨频率明显减少;全国气象干旱面积呈增加趋势,其中华北和东北地区较为明显;冷夜、冷昼和寒潮、霜冻日数减少,暖夜、暖昼日数增加;登陆台风频数下降,带来的降水量明显减少;全国浓雾日数略减,东部霾日明显增加;北方地区沙尘暴频率总体显著减少。

气候变化对各领域的影响已经显现。对中国农业的影响利弊共存,以弊为主。总体上,海河、黄河、辽河等北方河流的实测径流量减少较为明显,长江、黄河源区以及内陆河山区生态系统退化。气候变化对中国的影响存在区域差异,生态环境越脆弱的地区,受气候变化的影响越显著。

1.3　本报告编制的目的意义

1.3.1　华中区域基本概况及在全国的地位

华中区域包括河南、湖北、湖南三个省,介于24°39′~36°22′N,108°21′~116°39′E,横跨约 8 个经度、12 个纬度,面积约 56 万 km²,人口约 2.26 亿。华中区域位于我国中部、黄河中下游和长江中游地区,地处华北、华东、西北、西南与华南之间,是全国东西、南北四境过渡的要冲,起着承东启西、沟通南北的重要作用。华中区域是我国南北气候过渡带,气候复杂多变,暴雨、洪涝、干旱、高温、雷暴、冰雹等多种气象灾害及其次生灾害发生频繁。华中地区在我国整个国民经济发展中具有举足轻重的地位。第一,华中区域三省均为粮食大省,是我国重要的粮食生产基地,其中湖南稻谷产量居全国第一,河南小麦产量居全国第一,湖北油菜种植面积和产量居全国第一;第二,华中区域水资源丰富,区域内水系纵横,长江、黄河、淮河等河流横穿境内,湖泊、水库众多,有全国乃至世界闻名的长江三峡、南水北调中线等重大中型水利工程,防汛抗旱、水电气象、水资源开发、生态与气候服务等任务艰巨。第三,华中区域交通优势明显,区域内交通线路密集,在我国的高速公路网、航空、内河水运中占有重要地位。以郑州、武汉、长沙等大城市为中心的城市群发展迅速,人口密集,经济社会快速发展。2007 年武汉城市圈、长株潭城市圈得到国务院的正式批准,同时成为"全国资源节约型和环境友好型建设综合配套改革试验区",2011 年《国民经济和社会发展第十二个五年规划纲要》明确提出重点推进中原经济区等区域发展。

1.3.2 华中区域气候变化评估报告编制的必要性

第一,编制华中区域气候变化评估报告是华中区域经济社会可持续发展的需要。华中区域三省位于我国中部地区,也面临着气候变化可能带来的不利影响。全球气候变化趋势在这一区域的表现也非常明显。以全球变暖为主要特征的气候变化对本区域最主要和直接影响包括:气候变化导致部分极端天气/气候事件增加,使防灾减灾的压力更大;气候变化可能导致农业产量波动增加、农作物品质下降、品种退化加快、病虫害增加等;气候变化加剧极端天气气候事件发生,导致水资源管理和调度难度增大,旱涝频率加大,水资源供需矛盾更加突出;气候变化导致部分疾病增加和部分疾病的危险性加大,人的健康受到不利影响等。此外,我国采取的减排温室气体、减缓气候变化的措施要求区域各省调整产业结构、能源结构,在短期内或对部分地方的经济发展有一定影响。同时,中央关于"中部崛起"宏观战略的实施,如武汉城市圈、长株潭城市圈、中原经济区建设和区域发展,也对区域三省社会经济发展模式提出了新的更高的要求。华中区域气候变化评估报告的编制,能够在较大程度上为减缓和适应本地区气候变化提供最直接的科学依据,保障区域经济可持续发展。

第二,编制华中区域气候评估是区域各省科学应对气候变化工作的基础。"全球变暖"是指全球平均地面气温升高,它是区域平均的结果,即区域气候变化决定了全球变化。目前绝大多数应对气候变化的措施都是建立在全球变暖是气候系统对辐射强迫增加线性响应这样一个简单的理论基础上。换言之,目前大多数气候政策并没有考虑气候变化在区域尺度的复杂性与不确定性,因此,加强区域气候变化研究,也是建立科学应对气候变化措施的基础。

第三,华中区域气候变化评估报告是对《气候变化国家评估报告》在区域尺度上的细化和补充。《气候变化国家评估报告》是国家层面的气候变化评估报告,是针对全国范围的气候变化、影响及其适应进行系统梳理,而没有具体到各个区域。但一方面中国地域辽阔,地形复杂,东西南北跨度大,气候丰富多样,各地气候变化也各有差异;另一方面,不同区域的地理环境、气候特征、经济发展水平等差异显著,气候变化造成的影响也不尽相同。因此,从区域经济社会发展需求看,《气候变化国家评估报告》过于宏观,针对性不足,需要针对区域特点,开展区域气候变化评估,特别需要针对关键脆弱地区开展区域尺度上气候变化及其影响、脆弱性、适应性评估。例如越来越多的证据表明,局地性因素(如土地利用及覆盖状况改变)是局地气候变化的重要原因。因此,详细分析和认识华中区域性气候变化并进行科学归因,既是对《气候变化国家评估报告》不可缺少的补充,也是区域内各级政府制定可持续发展战略的迫切要求。

1.4　本报告拟解决的主要问题

本报告通过文献综述和自主研究,试图回答华中区域气候变化的若干重点科学问题。报告拟解决的主要问题有:

(1)系统地揭示华中区域基本气候要素、极端天气/气候事件变化基本事实和规律,分析区域气候变化的成因;

(2)分析总结气候变化对华中区域农业、水资源、湿地生态系统、森林生态系统、重大工程、人体健康及能源已经产生的影响;

(3)预估华中区域 21 世纪气温、降水及极端气候事件变化趋势;

(4)预估 21 世纪气候变化对华中区域农业、水资源、湿地生态系统、森林生态系统、能源重大工程、人体健康及能源可能产生的影响;

(5)在以上分析基础上,提出华中区域适应气候变化的建议,为区域各省适应气候变化提供决策依据。

第2章 华中区域气候变化观测事实

1961—2010 年华中区域年平均气温呈极显著的升高趋势,升温速率为 0.15℃/10a。20 世纪 80 年代中期后尤其是 90 年代后气温呈显著上升趋势,1997 年以来气温持续偏高,其中气温最高的 3 年均出现在近 15 年里。在空间分布上,中部地区升温速率最高,南北次之,西部增温不明显。区域年气温日较差具有显著减小趋势。1961—2010 年华中区域年降水量变化趋势不明显,但表现出明显的年代际变化特征,20 世纪 90 年代初以前降水偏多年和偏少年交替出现,1993—2005 年降水偏多,2006 年以来多为偏少。区域年降水日数呈极显著的减少趋势,雨强呈显著增大趋势。1961—2010 年华中区域年日照时数呈极显著减少趋势,减少速率为 63.7 h/10a,且具有明显的年代际特征,近 10 年减少最为显著。春秋季日照时数变化趋势不明显,夏季和冬季日照时数呈显著减少趋势。1961—2010 年华中区域年平均风速呈极显著的减小趋势,减小速率为 0.2(m/s)/10a。四季平均风速均表现为减少。冬季减速最大,夏季最小。1961—2010 年区域入春、入夏日期显著提前,入秋、入冬日期明显推迟;区域春夏季延长、秋冬季缩短。

2.1 气温变化观测事实

2.1.1 武汉气温百年变化特征

2.1.1.1 平均气温

武汉 1907—2010 年年平均气温总体呈上升趋势(图 2.1),增温速率为 0.04℃/10a,低于全球和中国的平均增温速率。进入 80 年代以后增温速率加剧,为 0.7℃/10a。百年来平均气温总体经历了"暖—冷—暖"的变化过程,20 世纪 20—40 年代平均气温偏高,进入 60 年代气温降低,偏冷年份一直持续到 80 年代,90 年代—21 世纪前 10 年温度偏高,偏高幅度大于 20 世纪 20—40 年代,21 世纪前 10 年初是武汉百年来最暖的 10 年。异常偏暖的年份出现在 21 世纪初,2007 年平均气温为 18.6℃,为历年最暖年;次暖年为 2004 年和 2006 年,均为 18.3℃。异常偏冷的年份出现在 20 世纪 60—80 年代,1969 年平均气温为 15.4℃,为历年最冷年,1967 年、1970 年、1971 年均为 15.8℃,为次冷年。

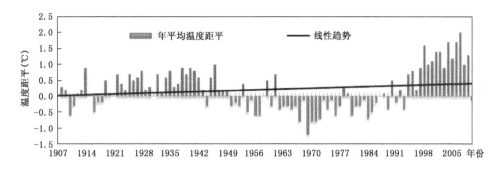

图 2.1 1907—2010 年武汉平均气温变化曲线

注:距平是指与基准年(1971—2000 年)平均值的差值,以下相同。

2.1.1.2 平均最高气温

武汉 1907—2010 年平均最高气温总体呈上升趋势(图 2.2),变化速率为 0.02℃/10a,增温速率略低于平均气温;80 年代以后的增温速率加大,为 0.7℃/10a。最高气温的变化特征与平均气温类似,总体也经历了"暖—冷—暖"的变化过程,20 世纪 20—40 年代和 90 年代以后是明显偏高的时期,其中 20、30、40 年代比常年分别偏高 0.8℃、0.4℃、0.4℃,均高于 90 年代,但 21 世纪前 10 年偏高最明显,偏高幅度达 1.1℃。百年来平均最高气温的最高值出现在 2007 年为 22.9℃,高于常年 1.8℃,最小值出现在 1954 年为 19.9℃,比常年偏低 1.2℃。

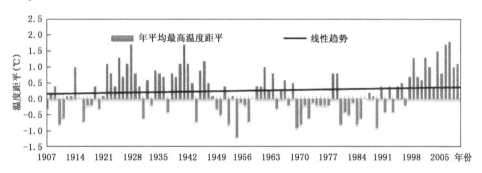

图 2.2 1907—2010 年武汉平均最高气温变化曲线

2.1.1.3 平均最低气温

武汉 1907—2010 年平均最低气温总体也呈上升趋势(图 2.3),变化速率为 0.06℃/10a,增速高于平均气温和最高气温;进入 20 世纪 80 年代以后,最低气温升温速率增大,为 0.9℃/10a,表明夜间增暖加强。平均最低气温的变化特征与平均气温类似,20—40 年代、90 年代以后两段时期最低气温偏高,20、30、40 年代比常年分别偏高 0.2℃、0.2℃、0.4℃,90 年代、21 世纪前 10 年分别偏高 0.7℃、1.5℃,可见 90 年代到 21 世纪前 10 年偏高幅度高于 20—40 年代。百年来平均最低气温的最大值出现在 2007 年,为 15.4℃,高于常年 2.3℃,最小值出现在 1969 年为 11.4℃,比常年偏低 1.7℃。

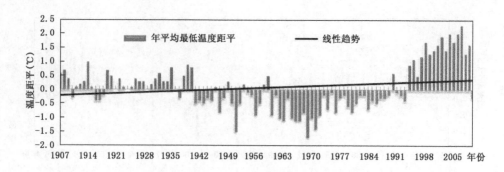

图 2.3　1907—2010 年武汉平均最低气温变化曲线

2.1.1.4　极端最高气温

武汉 1907—2010 年极端最高气温总体上呈下降趋势（图 2.4），下降速率为 −0.08℃/10a。20—40 年代、21 世纪前 10 年明显偏高，其他年代交替变化。30 年代出现 39.0℃ 以上高温的年份最多，共出现 4 次，1961—1999 年间未出现高于 39.0℃ 高温年份。进入 21 世纪后，2003 年、2009 年极端高温分别为 39.6℃、39.1℃。历史极端最高气温的最大值出现在 1934 年，为 41.3℃，高于常年 3.9℃。最小值出现在 1954 年为 35.2℃，比常年偏低 2.2℃。

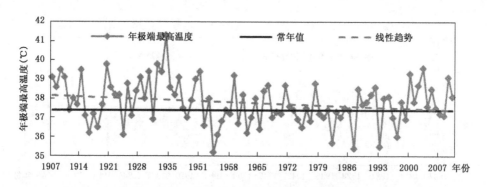

图 2.4　1907—2010 年武汉极端最高气温变化曲线

2.1.1.5　极端最低气温

武汉 1907—2010 年极端最低气温总体呈微弱上升趋势（图 2.5），增加速率为 0.11℃/10a。50—70 年代极端最低气温相对较低，最小值和次小值均出现在这一阶段，最小值为 −18.1℃，出现在 1977 年，次小值为 −17.3℃，出现在 1969 年。历史上极端最低气温低于 −12.0℃ 的年份还有 1933 年（−13.0℃）、1955 年（−14.6℃）、1956 年（−14.9℃）、1984 年（−12.8℃）。80 年代后极端最低气温显著升高，1993 年后未出现极端最低气温低于 −6.0℃ 的年份。

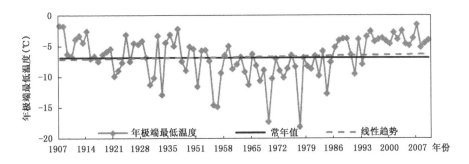

图 2.5　1907—2010 年武汉极端最低气温变化曲线

2.1.2　华中区域近 50 年气温变化观测事实

2.1.2.1　平均气温

（1）年平均气温

1961—2010 年华中区域年平均气温为 16.1℃，1998 年为历年最高，为 16.9℃，1984 年为历年最低，为 15.2℃。华中区域年平均气温呈极显著的升高趋势（图 2.6），升温速率为 0.15℃/10a。20 世纪 80 年代中期后尤其是 90 年代后气温呈显著的上升趋势，1997 年来气温持续偏高，其中气温最高的 3 年均出现在最近的 15 年里。

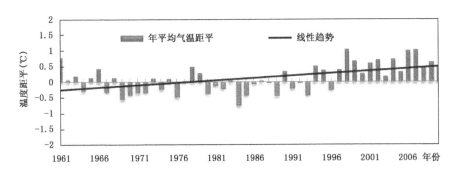

图 2.6　1961—2010 年华中区域年平均气温距平变化

华中区域中部地区年平均气温上升速率最高，升温速率在 0.15℃/10a 以上，其中监利和天门达 0.32℃/10a；南北次之，在 0.05～0.15℃/10a 之间；鄂西及豫东北少部分地区增温趋势不明显，个别台站甚至出现下降，如湖北咸丰和郧西（图 2.7）。

（2）四季平均气温

• 春季平均气温

1961—2010 年华中区域春季平均气温为 15.9℃。2008 年为历年最高，为 17.7℃，1991 年为历年最低，为 14.4℃；1961—2010 年总体呈极显著升高趋势，50 年来共升高了 1.15℃，升温速率为 0.23℃/10a。春季升温主要表现在 20 世纪 90 年代后。

华中区域春季平均气温变化速率在 0.05（睢县）～0.46（天门）℃/10a 之间，其中河南南

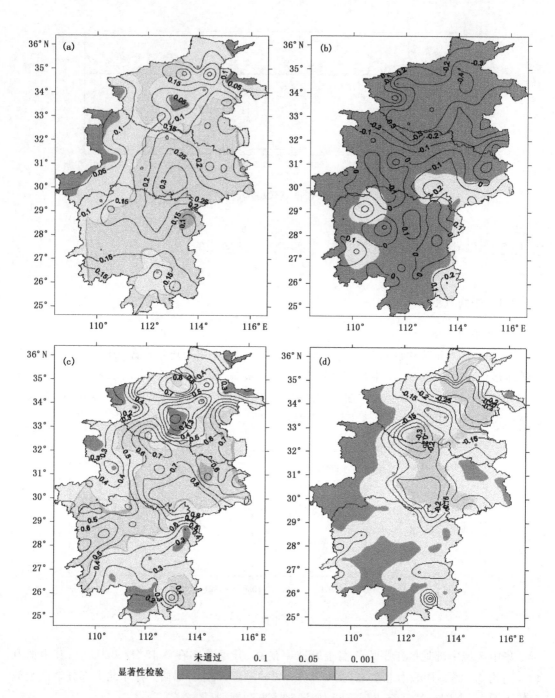

图 2.7　华中区域气温气候倾向率及其显著性检验空间分布

（a）年平均气温；（b）年平均最高气温；（c）年平均最低气温；（d）年平均日较差

部、湖北中东部以及湖南北部地区温度上升最快,升温速率在 0.2℃/10a 以上;鄂西南、湘西以及湖南南部地区升温速率在 0.1℃/10a 以下,鄂西南局部甚至呈现下降。

- 夏季平均气温

1961—2010 年华中区域夏季平均气温为 26.6℃,1961 年为历年最高,为 27.8℃,1980

年为历年最低,为 25.6℃;总体呈不显著下降变化趋势,20 世纪 80 年代中期前气温呈下降趋势,80 年代中期后出现升高。

华中区域夏季平均气温变化速率在 −0.33(洛宁)～0.16(监利)℃/10a 之间,71.5％的站点为降温趋势,区域北部的降温趋势较南部显著,豫西、豫西南、鄂西北在 −0.24℃/10a 以下,鄂中东部以及湖南全省降温较弱。

- 秋季平均气温

1961—2010 年华中区域秋季平均气温为 16.8℃,1998 年为历年最高,达 18.7℃,1981 年为历年最低,为 15.2℃。20 世纪 70 年代后表现为显著的升温趋势,升温速率为 0.24℃/10a。

华中区域秋季平均气温变化速率在 −0.01(虞城)～0.37℃/10a(监利)之间,除虞城和卢氏呈不显著的降温趋势外,其余 98.0％的站点均呈升温趋势,升温极显著的区域主要分布在孟津、常德和湖北中部,增温速率均在 0.24℃/10a 以上。

- 冬季平均气温

1961—2010 年华中区域冬季平均气温为 4.7℃,1999 年为历年最高,达 6.7℃,1969 年为历年最低,为 2.2℃,1961—2010 年共上升了 1.4℃,上升速率为 0.27℃/10a。

华中区域冬季平均气温变化均呈增温趋势,增温速率在 0.11(兴山)～0.51℃/10a(荥阳)之间,大部分地区升温较显著,有 76.2％的站点升温显著,47.6％的站点升温极显著,升温趋势极显著的地区主要分布在豫北、豫南、湖北中东部和湘北,上升速率为 0.30℃/10a 以上。

2.1.2.2　平均最高气温

(1)年平均最高气温

1961—2010 年华中区域年平均最高气温为 21.1℃,1998 年为历年最高,达 22.1℃,1984 年为历年最低,为 19.9℃。华中区域年平均最高气温总体较显著升温趋势(图 2.8),上升速率为 0.13℃/10a。区域年平均最高气温 20 世纪 70 年代前有所降低,80 年代以来呈极显著上升趋势,上升率为 0.41℃/10a。

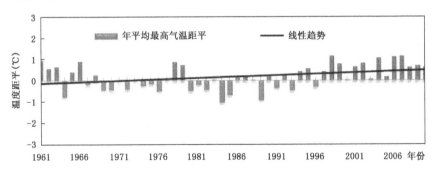

图 2.8　1961—2010 年华中区域年平均最高气温距平变化

平均最高气温湖北北部及河南大部地区呈降低趋势,其中延陵降温速率最快(−0.41℃/10a),其他地区均呈增加趋势,鄂东南以及湖南局部升温速率在 0.15℃/10a 以上,其中桂东升温速率最大(0.31℃/10a)(图 2.7)。

(2)四季平均最高气温

• 春季平均最高气温

1961—2010年华中区域春季平均最高气温为21.1℃,2008年为历年最高,达23.4℃,1991年为历年最低,为19.1℃。总体呈显著上升趋势,50年共上升了1.34℃,上升速率为0.27℃/10a。春季升温主要表现在20世纪90年代后。

区域春季平均最高气温变化速率在－0.22(睢县)～0.52(远安)℃/10a之间,除睢县、清丰为不显著的降温趋势外,其余站点均呈增温趋势。春季平均最高气温在河南南部、湖北、湖南北部升温明显,区域北部和南部相对较弱。

• 夏季平均最高气温

1961—2010年华中区域夏季平均最高气温为31.6℃,1961年为历年最高,达33.2℃,1980年为历年最低,为30.0℃。

区域夏季平均最高气温变化速率在－0.41(郧县)～0.66(宁乡)℃/10a之间,88.2%的站点呈降温趋势,极显著降温趋势地区主要在河南大部和鄂西北东部,降温速率大于0.3℃/10a,其次是湖南中南部。

• 秋季平均最高气温

1961—2010年华中区域秋季平均最高气温为22.1℃,1998年为历年最高,达24.7℃,1981年为历年最低,为19.6℃。总体呈显著上升趋势,50年共上升了1.03℃,上升速率为0.21℃/10a。

区域秋季平均最高变化速率在0.07(株洲)～0.58℃/10a(宁乡)之间,区域所有站点均呈升温趋势,显著增高趋势站点主要分布在孟津、常德和湖北中部,增温速率均在0.24℃/10a以上。

• 冬季平均最高气温

1961—2010年华中区域平均最高气温为9.5℃,1999年为历年最高,达12.6℃,1984年为历年最低,为6.4℃。呈较显著上升趋势,50年共上升了0.82℃,上升速率为0.16℃/10a。

华中区域年平均最高气温除唐河呈不显著下降趋势外,其他地区均呈增温趋势(图2.7),变化速率在－0.01(唐河)～0.43℃/10a(桂东)之间,豫西、鄂西山区、鄂东及湘西北、湘东南局地增温趋势显著,其他区域呈不显著升温趋势。

2.1.2.3 平均最低气温

(1)年平均最低气温

1961—2010年华中区域年平均最低气温为12.1℃,2007年为历年最高,达13.2℃,1969年为历年最低,为11.4℃。华中区域年平均最低气温呈极显著上升趋势(图2.9),1961—2010年共上升了1.13℃,上升速率为0.23℃/10a。20世纪90年代后气温呈明显的上升趋势,1997年来气温持续偏高,其中气温最高的3年均出现在近15年里。

华中区域年平均最低气温呈一致性显著升温趋势(图2.7)。77.5%的站点升温较显著,其中有45.6%的站点升温极显著。地区分布上,呈现出以汝阳、潜江和常德为三个高值中心的分布特点,升温速率均在0.4℃/10a以上。

(2)四季平均最低气温

• 春季平均最低气温

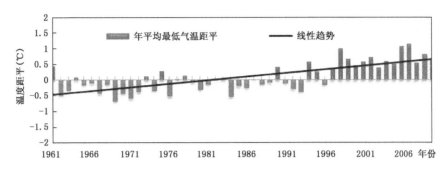

图 2.9 1961—2010 年华中区域年平均最低气温距平变化

1961—2010 年华中区域春季平均最低气温为 11.6℃,2008 年为历年最高,达 13.1℃, 1962 年为历年最低,为 10.3℃。总体呈极显著上升趋势,1961—2010 年共上升了 1.3℃,上升速率为 0.25℃/10a。春季升温主要表现在 20 世纪 90 年代后。

区域春季平均最低气温变化速率在−0.19(恩施)～0.77(开封)℃/10a 之间,除湖北恩施为不显著的降温趋势外,其余站点均呈升高趋势,中北部地区上升趋势明显高于南部和西部地区,其中 76.5％的站点通过 $\alpha=0.05$ 的显著性检验,增温显著的地区主要分布在河南和湖北大部,以及湘北。

• 夏季平均最低气温

1961—2010 年华中区域夏季平均最低气温为 22.5℃,2006 年为历年最高,达 23.6℃, 1995 年为历年最低,为 22.1℃。呈不显著升高趋势。

区域夏季平均最低温度变化速率在−0.27(郧县)～0.73(郴州)℃/10a 之间,其中 22.5％的站点为不显著的降温趋势,分布于豫西、鄂西、豫东以及鄂东北地区,77.5％的站点为升温趋势,大部分变化趋势不显著。

• 秋季平均最低气温

1961—2010 年华中区域秋季平均最低气温为 12.9℃,2006 年为历年最高,达 14.3℃, 1967 年为历年最低,为 14.3℃。总体呈较显著上升趋势,1961—2010 年共上升了 0.88℃, 上升速率为 0.18℃/10a,20 世纪 90 年代后呈上升趋势显著。

区域秋季平均最低温度变化速率在−0.09(虞城)～0.68℃/10a(公安)之间,其中 92.2％的站点为升温趋势,但大部分变化趋势不显著。湘西、湘南及豫东等少数站点为不显著的降温趋势。

• 冬季平均最低气温

1961—2010 年华中区域冬季平均最低气温为 1.1℃,2007 年为历年最高,达 3.1℃, 1969 年为历年最低,为−1.4℃。总体呈极显著上升趋势,1961—2010 年共上升了 1.9℃,上升速率为 0.38℃/10a。

区域冬季平均最低温度变化速率在 0.26(恩施)～0.82(荥阳)℃/10a 之间,两湖平原、豫中等区域中部地区明显高于其他地区;其中 83.3％的站点通过 $\alpha=0.01$ 的显著性检验。

2.1.2.4 气温日较差

(1)年气温日较差

1961—2010 年华中区域年均气温日较差为 8.9℃,1962 年为历年最高,达 9.9℃,1964

年为历年最低,为 8.0℃。华中区域年气温日较差具有显著减小趋势(图 2.10),1961—2010 年减小了 0.49℃,减小速率为 -0.10℃/10a。20 世纪 60、70 年代年气温日较差基本以正距平为主,80 年代后以负距平为主。

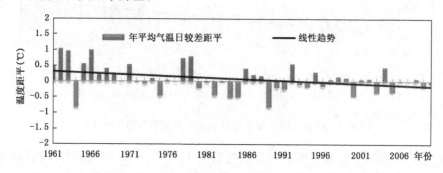

图 2.10　1961—2010 年华中区域年平均气温日较差距平变化

华中区域年平均日较差河南大部、湖北中部呈较显著减小的趋势,湖北西部、湖南大部变化趋势不明显。河南省东部及湖北省中部地区气温日较差减小速率最大,减小速率在 -0.25℃/10a 以上,其中河南荥阳达 -0.47℃/10a;其他地区减小速率在 0.0～-0.2℃/10a 之间。(图 2.7)

(2)四季气温日较差

表 2.1　华中区域 1961—2010 年及四季气温日较差的变化趋势(℃/10a)

季节	春	夏	秋	冬	年
最高气温	0.268	-0.130	0.207	0.163	0.079
最低气温	0.253	0.095	0.176	0.382	0.225
气温日较差	0.015	-0.224	0.031	-0.218	-0.099

* 春季气温日较差

1961—2010 年华中区域春季气温日较差平均为 9.5℃,1962 年为历年最高,达 11.1℃,1964 年为历年最低,为 8.3℃。1961—2010 年增大了 0.8℃,增大速率为 0.015℃/10a。

* 夏季气温日较差

1961—2010 年华中区域夏季气温日较差平均为 8.8℃,1966 年为历年最高,达 10.2℃,1980 年为历年最低,为 7.9℃。呈极显著减小趋势,1961—2010 年减小了 1.1℃,减小速率为 -0.224℃/10a,20 世纪 60 年代到 80 年代气温日较差减小最明显,速率为 -0.56℃/10a。主要是由于夏季最高气温的显著下降引起的。

* 秋季气温日较差

1961—2010 年华中区域秋季气温日较差平均为 9.2℃,1979 年为历年最高,达 11.2℃,1982 年为历年最低,为 7.5℃。秋季气温日较差具有缓慢的增大趋势,1961—2010 年增大了 0.15℃,速率为 0.031℃/10a。20 世纪 80 年代前增加较快,80 年代后呈缓慢增加趋势。

* 冬季气温日较差

1961—2010 年华中区域冬季气温日较差平均为 8.4℃,1963 年为历年最高,达 11.7℃,1989 年为历年最低,为 6.6℃。呈显著减小趋势,1961—2010 年减小了 1.09℃,减小速率为

－0.218℃/10a。20 世纪 90 年代以前减小趋势极显著,1961—1990 年减小速率为－0.53℃/10a。

2.2 降水变化观测事实

2.2.1 武汉降水百年变化特征分析

2.2.1.1 年降水量

1885—2010 年武汉年降水量平均为 1268.9 mm,最大降水为 2105.9 mm,出现在 1889 年,次大值出现在 1954 年,降水量为 2056.9 mm,最小降水量出现在 1902 年,为 649.6 mm。武汉年降水距平百分率的线性趋势是减少的(图 2.11),变化速率为－0.34%/10a,降水减少速率为－4.3 mm/10a。武汉年降水量存在明显的年代际变化。19 世纪 90 年代、20 世纪 20、60—70 年代、21 世纪初降水偏少,其中 70 年代平均偏少为－13.9%;20 世纪初、10 年代、30—50 年代、80—90 年代降水偏多,其中 20 世纪 10 年代最大,平均偏多为 10.3%。

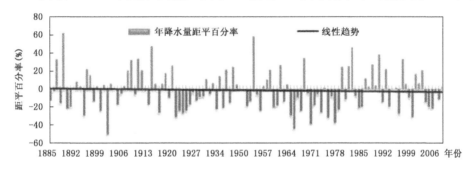

图 2.11　1885—2010 年武汉降水距平百分率变化曲线

2.2.1.2 日最大降水量

1880—2010 年武汉日最大降水量平均为 116.2 mm,最大值为 317.4 mm(1959 年)、次大值为 298.5 mm(1982 年);最小值出现在 1905 年,为 36.7 mm。武汉日最大降水量呈现不显著增加趋势(图 2.12),增加速率为 1.2 mm/10a。

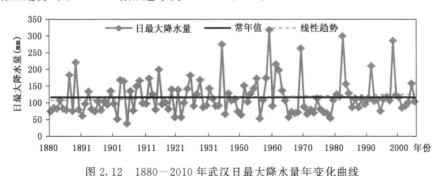

图 2.12　1880—2010 年武汉日最大降水量年变化曲线

2.2.1.3 降水日数

武汉 1885—2010 年总降水日数平均为 116 d,最多在 1920 年,为 157 d,次多为 148 d,出现在 1954 年,最少为 71 d,出现在 1885 年。从百年变化趋势看(图略),1885 年到 20 世纪 20 年代为增多的趋势,1947—2010 年为显著减少的趋势,减少速率为 2.2 d/10a。1890—1900 年前期降水日数偏少,1916—1954 年偏多。1885—2010 年武汉大雨日数、暴雨日数总体呈不显著下降趋势。

2.2.2 华中区域近 50 年降水变化事实

2.2.2.1 降水量

(1)年降水量

1961—2010 年华中区域年降水量平均为 1109.5 mm,历史最多 1315.1 mm(2002 年);最少为 824.8 mm(1966 年)。近 50 年华中区域年降水量无明显的变化趋势(图 2.13),但表现出明显的年际变化,20 世纪 90 年代初以前降水偏多年和偏少年交替出现,1993—2004 年为降水偏多期,2005 年以来多为偏少年份。

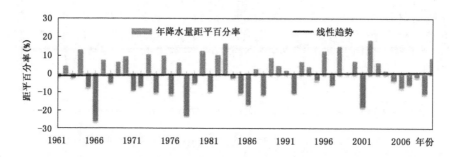

图 2.13 1961—2010 年华中区域平均年降水量距平百分率变化

在空间分布上,湘北和鄂东南局部呈较显著增加趋势,增加速率在 30 mm/10a 以上;豫西北、鄂西南和湘西北大部地区年降水量呈较显著减少趋势,其他大部地区变化趋势不显著。

(2)四季降水量

华中区域四季降水量变化各有特点。春季降水量呈不显著减少趋势;夏季降水量呈较显著的增多趋势,增多速率为 15.9 mm/10a。从年际变化看,有两个降水偏少期,为 20 世纪 60—70 年代中期、80 年代中期—90 年代初,其余时段为降水偏多期;秋季降水量呈显著的减少趋势,减少速率为 −12.2 mm/10a,其中豫中部、鄂西部和湘西北西部减少最明显,宣恩最大,为 −33.0 mm/10a;冬季降水量呈显著的增多趋势,增多速率为 6.3 mm/10a。豫鄂增多速率较大,中心在湖北的通城,增多速率为 17.2 mm/10;20 世纪 60 年代初—80 年代末处于少雨期,90 年代以来为降水偏多期。

2.2.2.2 降水日数

（1）年降水日数

1961—2010年华中区域年降水日数平均为127.7 d,1964年为历年最多,为156.9 d;1986年为历年最少,为108.7 d。华中区域年降水日数呈极显著的减少趋势（图2.14）,减少速率为－3.4 d/10a。60、70年代为偏多期,近16年中有13年少于平均值。中雨、大雨日数变化趋势不明显。

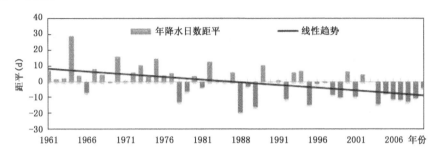

图2.14 1961—2010年华中区域平均年降水日数距平变化

在空间分布上,湖南大部、湖北西部、河南西部及东部地区年降水日数呈显著减少趋势,其中湖南减少最明显,减少中心在湖南的会同,豫中、豫北、豫东南、鄂中东部、湘北局部地区减少趋势不明显。

（2）四季降水日数

华中区域四季降水日数的变化各有不同。春季呈极显著减少趋势,减少速率为－1.4 d/10a,其中湖南大部、豫西南和鄂西北减少最为显著,年代际变化表现为20世纪80年代以前偏多,之后大多数年份偏少;秋季呈极显著的减少趋势,减少速率为－2.1 d/10a,其中湖南大部、鄂西部和南部减少最明显,基本在2.0 d/10a以上;夏季和冬季变化趋势不明显。

2.2.2.3 雨强

1961—2010年华中区域日降水量≥0.1 mm平均日雨强为8.7 mm/d,1998年为历年最大,为10.7 mm/d;1966年为历年最小,为6.7 mm/d。近50年华中区域日降水量≥0.1 mm、≥10.0 mm和≥25.0 mm年平均日雨强呈显著增大趋势（图2.15）,增大速率分别为0.2(mm/d)/10a、0.3(mm/d)/10a、0.3(mm/d)/10a。近20年均表现为增大趋势。

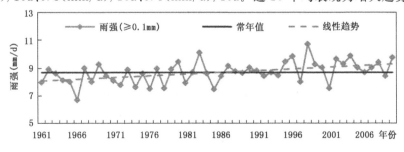

图2.15 1961—2010年华中区域≥0.1 mm平均雨强变化

2.3 日照时数变化事实

2.3.1 年日照时数

1961—2010 年华中区域年日照时数平均为 1782.7h,呈极显著减少趋势(图 2.16),减少速率为 −63.7h/10a。且具有明显的年代际特征,20 世纪 60、70 年代偏多,80 年代以来偏少,近十年减少最为突出。

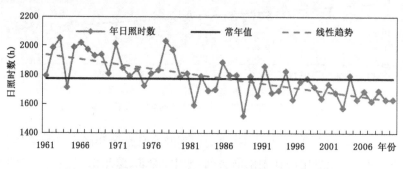

图 2.16 1961—2010 年华中区域平均年日照时数变化

2.3.2 四季日照时数

1961—2010 年华中区域春、夏、秋、冬平均日照时数分别为 432.6 h、596.2 h、434.9 h 和 319.8 h。春季、秋季日照时数无明显增减趋势,夏季日照时数呈极显著减少趋势,减少速率为 −38.3 h/10a,冬季日照时数呈显著减少趋势,减少速率为 −17.0 h/10a;减小趋势最明显的是夏季,冬季紧随其后。从年际特征看,春季近十年为偏多期,夏季、冬季与年日照时数变化特征一致,秋季呈不显著减少趋势。

2.4 风速变化观测事实

2.4.1 年平均风速

1961—2010 年华中区域年平均风速为 2.0 m/s,呈极显著的减小趋势(图 2.17),减小速率为 −0.2(m/s)/10a。20 世纪 70 年代中期以前风速相对较大,70 年代中期至 80 年代末期呈现下降趋势,90 年代以来风速较小且变化不大。

在空间分布上,大部分站点年平均风速呈极显著减小趋势,且中东部的减小速率大于西部。

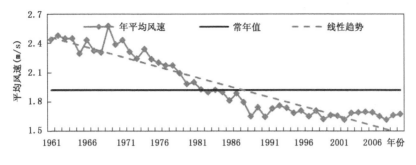

图 2.17　1961—2010 年华中区域年平均风速变化

2.4.2　四季平均风速

1961—2010 年华中区域春、夏、秋、冬四季平均风速分别为 2.2 m/s、1.9 m/s、1.8 m/s、2.0 m/s。春季平均风速最大,秋季最小,夏季和冬季相当。四季平均风速均呈极显著减小趋势,减小速率分别为 −0.21(m/s)/10a、−0.18(m/s)/10a、−0.20(m/s)/10a 和 −0.22(m/s)/10a,冬季减小速率最大,夏季最小。

2.5　华中区域四季变化事实

2.5.1　入季日期

按天气气候四季标准(见附录 3.7),1961—2010 年华中区域平均入春日期为 3 月 22 日,最早为 3 月 4 日(1977 年),最晚为 4 月 5 日(1987 年),入春日期显著提前(图 2.18),平均每 10 a 提前 1.9 d。

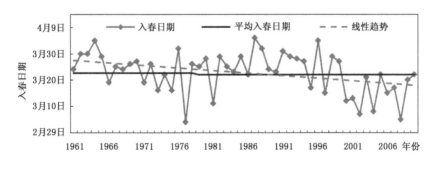

图 2.18　1961—2010 年华中区域平均入春日期时间变化

区域平均入夏日期为 5 月 24 日,最早为 5 月 11 日(1994 年),最晚为 6 月 9 日(1970年),入夏日期平均每 10 a 提前 0.5 d。从年代差异来看(表 2.2),区域各年代入夏日期的变化幅度都不大,基本上较基准年提前或推后 1~4 d。

华中区域平均入秋日期为 9 月 22 日,最早 9 月 12 日(1994、1997 年),最晚 10 月 7 日(1987 年),入秋日期显著推迟,平均每 10 a 推后 1.0 d。从年代差异看(表 2.2),入秋日期的变化幅度都不大,基本上较基准年提前或推后 1~3 d。

表 2.2　华中区域不同年代入春日期的平均值及变化幅度(单位:日/月,括号内单位:d)

年代	入春	入夏	入秋	入冬
基准年(1971—2000 年)	23/3	24/5	21/9	25/11
1961—1970 年	26/3(+3)	25/5(+1)	23/9(+2)	24/11(-1)
1971—1980 年	21/3(-2)	25/5(+1)	20/9(-1)	24/11(-1)
1981—1990 年	25/3(+2)	27/5(+3)	22/9(+1)	24/11(-1)
1991—2000 年	25/3(+2)	22/5(-2)	22/9(+1)	26/11(+1)
2001—2010 年	15/3(-8)	23/5(-1)	26/9(+5)	25/11(0)
1961—2010 年	22/3(-1)	24/5(0)	22/9(+1)	25/11(0)

注:括号内的数值表示各年代入春日期相对于基准年变化,其中"(+)"号表示推后,"(-)"号表示提前。

华中区域平均入冬日期为 11 月 25 日,最早为 11 月 12 日(1976 年),最晚为 12 月 7 日(1968 年),入冬日期平均每 10 a 推后 0.6 d。从年代差异来看(表 2.2),除河南和湖南在 60 年代较基准年分别推后和提前 5 d 外(图 2.19),区域在其余各年代入冬日期的变化幅度都不大,基本上较基准年提前或推后 1~3 d。

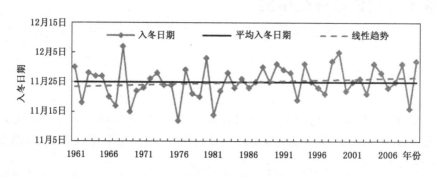

图 2.19　1961—2010 年华中区域平均入冬日期时间变化图

2.5.2　四季长度

华中区域春季平均长度为 63 d,最长为 84 d(2004 年),最短为 45 d(1994 年),平均每 10 a 延长 1.3 d。从年代差异来看(表 2.3),进入 21 世纪后春季长度的变化幅度最为明显,全区域平均春季长度分别较基准年延长 7 d。

区域夏季平均长度为 121 d,最长为 139 d(2007 年),最短为 103 d(1970 年),平均每 10 a 延长 1.5 d,即区域夏季明显延长(图 2.20)。从年代差异来看(表 2.3),进入 21 世纪后夏季长度的变化幅度最为明显,较基准年延长 5 d;20 世纪 70 年代至 80 年代主要表现为缩短趋势,80 年代后期以来主要表现为延长趋势。

区域秋季平均长度为 63 d,最长为 81 d(1994 年),最短为 49 d(1987 年),平均每 10 a 缩

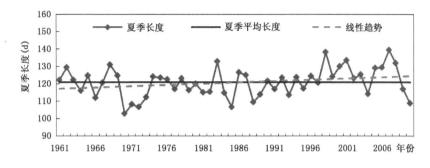

图 2.20　1961—2010 年华中区域年平均夏季长度时间变化

短 0.1 d。从年代差异来看(表 2.3),各年代秋季长度的变化幅度都不大,基本上较基准年延长或缩短 1～3 d。

表 2.3　华中区域不同年代平均春季长度的平均值及变化幅度(单位:d)

年代	春季	夏季	秋季	冬季
基准年	62	120	64	120
1961—1970 年	59(−3)	121(+1)	63(−1)	123(+3)
1971—1980 年	65(+3)	117(−3)	65(+1)	118(−2)
1981—1990 年	63(+1)	118(−2)	63(−1)	124(+4)
1991—2000 年	58(−4)	123(+3)	65(+1)	118(−2)
2001—2010 年	69(+7)	125(+5)	62(−2)	111(−9)
1961—2010 年	63(+1)	121(+1)	63(−1)	119(−1)

注:上述基准年是指 1971—2000 年;括号内的数值表示各年代平均春季长度相对于基准年变化大小,其中"(+)"号表示延长,"(−)"号表示缩短。

区域冬季平均长度为 119 d,最长为 135 d(1986 年),最短为 98 d(1980 年),平均每 10 a 缩短 2.4 d,即区域冬季极显著缩短(图 2.21)。从年代差异来看(表 2.3),20 世纪 80 年代主要表现为延长,90 年代以来主要表现为缩短,进入 21 世纪后冬季长度的变化幅度最为明显,较基准年缩短 9 d。

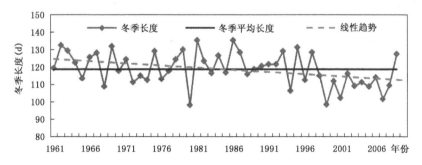

图 2.21　1961—2010 年华中区域年平均冬季长度时间变化图

第3章 华中区域极端天气气候事件变化事实

华中区域极端天气气候事件主要包括高温热害、低温冷害、暴雨、干旱、雷电、大雾等。1961—2010 年华中区域极端高温事件、日最高气温≥35℃日数呈"多—少—多"的变化趋势。20 世纪 60 年代极端高温事件、高温日数较多,80 年代、90 年代前期最少,90 年代中期以来呈明显的增加趋势。2001 年是自 1961 年以来的 50 年中极端高温事件第二多的年份。极端低温事件、日最低气温≤0℃日数呈明显的减少趋势,20 世纪 60 年代后期到 70 年代前期较多,最近 20 年最少。1961—2010 年华中区域年暴雨日数无明显增减趋势、大暴雨及其以上日数增多趋势显著。区域干旱事件呈"多—少—多"的变化趋势,20 世纪 60—70 年代和 21 世纪近 10 年偏多,其中近 10 年最多。夏旱、冬旱事件有较明显的减少趋势,春旱、秋旱在近 10 年明显增多。区域年洪涝事件 20 世纪 60、90 年代偏多,70—80 年代和 21 世纪头 10 年偏少。主汛期(6—8 月)洪涝事件与年洪涝事件变化规律一致。1961—2010 年华中区域年平均雷电日数为 36 天,呈极显著减少趋势,减少速率为 −3.1 d/10a,其中近 20 年减少明显。区域年平均雾日数为 22.2 d,从 60 年代到 80 年代中期呈增加的趋势,从 80 年代中期以来呈减少的趋势。

3.1 极端气温事件变化事实

3.1.1 极端高温变化

3.1.1.1 极端高温事件

1961—2010 年华中区域年平均极端高温事件 40.5 站次,1964 年为历年最多达 319 站次,1975、1980、1985 三年没出现。从年代际变化来看,20 世纪 60 和 21 世纪前 10 年平均值均多于常年值,其中 60 年代最多,平均 96.2 站次;20 世纪 80、90 年代少于常年值,其中 80 年代年均 16.2 站次,为各年代最低(图 3.1)。

华中区域近 50 年来有 21 站极端高温事件在 17 次以上,其中最多为湖南株洲(36 次)、其次为河南宜阳(30 次);有 40 站极端高温事件在 5 次以下,其中湖南省 19 站、湖北省 12 站、河南省 9 站;其他大部地区在 6~20 站次之间。

整个区域平均每年有 11.8 个站出现极端高温事件,影响范围约占区域的 6.1%。20 世纪 80、90 年代极端高温的影响范围比常年值偏小。而 21 世纪前 10 年中,有 6 年极端高温影响范围超过常年,其中 2003 年达到 30.3%,在近 40 年中排第一。2001 年和 2008 年分别达到 28.7%和 25.1%,是常年的 3 倍多(图 3.2)。

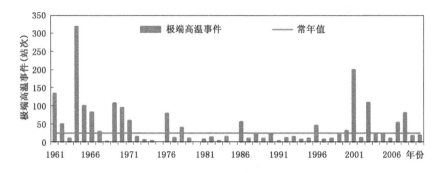

图 3.1　1961—2010 年华中区域极端高温事件次数变化

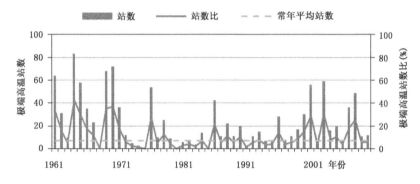

图 3.2　1961—2010 华中区域高温站数和极端高温站数比的历年变化

3.1.1.2　高温日数

近 50 年,华中区域平均每年每站出现日最高气温≥35℃日数为 19.5 天,1967 年最多为 33.6 天,1993 年最少为 8.5 天,呈"多一少一多"的变化特点。20 世纪 80、90 年代平均值低于常年值,其中 90 年代为各年代最低,年均 16.4 天,其他各年代均高于常年值,其中 60 年代年均 26.4 天,为各年代最高,21 世纪前 10 年仅次于 20 世纪 60 年代(图 3.3)。

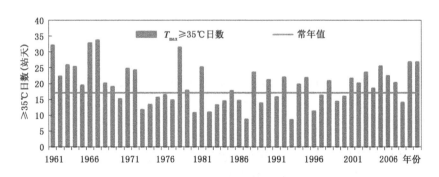

图 3.3　1961—2010 年华中区域日最高气温≥35℃日数变化

近 50 年,华中区域平均每年每站出现日平均气温≥30℃且日最低气温≥27℃的日数为 4.6 d,2010 年最多为 11.2 d,1974 年最少为 1.2 d,其中 20 世纪 60、80、90 年代和 21 世纪前

10年平均值均多于常年值,近10年为年均6.8 d,为各年代最多,70年代平均值均少于常年值,年均5.4 d,为历年最少(图3.4)。

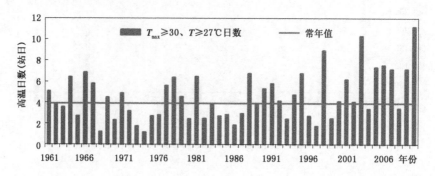

图 3.4   1961—2010 年华中区域日平均气温≥30℃且日最低气温≥27℃日数变化

3.1.2　极端低温变化

3.1.2.1　极端低温事件

近50年,华中区域日最低气温极端偏低事件平均每年22.1站次,最多为214站次(1967年),有18年没有出现。20世纪60、70、80年代平均值均多于常年值,其中60年代最高,年均55.1站次;90年代以及21世纪前10年平均值均少于常年值,近10年最少,仅在2006、2009、2010年分别出现2、2、6站次(图3.5)。

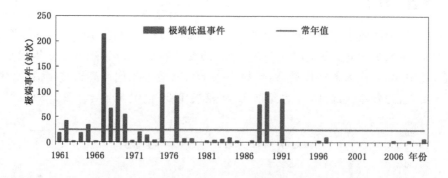

图 3.5   1961—2010 年华中区域极端低温事件次数变化

3.1.2.2　低温日数

近50年,华中区域日最低气温≤0℃日数平均每年为44.0 d,1969年为历年最多,为68.7 d,2007年为历年最少,仅25.6 d,其中20世纪60—80年代平均值均高于常年值,其中60年代最高,平均每年51.3 d,90年代和21世纪前10年平均值均低于常年值,近10年年平均36.7 d,为各年代最低(图3.6)。

近50年,华中区域日最低气温≤−5℃、≤−7℃、≤−9℃日数呈减少趋势,20世纪

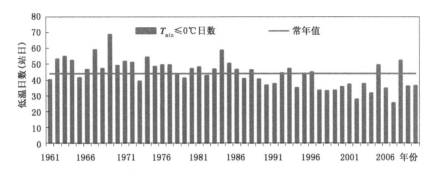

图 3.6　1961—2010 年华中区域日最低气温≤0℃日数变化

60—80 年代平均值均多于常年值,其中 60 年代最多,90 年代和 21 世纪前 10 年平均值均少于常年值,21 世纪前 10 年平均值为各年代最少。

3.2　极端降水事件变化事实

3.2.1　暴雨、大暴雨及以上极端事件

1961—2010 年华中区域年平均暴雨日数为 627 站次,1998 年为历年最多,为 876 站次;1966 年为历年最少,为 341 站次,无明显的增减趋势。从年际变化上看,20 世纪 60—80 年代平均值低于常年值,其中 60 年代年均 600.8 站次,为各年代最低;近 20 年平均值均高于常年值,90 年代年均 662.6 站次为各年代最高(图 3.7)。

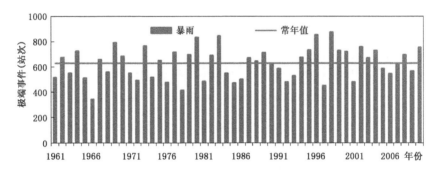

图 3.7　1961—2010 年华中区域暴雨站次变化

1961—2010 年华中区域平均年大暴雨及以上日数为 107.9 站次,1998 年为历年最多,为 187 站次;1978 年为历年最少,为 41 站次,呈较显著增多趋势,增多速率为 6.4 站次/10a。年际变化上,20 世纪 70、80 年代为偏少期,近 20 年平均值均高于常年值,90 年代年均 133.4 站次为各年代最高(图 3.8)。

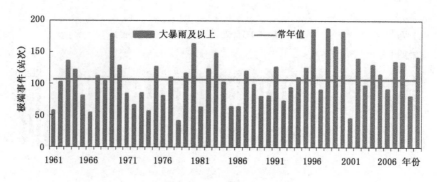

图 3.8 1961—2010 年华中区域大暴雨及以上站次变化

3.2.2 单日、3 日降水极端事件

1961—2010 年华中区域平均年单日降水极端事件为 23.3 站次,2000 年为历年最多,为 46 站次;1978 年为历年最少,为 7 站次,无明显增减趋势。从年际变化上看,20 世纪 70、80 年代和 21 世纪前 10 年平均值均低于常年值,其中 70 年代最低,年均 19.8 站次。日降水量极端事件最大值在 109.4 mm(偃师)~755.1 mm(上蔡)之间变化(图 3.9)。

1961—2010 年华中区域平均年 3 日降水极端事件为 30.5 站次,1982 年为历年最多,为 82 站次;1974 年为历年最少,为 3 站次,无明显增减趋势。年际变化上,20 世纪 70、80 年代平均值低于常年值,60、90 年代和 21 世纪前 10 年平均值均高于常年值,且近 20 年增加明显。3 日降水量极端事件最大值在 148.2 mm(灵宝)~871.7 mm(上蔡)之间变化(图 3.10)。

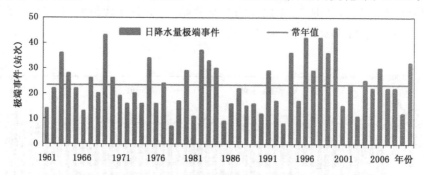

图 3.9 1961—2010 年华中区域单日降水量极端事件站次变化

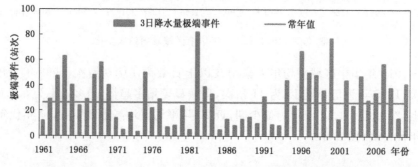

图 3.10 1961—2010 年华中区域 3 日降水量极端事件站次变化

3.2.3　连续无雨日数极端事件

1961—2010 年华中区域平均年连续无雨日数极端事件为 22.3 站次,1983 年为历年最多,为 92 站次,有 8 年没有发生,无明显的增减趋势。年际变化上,仅 20 世纪 70、80 年代平均值高于常年值,其中 70 年代年均 31.2 站次为各年代最高,近十年年均 16.3 站次为各年代最低。连续无雨日数极端事件最大值在 25 天(龙山)～139 天(南乐)之间变化(图 3.11)。

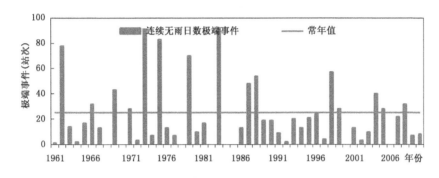

图 3.11　1961—2010 年华中区域连续无雨日数极端事件站次变化

3.3　极端干旱事件变化事实

3.3.1　年极端干旱事件

近 50 年,华中区域 3—10 月极端干旱平均每年 99.8 站次,最多 2001 年(352 站次),最少在 1983(21 站次)。20 世纪 60、70、90 年代及 21 世纪前 10 年平均值均高于常年值,其中近 10 年最高,年均 135.3 站次,仅 80 年代平均值低于常年值,年均 75.3 站次(图 3.12)。

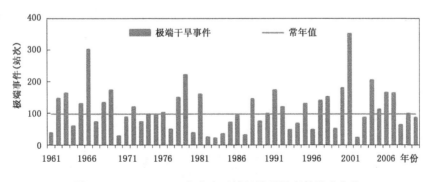

图 3.12　1961—2010 年华中区域极端干旱事件站次变化

3.3.2 季节极端干旱事件

近 50 年区域春季极端干旱站次在 0~163(2000 年)之间;20 世纪 60、90 年代和 21 世纪前 10 年平均值均高于常年值,其中近 10 年最高,年均 33.5 站次,70、80 年代年平均值低于常年值,其中 80 年代最低,年均 23.1 站次(表 3.1)。

表 3.1 不同年代极端干旱事件各年代均值(站次)

年代	春	夏	秋	冬	3—10 月
20 世纪 60 年代	27.9	41.4	73.9	121.6	124.6
20 世纪 70 年代	23.6	36.2	89.8	102.3	103.7
20 世纪 80 年代	23.1	32.6	50.8	106.2	75.3
20 世纪 90 年代	24.4	23.2	101.0	110.6	111.0
21 世纪头十年	33.5	22.8	112.4	74.3	135.3

夏季极端干旱站次在 0~114(1966 年)之间,呈较显著的下降趋势;20 世纪 60—80 年代平均值均高于常年值,其中 60 年代最高,年均 41.4 站次,90 年代和 21 世纪前 10 年平均值低于常年值,其中近十年最低,年均 22.8 站次。

秋季极端干旱站次在 0~335(1979 年)之间;20 世纪 70、90 年代和 21 世纪前 10 年平均值均高于常年值,其中近十年最高,年均 112.4 站次,60、80 年代平均值低于常年值,其中 80 年代最低,年均 50.8 站次。

冬季极端干旱站次在 0~440(1979 年)之间;20 世纪 60 年代、90 年代年平均值均高于常年值,其中 60 年代最高,年均 12 站次,70—80 年代平均值低于常年值,其中 21 世纪头十年最低,年均 75 站次。

3.4 极端洪涝事件变化事实

3.4.1 年极端洪涝事件

近 50 年,华中区域年极端洪涝平均每年 9.9 站次,最多的是 1963 年(38 站次),1978、1990、2001 年没有出现。20 世纪 60、90 年代平均值均高于常年值,其中 90 年代最高,年均 11.6 站次,70、80 年代和 21 世纪前 10 年平均值低于常年值,其中 80 年代最低,年均 7.7 站次(图 3.13)。

图 3.13 1961—2010 年华中区域年极端洪涝事件站次变化

表 3.2 极端洪涝事件各年代均值(站次)

年代	年	汛期	主汛期
20 世纪 60 年代	11.2	10.6	9.5
20 世纪 70 年代	8.6	7.7	4.6
20 世纪 80 年代	7.7	5.3	3.6
20 世纪 90 年代	11.6	10.9	9.8
21 世纪头十年	7.9	7.6	7.5

3.4.2 汛期极端洪涝事件

近 50 年,区域汛期(5—9 月)极端洪涝平均每年 8.0 站次,最多在 1963 年(38 站次),1966、1978、1981、1990、2001 年没有出现。20 世纪 60、90 年代平均值均高于常年值,其中 90 年代最高,年均 10.9 站次,70、80 年代和 21 世纪前 10 年平均值低于常年值,其中 80 年代最低,年均 5.3 站次(图 3.14)。

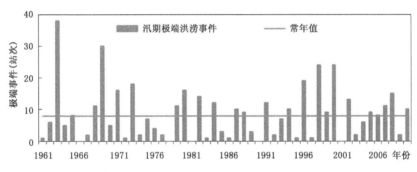

图 3.14 1961—2010 年华中区域汛期(5—9 月)极端洪涝事件站次变化

3.4.3 主汛期极端洪涝事件

近 50 年,华中区域主汛期(6—8 月)极端洪涝平均每年 5.6 站次,最多在 1963 年(34 站次),1961、1966、1974、1978、1979、1981、1983、1985、1990、1997、2001 年没有出现。20 世纪 60、90 年代和 21 世纪前 10 年平均值均高于常年值,其中 90 年代最高,年均 9.8 站次,70、80 年代平均值低于常年值,其中 80 年代最低,年均 3.6 站次(图 3.15)。

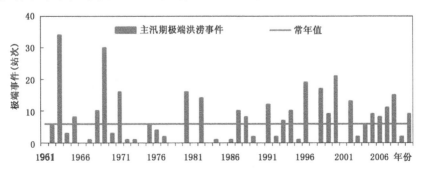

图 3.15 1961—2010 年华中区域主汛期(6—8 月)极端洪涝事件站次变化

3.5 雷电日数变化事实

1961—2010 年华中区域平均年雷电日数为 36 d,1963 年为历年最多,为 49.4 d;2009 年为历年最少,为 23.2 d,呈极显著减少趋势,减少速率为 −3.1 d/10a。年际变化上,近 20 年减少明显(图 3.16)。

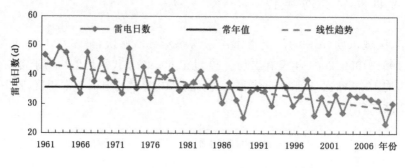

图 3.16   1961—2010 年华中区域年雷电日数变化

3.6 大雾日数变化事实

1961—2010 年华中区域平均各站年大雾日数为 22.2 d,1987 年为历年最多,为 32.3 d;2005 年为历年最少,为 15.1 d,呈现先增后减的趋势,从 20 世纪 60 年代到 80 年代增加,自 80 年代后期开始减少。年际变化上,20 世纪 60—70 年代中期为偏少期,70 年代中期—90 年代初为偏多期,之后多为偏少年份(图 3.17)。

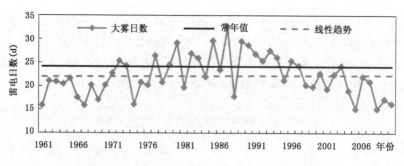

图 3.17   1961—2010 年华中区域年大雾日数变化

第4章 华中区域气候变化检测与归因分析

采用滑动 T 检验、M-K 法等研究了华中区域近 50 年气温及降水历史序列的突变现象。研究表明,华中区域年及春季平均气温在 20 世纪 90 年代出现一次由冷到暖的突变;小波分析表明,年平均气温在 20 世纪 90 年代至 21 世纪初有明显的周期性变化。华中区域年及春、夏、秋季降水量无明显突变,冬季在 20 世纪 80 年代中期有一次由少到多的突变。华中区域气候变化是自然因子和人为因子共同作用的结果。自然因子有太阳变化、火山活动、气候系统内部因子变化等,人为因子有温室气体、土地化利用和城市热岛等。

4.1 华中区域气温、降水突变检测

4.1.1 气温突变检测

对华中区域年及四季平均气温,用 M-K 检验结果与滑动 T 检验结果基本一致(表 4.1、4.2)。华中区域年平均气温、春季平均气温在 20 世纪 90 年代存在一个增温突变阶段,冬季平均气温在 90 年代初突变增温,夏、秋季平均气温没有明显突变。

对华中区域年及四季平均最高气温系列检测结果显示(表 4.1):区域年平均最高气温、春季平均最高气温在 20 世纪 90 年代存在一个增温突变阶段。夏季、秋季、冬季没有明显突变点。

表 4.1 华中区域年及四季平均、最高、最低气温 T 检验一览表

时段	M 值	5	8	10
平均气温	年	/	1993/1994/1996/1997＋*	1992/1995/1998＋* 1993/1994/1996/1997＋**
	春	/	1993/1994/1996/1997/1998＋*	1992/1993/1994/1995＋*
			1999/2000＋*	1996/1997/1998/1999＋**
	夏	/	/	/
	秋	/	/	/
	冬	/	/	1990＋*

续表

时段	M值	5	8	10
平均气温	年	/	/	1992/1993/1994/1996/1997/1998＋*
	春	/	1993/1997/1999/2000＋*	1993/1994/1995/1997/2000＋* 1997/1998/1999＋**
	夏	/	/	/
	秋	/	/	/
	冬		/	/
最低气温	年	1997＋*	1993/1994/1995/1996/1998＋* 1997＋**	1992/1999＋* 1993/1994/1995/1996/1997/1998＋**
	春	1996/1997＋*	1992/1993/1994/1995/1998＋* 1996/1997＋**	1992/1999＋* 1993/1994/1995/1996/1997/1998＋**
	夏	/	/	/
	秋	/	/	/
	冬	1986＋*		1990/1991＋*

注：＋表示突变增加、－表示突变减少；＊、＊＊分别指通过 0.01、0.001 显著性检验。

对华中区域年及四季平均最低气温系列检测结果显示（表 4.2）：区域年平均最低气温、春季平均最低气温在 20 世纪 90 年代存在一个增温突变阶段。冬季平均最低气温在 80 年代后期到 90 年代初突变增温，夏季、秋季没有明显突变点。

朱业玉（2004）采用 M-K 方法研究郑州市与南郊气温突变，主要结论为：郑州平均气温突变冬季发生在 1988 年，夏季没有发生突变；平均最低气温突变冬季发生在 1981 年，夏季发生在 1985 年。可见冬季和夏季气温突变主要在 20 世纪 80 年代。郑州突变时间略早于区域平均气温。

表 4.2　华中区域年及四季平均、最高、最低气温突变 M-K 检测一览表

时段	气温	平均气温	最高气温	最低气温
	年	1997＋	2001＋	1996＋
	春	1999＋	2000＋	1999＋
	夏	/	/	2004＋
	秋	1991＋	1997＋	2003＋
	冬	2001＋	/	1989＋

注：＋表示突变增加、－表示突变减少

4.1.2　降水突变检测

用滑动 T 检验结果显示（表 4.3）：华中区域年总降水量及春、夏、秋季降水量未发现显著突变，冬季降水量在 1988—1989 年间突变增加趋势显著；区域年及夏季降水日数未发现

显著突变,春季降水日数在1999年突变减少,秋季降水日数在1986年突变减少,事实上在此年间,华中区域春、秋季降水日数减少趋势显著。

表4.3 华中区域年及四季降水量、降水日数 T 检测一览表

时段		M值 5	8	10
降水量	年	/	/	/
	春	/	/	/
	夏	/	/	/
	秋	/	/	/
	冬	1988/1989＋*	/	1988＋*
降水日数	年	/	/	/
	春	/	/	1999－*
	夏	/	/	/
	秋	1986－*	/	/
	冬	/	1976＋*	1977/1978＋*

注:＋表示突变增加、－表示突变减少;*、**分别指通过0.01、0.001显著性检验。

4.2 气温、降水周期检测

4.2.1 气温变化周期检测

分析表明(图4.1),华中区域年平均气温主要表现为2~4 a左右的低频震荡周期。年平均气温1961—1968年和1990年前后存在2 a的震荡周期,在20世纪1980年前后及90年代存在准4 a的震荡周期。年平均最高气温在1990年和2005年前后表现为准2 a的震荡,在20世纪70年代后期到80年代中期及90年代后期表现为3~5 a的震荡周期(图4.2);年最低气温在60年代中期到70年代中期表现为准2 a的周期震荡,在90年代左右表现为4 a的周期震荡(图4.3)。

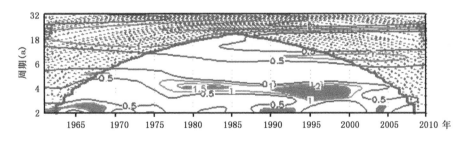

图4.1 1961—2010年华中区域年平均气温小波变换功率谱
(阴影部分表示在0.1显著性水平下统计显著;点阴影区是小波变换受边界效应影响的区域)

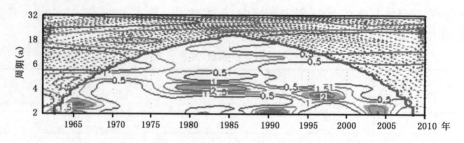

图 4.2　1961—2010 年华中区域年平均最高气温小波变换功率谱

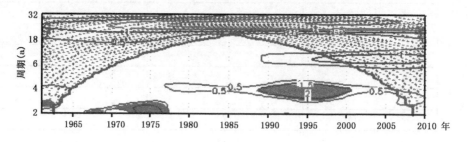

图 4.3　1961—2010 年华中区域年平均最低气温小波变换功率谱

4.2.2　降水变化周期检测

华中区域年均降水量在 1978—1993 年期间表现为 7～8 a 的周期震荡，在 1975 年及 2000 年左右存在 2 a 的周期震荡（图 4.4）。

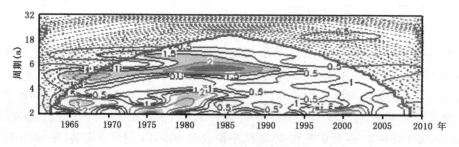

图 4.4　1961—2010 年华中区域年平均降水量小波变换功率谱

4.3　华中区域气候变化归因分析

4.3.1　IPCC 报告气候变化归因

气候变化成因分为自然因子和人为因子两大类。自然因子主要包括火山活动、太阳变化以及气候系统内部因子的变化等；人为因子主要是人类活动所造成的下垫面的改变、温室气体增多等。气候变化是自然因子和人为因子共同作用的结果。

IPCC 关于气候变化检测和归因的认识是逐步深化的。IPCC 第一次评估报告认为，观测到的全球增温归因于自然变率和人类活动的共同影响，还不能将气候的人为影响和自然变率区别开来(IPCC，1990)；第二次评估报告指出，尽管仍存在较大的不确定性，但已有区别于自然变率的人类活动影响气候变暖迹象的证据(IPCC，1995)；而第三次评估报告第一次明确提出，有明显的证据可以检测出人类活动对气候变暖的影响，可能性达 66% 以上(IPCC，2001)；由于更多更新的研究进展，第四次评估报告把对于人类活动影响全球气候变暖的因果关系的判断，由六年前 66% 的信度提高到目前 90% 的信度，认为最近 50 年气候变暖很可能由人类活动引起(IPCC，2007a)。

4.3.1.1 气候变化的自然驱动力因子

就自然因子而言，太阳活动、火山活动及气候系统内部的多尺度振动都可影响全球或区域气温变化。历史气象观测资料分析表明，我国气温、降水等因子与太阳活动周期有相当密切的关系。近些年有研究显示，强(弱)太阳活动有利于在中国上空造成 500hPa 位势高度出现正(负)异常，并与夏季降水异常的形势较为相配。强(弱)太阳活动年江淮地区的夏季降水量也偏多(少)。太阳表面有多种多样的扰动现象，一般有太阳黑子、耀斑(或称太阳爆发)、日珥等。太阳黑子数多时地球偏暖，少时偏冷。太阳黑子的变化周期中以 11 年周期最为显著。太阳活动与夏季的梅雨量存在着既显著又复杂的相关关系，太阳黑子数和江淮梅雨量间显著性相关主要在 11 年左右的周期段，此周期段内二者间既有正相关也有负相关，而且这种相关关系还随时间有年代际变化(IPCC，2007a)。火山爆发可导致平流层硫酸盐气溶胶的暂时增加，产生短期(1~3 年)的负辐射强迫，造成全球范围的降温。据美国地质调查局(USGS)的资料，火山爆发排放的 CO_2 相当于人类活动排放量的 1/130，其对增温的影响约为人类排放影响的 1%(Marland $et\ al.$，2006)。

由于太阳辐射和火山活动历史序列资料可靠性不高，以及人们对气候系统如何响应太阳输出辐射变化认识的局限性，目前还无法准确评价其对全球和中国气温变化的影响程度(任国玉，2008)。

4.3.1.2 气候系统相互作用引起的气候变化

气候系统内部各圈层之间的相互作用也是重要的自然因素之一，例如大气与海洋环流的变化或脉动，是造成区域尺度各种气候要素变化的主要原因。在年际时间尺度上，厄尔尼诺——南方涛动是大气与海洋环流变化的重要实例，其变化影响着大范围甚至半球或全球尺度的天气与气候变化。

厄尔尼诺是热带海洋和大气的一种热力——动力异常的自然现象。近代研究表明，厄尔尼诺对气候的影响具有全球性，影响最大的是热带和副热带地区。由于它的影响，使世界范围正常气候格局遭到破坏，较干旱的地区出现大涝，而原本降水较多的地区出现大旱。厄尔尼诺事件对我国造成的影响主要表现在东部地区气温异常以及长江流域降水异常。在发生厄尔尼诺的当年夏季至次年秋季，长江中下游地区梅雨季节偏晚偏短，梅雨量偏少；在厄尔尼诺事件次年的夏季和秋季，长江中下游地区的洪涝灾害尤为突出。

东亚大槽的存在与变化对邻近区域气候都会产生影响。近 40 年东亚地区 500 hPa 高度场的变化表明,夏季东亚大陆 500 hPa 高度场发生正变异,夏季西太平洋副热带高压明显西伸,夏季东亚大槽大约西进 20 个经度;而在冬季西太平洋低纬热带地区(18°～20° N,130°～160°E)新生成副热带高压环流(588 线),致使冬季该地区南北位势高度梯度以及南北温度梯度加大。夏季东亚大槽在年代际尺度上已发生退化,从沿海主槽型向内陆主槽沿海"次槽"型转化,夏季其东西温度梯度区可能已明显西移。此外,冬季 40 年来东亚大槽槽前"南北位势高度梯度"增大,会使槽出现"西南—东北"走向的概率大于前 40 年导致该地区南北温度梯度同期增加,自然纬向风垂直切变也会相应加大,2008 年 1 月的南方冰雪具备这一共同特征。东亚大槽"南—北"型一旦出现,由于槽后高度场的正变异,其结果往往是槽加深,也会形成冬季连续性干旱。如 2008 年末至 2009 年初我国出现的北方大旱就是这种特殊形态的反映。

大气能量平衡与全球变暖存在相互作用。从半球尺度(甚至全球尺度)来说,大气内能变化与大气势能变化可以直接发生相互响应,即大气平均气温的增加导致大气平均内能的增加,大气平均内能的增加又直接导致大气平均位势高度的增高,在北半球大气平均位势高度的增加的直接结果可能会导致北半球大范围、大尺度的年平均降水量减少,大气平均位势高度的增加也会导致对流层平均下沉运动加大,下沉辐散加强,地球表面接受的平均太阳辐射量增加,反过来又促进地表温度增加。更值得注意的是,由于太阳高度角变化导致的地球接受太阳辐射的季节及纬度带的差异性的存在,又会使地球大气在某个特定阶段的某个特定区域产生物理要素上的明显不均匀性,比如气温,从而产生极端天气。

姚望玲等(2010 年)根据武汉市 1951—2007 年间年平均、最高、最低气温与 8 类年极端天气日数的序列,计算分析其变化趋势及年平均气温与极端天气日数的相关性,引入格兰杰因果性检验法,分析气候变暖与极端天气事件之间的因果关系,得到如下结论:(1)年平均气温的升高是次年闷热天气事件增多的原因之一,也可能是导致次年降雪事件减少的重要因素;(2)大风和低温事件的变化可能是导致次年平均气温发生变化的主要原因。由于武汉气候变暖主要表现为最低气温的增加,这种结果必然会导致冬季低温降雪事件的减少和夏季闷热事件的增多。另一方面,武汉低温和大风事件一般是伴随寒潮天气过程而发生的,冷空气活动越少,强度越弱,区域陆地表层能量储备越多,进而经长波辐射给大气吸收的能量越多,气温就会越高。

4.3.1.3　气候变化人为驱动力因子

人类活动通过改变大气中的温室气体、气溶胶浓度以及土地利用变化影响气候变化。化石燃料燃烧和生物质燃烧,以及农业活动和工业过程排放的 CO_2、N_2O、CH_4 等温室气体通过温室效应影响气候,这是人类活动造成气候变暖的主要驱动力;土地利用变化通过改变陆地与大气之间的物质和能量交换,使区域或局地气温发生变化,同时也向大气中排放额外的温室气体和矿物性气溶胶,引起气候变暖;人类活动排放的气溶胶对气候变化的影响仍存在较大的不确定性。

4.3.2 城市化及城市热岛对气候变化的影响

4.3.2.1 城市热岛强度的变化

城市化发展对城区地面气温有明显的影响,主要是造成城市气温增高,即城市"热岛效应"。城市化及增强的城市热岛效应对我国多数地面台站记录的气温趋势具有明显影响。在增温明显的华北地区,国家级台站附近1961—2000年间城市化引起的年平均气温增加值占全部增温的39%以上。其他地区的增温趋势中也或多或少地保留着城市化的影响。1961—2004年期间我国对流层中下层气温增加趋势仅为每10年0.05℃,比国家级地面站观测的气温变化小一个量级。这从另一个角度说明,我国地面台站记录的增温在一定程度上反映了城市热岛效应加强因素的影响。考虑城市化影响以后,不论中国还是全球,陆面气温增加速率可能要比目前的估计值来得弱(任国玉,2008)。

20世纪90年代以来,华中区域城市化发展迅猛,城市化及城市热岛对气候变化的影响凸现。陈正洪等(2007年)研究武汉市城市热岛效应,得出主要结论有(图4.5):以年平均、最低和最高气温表示的城市热岛强度的倾向率分别为0.235℃/10a、0.425℃/10a、0.034℃/10a,热岛效应对城区增温的贡献率分别达到60.4%、67.7%、21.8%,即夜间城市热岛效应比白天要明显。1986年以来热岛效应逐渐显现,1992年以后迅速增强。热岛强度倾向率的季节差异明显,冬季城市热岛效应最显著,春秋次之,夏季最弱,且多为降温,即冷岛效应。1986年后各季增温效应迅速增强,仍然是冬季最高,夏季最小,但全部是增温。

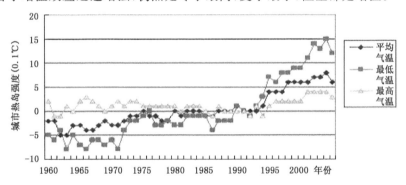

图4.5 1961—2005年武汉市城市热岛强度的年变化(单位:0.1℃)(陈正洪等,2007)

曹进等(2007年)研究长沙城市热岛效应得出了相似结论:长沙市热岛强度倾向率呈逐年上升,特别是1994年后城市热岛平均强度有明显加重趋势。冬季热岛强度大于夏季。朱业玉(2004)研究郑州气温在20世纪80年代发生突变,分析其中的原因之一是,20世纪80年代后期以来,郑州城市化进程加快,导致气温逐年上升,且越来越明显。反映了城市热岛对城市气温的影响。

王丽娟等(2009)分析指出20世纪80年代末以来城市化增温率为0.309℃/10年,城市化增温对郑州城市气温增加的贡献率为38%,城市化对气温变化的影响越来越大。就季节来看城市化增温率及贡献率都以夏季最大。秋冬季节城市化对增温的影响不是很大,可能是由于大尺度环流作用或增强的温室效应影响是秋冬季节城市化增温的主要贡献因子。郑州 1951 年以来年平均气温的变化虽然主要受控于平均最低温的变化以及春冬季节气温的变化,但是 1951 年以来这些特征气温的变化主要还是受区域背景气候的影响,受城市化影响在夏季最明显。

4.3.2.2 城市热岛面积的变化

研究武汉市城区不同年代的地表温度,发现武汉市热岛范围不断扩大(图 4.6)。以 5 级热岛为例:1987 年 5 级热岛主要分布在江汉区、江岸区、武昌区、汉阳区等四区的沿江地带,中南路到武昌火车站一带以及青山区武钢厂房一带,东西湖区、硚口区和洪山区基本无 5 级热岛;1994 年沿江地带的热岛分布更加密集,并且向岸边纵深发展,同时硚口区的古田路一带出现 5 级热岛;2005 年 5 级热岛已基本覆盖江汉区、江岸区、武昌区、硚口区和青山区,洪山区的光谷广场周边地带、东西湖的吴家山一带也开始出现 5 级热岛,并且青山区和武昌区的热岛基本连为一体。计算不同年份武汉市热岛面积和城区面积发现,热岛面积随着城区面积的扩大而扩大(梁益同等,2011)。

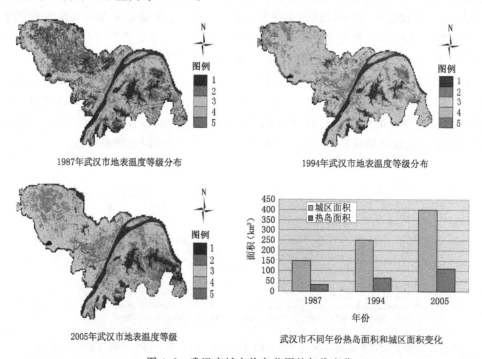

1987年武汉市地表温度等级分布

1994年武汉市地表温度等级分布

2005年武汉市地表温度等级

武汉市不同年份热岛面积和城区面积变化

图 4.6 武汉市城市热岛范围的年代变化

从 20 世纪 80 年代开始,随着城市化进程的加快,武汉市城区面积不断扩大,不少湖泊被填埋造,成水域面积不断减少,一些林地、草地被改成工商业用地致使城区植被覆盖率逐步降低。由于水体、绿地等易降温的土地利用类型面积不断减少,同时道路、工商业用地等易增温的土地利用类型面积不断扩大,这必然导致城市热岛不断加剧。分析说明,城区面积的增加、水域面积减少、植被覆盖率降低,是武汉市城市热岛效应不断加剧的主要原因。另外,随着城市化进程的加快,武汉市人口数量及社会经济也在不断增加,能源消耗也不断上涨,这必然导致人为热源的增加,加剧城市热岛。

第 5 章　华中区域 21 世纪气候变化预估

SRES 不同情景下华中区域未来 90 年(2011—2100 年)年平均气温呈增加趋势,A2、A1B 和 B1 情景下增温速率分别为 0.41℃/10a、0.38℃/10a、0.22℃/10a;21 世纪 SRES 情景下华中区域年降水量呈增加趋势,A2、A1B、B1 情景下降水量增加趋势分别为 16.9 mm/10a、12.6 mm/10a、9.8 mm/10a。未来除霜冻日数、极端温差表现为减少趋势外,区域生长季、暖夜和热浪都表现为增加,分别增加 33.6 d、37.6% 和 74.1 d,未来区域的高温热浪现象将更加频繁;未来区域日降水强度、最长无雨期、大雨日数、最大连续 5 天降水量和极端降水贡献率将分别增加 1.3 mm/d、0.9 d、3.3 d、23.5 mm 和 8.0%,区域雨量强度可能增加,极端降水事件的出现频率将会增加。

5.1　全球及全国气候变化预估方案

5.1.1　全球平均气温和降水预估

在 IPCC 第三次评估报告使用 35 种温室气体排放前景,不同模式给出的 1990—2100 年全球平均地表温度的增加范围为 1.4～5.8℃。IPCC 第四次评估报告(AR4)使用了更多的物理气候系统模式,更加定量地比较模式结果的差异,给出模拟结果的置信区间。从集合平均的全球平均的地面气温来看,AR4 给出的模拟结果与第三次评估报告十分接近,但不同模式之间的一致性非常高。

由于不同的方案假定和模式敏感度差异,增暖速率将会稍有不同。未来自然强迫变化可能会对模拟结果有一定影响,但即使是大气温室气体含量保持 2000 年的值不变,21 世纪早期依然有一半的增温幅度发生。在 21 世纪中期(2046—2065 年),对于多模式平均的全球平均地表温度增暖幅度而言,方案的选择将变得比较重要。如果同时考虑排放情景和气候模式本身的不确定性,预计在 21 世纪末的全球地表气温将增暖 1.1～6.4℃。

BCC－CSM1.0.1 模式所预估的 21 世纪全球平均气温仍然是增温的趋势,所模拟的振幅与 IPCC AR4 多模式平均值相当,在温室气体低排放情景 B1 情况下,所模拟的全球平均气温 100 年约增加 1.8℃,在中等排放情景 A1B 下,未来 100 年约升温 2.4℃,而在 A2 高排放情景下,全球平均气温升温可达 3.2℃。

另外,需要着重指出的是,在 AR4 报告中,也有一些采用包含完整的碳循环过程的地球系统模式进行不同排放情景的气候变化试验,但与物理气候系统模式相比,考虑碳循环之后会给未来的气候变化预估带来更大的不确定性。

IPCC AR4 大多数模式预估全球平均降水呈增加趋势。但是与气温不同的是,模式之间的离差更大,表明降水的模拟有更大的不确定性。

5.1.2 中国平均气温和降水预估

关于未来气候变化的情景预估,此前的工作多给出多模式的集合平均结果。例如,国际七个气候模式所模拟的 A2 和 B2 排放情景下 21 世纪中国气候的变化趋势显示(姜大膀等,2004a,b),中国大陆年平均地表升温过程与全球同步,但增幅在东北、西部和华中地区较大,且表现出明显的年代际变化;冬季升温幅度大于同期夏季,地表最低温度升幅强于同期地表最高温度,冬季和夏季地表温度的季节内变化范围减小。根据 IPCC A2 和 B2 排放情景预估结果,21 世纪 50 年代中国中东部潜在植被的地理分布带整体上将大规模向北迁移,西部地区变化范围相对较小;35°N 以南的植被变化主要源于地表气温变化,以北的变化则是温度、降水和 CO_2 浓度共同作用的结果(Jiang,2008)。

根据最新的 IPCC AR4 的 22 个耦合模式的结果,可以进一步讨论中国区域降水模式预估结果的不确定性问题。在 A1B 情景下,全国年平均降水显著增加,但不同地区降水变化趋势并非全年一致(李博等,2010)。夏季降水在除塔里木盆地西部等个别地区外,均表现为一致的增加趋势,而冬季青藏高原南部和华南部分地区降水减少,其他地区降水则增多。

在 B1、A1B 和 A2 三种情景下,各模式均一致地模拟出中国年平均气温呈线性增加趋势,且增温幅度随着排放情景的增高而增大。到 21 世纪末,多模式集合平均模拟的中国年平均气温在 B1、A1B 和 A2 情景下相对于 1980—1999 年将分别增加约 2.5℃、3.8℃ 和 4.6℃,比全球平均增温幅度要大。多模式集合平均的 2020 年、2050 年左右和 2070 年左右年平均气温变化的地理分布表明(Ding et al.,2007),2020 年时 B1 情景整个中国地区增暖约 1.2℃~1.8℃,东北地区和西部增温最强;A1B 情景下,增温幅度在 1.0℃~1.5℃,最大增温区在华北、西北和东北北部;A2 情景下,增温幅度在 0.6℃~1.8℃。2050 年时,温度的增温幅度加大,比 2020 年增加将近一倍,最大的增温地区仍然是华北、西北和东北。

冬季增温要强于夏季,增温最大值中心位于东北地区和青藏高原地区。在夏季高原西侧,冬季东北、西北和青藏高原,模式间的离差最大,相应的模式模拟的不确定性也最大。值得注意的是,无论是年平均、夏季平均还是冬季平均,多模式集合的全国温度变化与模式离差之比都大于1,这意味着多模式集合预估的未来温度变化信号要大于各模式结果间的离差,"信号"大于"噪音",模式的预估结果可信度较高。因此,利用当前的全球海气耦合模式对区域尺度的未来温度变化进行模拟预估,结果的可信度较之降水要大。

除了气候平均态的变化之外,极端气候指标的变化,也是一个众所关注的问题。为了克服结果对模式的依赖性,从参加 IPCC AR4 CO_2 加倍试验的 15 个耦合模式的多模式集合平均以及不同模式间的离差分布结果来看(李红梅,2007;周天军等,2008),在未来 CO_2 加倍情景下,除西北和中国东部小块区域外,全国大部分地区夏季总降水量将增加,其中以青藏高原和东北地区为增加大值区。模式模拟的各极端降水指标变化分布型与总降水量变化较一致,均表现为增大,但西北地区的减小区域比总降水量小得多,极端降水主要表现为全国一致的增加,也以青藏高原地区的增加值最大。模式模拟的总降水量和极端降水指标离差大值区位于青藏高原地区。

对于极端温度的变化,模式集合平均结果表明 CO_2 加倍后,寒夜和寒昼发生天数将减少,比较而言,根据日最低温度统计得到的寒夜比根据日最高温度统计得到的寒昼减少幅度大;而暖夜和暖昼发生天数将增加,且由北向南呈递增分布。同样,根据日最低温度统计得到的暖夜,比根据日最高温度统计得到的暖昼的增加幅度要大。这反映出日最低温度的增大幅度比日最高温度大。模式间离差大值区位于青藏高原地区。

5.2　气候模式对华中区域温度降水变化的模拟评估

5.2.1　华中区域温度变化的模拟评估

5.2.1.1　华中区域平均气温月变化的模拟检验

比较 1961—2000 年区域逐月平均气温的模拟与观测值(图 5.1),可以看出模式模拟的区域平均气温与观测值呈现较好的一致性,反映出华中区域平均气温的年变化特征,但模拟温度较观测值偏低。模拟与观测的均方根误差大多在 1.0~1.5℃,其中 1—6 月的均方根误差较小,表明 1—6 月模拟的不确定性低于其他月份。

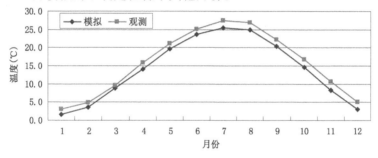

图 5.1　1961—2000 年华中区域月平均气温的模拟与观测值比较

5.2.1.2　华中区域平均气温年变化的模拟检验

从对 1961—2000 年逐年平均气温模拟效果来看,模式能基本反映年平均气温线性变化趋势,但未能模拟出 90 年代增温加速的特征(图 5.2)。这与 IPCC AR4 的 19 个最新全球模式结果一致(Zhou and Yu,2006)。模拟值与观测值距平时间序列的相关系数为 0.43,通过了 0.001 的显著性检验。模式模拟的华中区域 1961—2000 年平均气温的线性增温速率高于观测的增温速率,其主要原因可能在于模式中未考虑硫酸盐气溶胶的间接作用使得地面温度降低(Ma et al.,2004)。模式模拟的冬季增温速率略高于观测的增温速率,夏季模拟变化趋势与观测值相反。

华中区域 1961—2000 年平均气温观测值的线性趋势变化范围为 $-0.06~0.30$℃/10a (图 5.3a),在湖北中东部、河南北部的增温速率高于其他地区。模式模拟的线性趋势变化空间差异较小,变化速率为 0.10~0.16℃/10a(图 5.3b)。

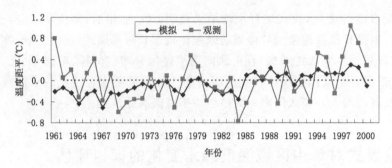

图 5.2　1961—2000 年华中区域年平均气温的模拟与观测值比较(℃)

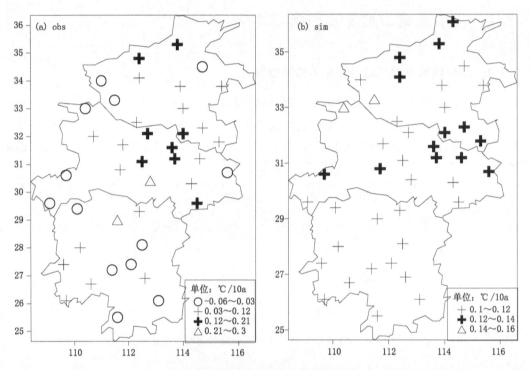

图 5.3　1961—2000 年华中区域地面气温线性趋势分布图(a)观测场、(b)模拟场

5.2.1.3　华中区域平均气温空间分布的模拟检验

全球模式可以较好地模拟出的华中区域平均气温分布的主要特征是,总体上呈现南高北低的特点,但纬向特征不如观测值明显。模拟值和观测值空间相关系数为 0.88,模拟值较观测值存在系统性偏低。除河南西南部、湖北西北部局部地区偏差较大,75％地区偏差在 0～2.0℃,15％地区偏差在 2.0～3.0℃。

模式结果给出的高低温中心,温度空间分布与实况基本一致。模拟值和观测值的空间相关系数 0.64,通过了 0.01 的显著性检验,但模拟值仍在系统性的偏低,偏低明显的区域位于河南西南部、湖北西北部。

5.2.2 华中区域降水变化的模拟检验

5.2.2.1 华中区域降水月变化的模拟检验

华中区 1961—2000 年逐月平均降水模拟与观测值序列呈现较好的一致性(图 5.4),能够反映出区域降水的年变化特征,但春、冬季模拟降水值高于观测值,夏、秋季则相反。模拟值与观测值偏差大多在 −10.0%~20.0%,其中 6—11 月的偏差较小,表明 6—11 月模拟的不确定性低于其他月份。

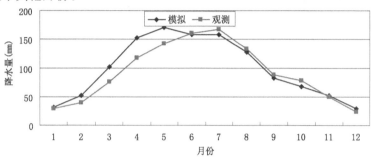

图 5.4 1961—2000 年华中区域降水量模拟与观测值比较

5.2.2.2 华中区域降水年变化的模拟检验

华中区域 1961—2000 年平均降水量变化趋势不明显,年际波动变率较大。模式模拟的降水基本反映出实际变化特点(图 5.5),但模拟的降水年代际变率较小,对降水异常模拟能力较差。1961—2000 年华中区域平均降水观测值与模拟值的距平相关系数为 0.36,通过了0.01 的显著性检验。

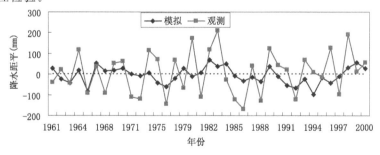

图 5.5 1961—2000 年华中区域年平均降水的模拟与观测值比较

5.2.2.3 华中区域平均降水空间分布的模拟检验

模式可较好地反映出降水的空间分布特征,模拟和观测的平均降水量空间相关系数为0.91。河南大部、湖北中部及西北部,模拟降水量多于观测值,偏多 10%~25%,其中河南西部、湖北西北部偏多 30%~40%;湖北西南部、湖南西北部以及湖北东南部模拟降水量少于实况,偏少 5%~10%。

5.2.3 华中区域 21 世纪前 10 年温度、降水模拟检验

A1B 情景下 2001—2010 年平均气温模拟值在大部分地区都偏低 2℃以内。华中区域年平均气温模拟值与观测值的逐年变化趋势比较一致,但差异较大。A1B 情景下 2001—2010 年降水量预估值大部偏多。河南、湖北中西部、湖南中东部降水模拟值偏多,其他地区偏少。与温度相比,降水预估值与观测值的年变化一致性较差。

5.3 华中区域 21 世纪温度、降水变化预估

5.3.1 华中区域未来温度变化预估

5.3.1.1 年平均气温时间变化预估

对模式预估的 21 世纪(2011—2100 年)华中区域年平均气温序列进行分析得出(图 5.6),SRES 情景下华中区域未来年平均气温呈显著增加趋势。SRES A2、A1B、B1 情景下预估增温速率分别为 0.41℃/10a、0.38℃/10a、0.22℃/10a。与以往预估结果对比发现(Luo Yong, et al., 2005),AR4 模式集合数据在同一情景下预估的增温趋势变化范围较小。从 2011 年到 21 世纪末,气温增幅在 SRES A2、A1B、B1 情景下分别为 3.7℃、3.4℃、2.0℃,与 Xu Ying(徐影等,2002)等预估结果相比,模式集合数据预估的增温强度略低。

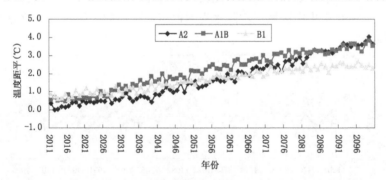

图 5.6　SRES 情景下模式预估的华中区域 2011—2100 年平均气温

从表 5.1 可看出,A2、A1B、B1 情景下华中区域未来 30 年(2011—2040 年)平均气温比基准年依次增加 0.48℃、0.97℃、0.98℃;A2 情景下夏季温度增幅大于其他季节,A1B、B1 情景下春、冬季增幅高于夏、秋季。

A2、A1B、B1 情景下华中区域 21 世纪中期(2041—2070 年)平均气温比基准年增幅差异明显,A1B 情景下增幅大于 A2、B1,增幅分别为 2.23℃、1.59℃、1.71℃;A2 情景下夏季增温最大,春季最小,A1B 情景下冬季增幅最大。

A2、A1B、B1 情景下华中区域后期(2071—2100 年)平均气温比基准年增幅差异继续增

大,A1B、A2 、B1 情景下增温幅度分别为 3.24℃、3.11℃、2.32℃。A2 情景下夏季增温最大,A1B、B1 情景下冬季增温最大。

表 5.1　模式预估 21 世纪华中区域平均气温年与四季温度与基准年相比距平值(单位:℃)

年代	排放情景	年平均	春季	夏季	秋季	冬季
2011—2040	A2	0.48	0.38	0.76	0.44	0.34
	A1B	0.97	1.11	0.92	0.92	1.02
	B1	0.98	1.12	1.01	0.87	1.01
2041—2070	A2	1.59	1.34	1.92	1.56	1.51
	A1B	2.23	2.20	2.18	2.17	2.37
	B1	1.71	1.71	1.71	1.66	1.72
2071—2100	A2	3.11	2.86	3.48	3.10	2.96
	A1B	3.24	3.14	3.20	3.25	3.34
	B1	2.32	2.25	2.30	2.30	2.41

5.3.1.2　年平均气温空间变化的预估

SRES 三种情景下空间增温线性趋势差异明显(图 5.7)。A2 情景下增温趋势最大,整个区域增温趋势在 0.42～0.45℃/10a;A1B 情景下增温趋势次之,增温趋势在 0.35～0.4℃/10a;B1 情景下增温趋势最小,增温趋势在 0.21～0.23℃/10a。

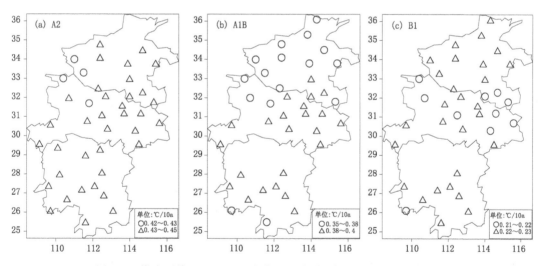

图 5.7　模式预估 2011—2100 年华中区域平均气温增温趋势空间分布

SRES 排放情景下 2011—2040 增温形势各有特点(图 5.8)。A2 情景下湖南增温幅度大于湖北和河南,湖南增温幅度 0.5～1.0℃,湖北、河南大部 0.1～0.5℃;A1B、B1 情景下增温特征比较一致,河南、湖北增温幅度大于湖南,A1B 情景下河南大部、湖北西北部 1.0～1.1℃,湖北大部、湖南北部增温 0.9～1.0℃;B1 情景下河南和湖北大部增温 1.0～1.1℃,湖南大部增温 0.7～0.9℃。

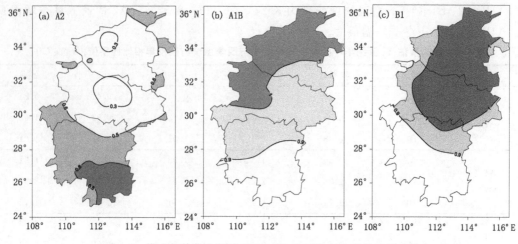

图 5.8　模式预估华中区域 2011—2040 平均气温变化空间分布

5.3.2　华中区域未来降水变化预估

5.3.2.1　年降水量时间变化的预估

对 21 世纪(2011—2100 年)华中区域降水量模式预估序列进行分析,SRES 情景下华中区域年降水量呈增加趋势(图 5.9)。SRES A2、A1B、B1 情景下降水量增加趋势分别为 16.9 mm/10a、12.6 mm/10a、9.8 mm/10a。

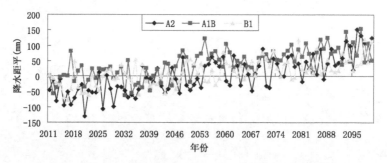

图 5.9　模式预估的华中区域 21 世纪年降水量的时间序列

与基准年相比,2011—2040 年平均降水量 A2、B1 情景下有所减少,A2 下减少则比较显著,偏少 38.7 mm;2011—2040 年平均降水量比基准年增加 13.7～55.0 mm;2071—2100 年降水量比基准年增加 49.1～87.7 mm(表 5.2)。

表 5.2　模式预估 21 世纪年降水量、四季降水量与基准年相比距平百分率(单位:%)

年代	排放情景	年平均	春季	夏季	秋季	冬季
2011— 2040	A2	−38.7	−0.9	−20.9	−20.0	3.1
	A1B	0.4	0.5	4.0	−6.2	7.1
	B1	−6.6	−0.1	−11.2	−2.1	6.8

续表

年代	排放情景	年平均	春季	夏季	秋季	冬季
2041— 2070	A2	13.7	16.5	−6.6	−6.7	10.5
	A1B	55.1	23.6	20.5	6.1	4.9
	B1	22.2	10.5	3.3	−0.3	8.7
2071— 2100	A2	59.5	33.5	11.1	6.5	8.4
	A1B	87.7	40.0	21.5	9.4	16.8
	B1	49.1	23.6	14.9	−0.7	11.3

5.3.2.2 年降水量空间变化的预估

SRES 情景下华中区域 21 世纪降水量总体上呈现增加趋势,但在不同情景下线性趋势的分布形势差异较大(图 5.10)。A2、A1B 情景下,降水量增加趋势的空间分布形态比较一致,表现为北部增加速率大于南部。B1 情景下的分布形势相反,湖南大部、湖北中东部降水增加速率大,河南大部增加速率小。

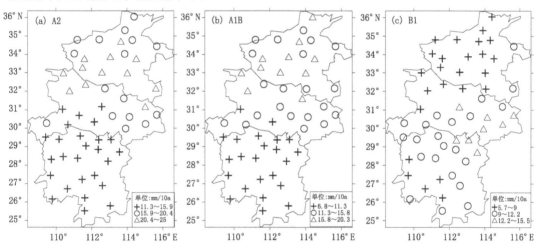

图 5.10　模式预估 2011—2100 年华中区域降水线性趋势空间分布

5.4　华中区域未来极端事件变化预估

5.4.1　极端气温事件变化及预估

使用 PCMDI(需要解释)提供的 7 个新一代全球模式在 20CM 和 SRES A1B 排放情景下的 5 项极端气温指数来研究华中区域 21 世纪极端气温的变化趋势。这几项极端气温指数能够表征极端气候不同方面的变化。其中,霜冻指数、暖夜指数主要反映日最低气温的变化,热浪指数则与日最高气温的变化有关。由各指数的定义表明,这些指数综合考虑了极端气温事件的强度与持续时间,已成为用于描述与极端气温事件有关的核心指标。

表 5.3 极端气温指数的定义

指数名称	英文缩写	指数定义	指数单位
霜冻日数	FD	每年日最低气温低于 0℃ 的总天数	天(d)
极端温差	ETR	每年日最高气温和最低气温的差值	摄氏度(℃)
生物生长季	GSL	每年日平均气温连续 5 天高于 5℃ 的总天数	天(d)
暖夜指数	TN90	最低气温通过 90％ 阈值气候态分布的天数百分率	百分率(%)
热浪指数	HWDI	连续 5 天最高气温高于相同日期气候态 5℃ 的总天数	天(d)

5.4.1.1 极端气温指数平均状态的模拟能力

选取模式气候态平均模拟结果、观测数据区域平均值以及两者之间的相对误差两种统计参数分析表明,从区域平均的结果来看(表 5.4),除 GSL 指数外,其余各指数的模式平均结果均高于观测数据的区域平均。其中,TN90 模式平均的结果最接近观测数据,为 10.18％,而 FD 模式平均的模拟效果较差,为 95.73 d。在相对误差方面,从模式平均看,ETR 和 TN90 模式平均的相对误差最小。对比不同模式的模拟效果,MIROC3(HIRES)和 MIROC3(MEDRES)两个模式模拟各项指数的相对误差均是最小的。

表 5.4 华中区域多年平均(1961—2000 年)极端气温指数模拟与观测的对比

项目	指数	GFDL CM2_0	GFDL CM2_1	INM CM3	IPSL CM4	MIROC3 MEDRES	MIROC3 HIRES	MRI_CG CM2	模式平均	观测数据
区域平均	FD	121.44	100.28	142.14	107.85	61.47	51.72	85.25	95.73	42.95
	ETR	54.48	49.74	68.43	49.43	45.98	43.82	46.71	51.23	44.44
	GSL	249.71	278.86	247.79	243.56	287.79	296.77	256.63	265.87	297.80
	TN90	10.05	10.11	10.22	10.68	9.69	9.97	10.58	10.18	9.67
	HWDI	23.77	22.81	10.93	16.32	4.11	2.93	14.00	13.55	6.40
相对误差 (%)	FD	182.75	133.48	230.94	151.11	43.12	20.42	98.49	51.69	
	ETR	22.59	11.93	53.98	11.23	3.47	−1.40	5.11	2.39	
	GSL	−16.15	−6.36	−16.79	−18.21	−3.36	−0.35	−13.82	−5.84	
	TN90	3.93	4.55	5.69	10.44	0.21	3.10	9.41	4.24	
	HWDI	271.41	256.41	70.78	155.00	−35.78	−54.22	118.75	9.53	

5.4.1.2 极端气温指数空间分布的模拟能力

选取华中区域气候态极端气温指数模拟结果与观测数据的空间相关系数分析表明(表 5.5),除 TN90 模式平均与观测数据空间的相关系数较小,未通过 0.1 显著性检验外,其他指数的模拟效果都较好,表明模式结果和观测数据的空间分布是非常相似的。其中,FD、ETR 和 GSL 模式模拟与观测值的相关系数均通过了 0.001 显著性检验(除 IPSL(CM4)模式对 GSL 空间模拟能力的相关系数为 0.31 外);HWDI 模式模拟与观测值的相关性为 0.69,但其中三个模式的模拟效果较差;TN90 模式模拟与观测值的相关性最差。

表 5.5　华中区域多年平均(1961—2000 年)极端气温指数模拟与观测数据的空间相关系数

	GFDL CM2_0	GFDL CM2_1	INM CM3	IPSL CM4	MIROC3 MEDRES	MIROC3 HIRES	MRI_CG CM2	模式 平均
FD	0.88	0.90	0.86	0.90	0.93	0.86	0.86	0.90
ETR	0.92	0.92	0.76	0.87	0.91	0.93	0.83	0.92
GSL	0.82	0.89	0.86	0.31	0.89	0.69	0.67	0.87
TN90	0.02	0.35	0.00	0.05	0.05	0.06	0.00	0.00
HWDI	0.58	0.74	0.50	0.21	0.02	0.18	0.74	0.69

表注:灰色标注数字表示没有通过 0.1 的显著性检验。

5.4.1.3　极端气温指数时间变化的模拟能力

由极端气温指数的线性趋势可以发现((表 5.6)),整体上模式平均的模拟效果与观测数据具有相同的变化趋势,其中,FD、ETR 和 GSL 模式平均的变化趋势小于观测数据的变化趋势,TN90 和 HWDI 反之,而 TN90 模式平均的变化趋势最接近观测数据的变化趋势。从各模式模拟结果来看,每个指数均有 1~2 个模式对其时间变化趋势的模拟能力较好,如 MIROC3(MEDRES)模式对 FD 和 ETR 的模拟。由时间序列相关系数可知,仅个别模式对极端气温指数的年代际变率有一定的模拟能力,大部分模式和模式集合对于极端气温指数的模拟虽然能表现出一定的整体变化趋势,但不能体现其年代际变化特点。

表 5.6　模式模拟的 1961—2000 年华中区域极端气温指数与观测数据的变化趋势和相关系数

项目	指数	GFDL CM2_0	GFDL CM2_1	INM CM3	IPSL CM4	MIROC3 MEDRES	MIROC3 HIRES	MRI_CG CM2	模式 平均	观测 数据
线性 变化 趋势 /10a	FD	−0.7	−1.9	−2.2	−1.5	−3.2	−1.3	−0.3	−1.4	−3.6
	ETR	−0.1	−0.2	0	0	−0.8	−0.3	0.2	−0.2	−0.8
	GSL	1.5	3.8	1.1	3.4	−2.1	2.3	3.1	1.9	3.0
	TN90	0.3	1.3	0.9	0.7	0.2	0.5	1.2	1.2	
	HWDI	1.7	1.8	0.2	2.6	−0.4	0.2	1.2	1.0	0.3
时间 序列 相关 系数	FD	0.23	0.23	0.11	0.18	0.16	0.03	0.16	0.23	
	ETR	0.02	0.07	0.20	0.28	0.23	0.16	0.03	0.04	
	GSL	0.32	0.09	0.14	0.32	0.24	0.05	0.04	0.06	
	TN90	0.15	0.40	0.12	0.21	0.00	0.02	0.21	0.31	
	HWDI	0.06	0.18	0.15	0.11	0.04	0.06	0.19	0.07	

5.4.1.4　极端气温指数变化的情景预估

根据以上模式对华中区域现代气候模拟能力的分析,模式集合结果模拟能力较为稳定。从集合模式模拟的各指数 2011—2100 年线性趋势来看(表 5.7),FD、ETR 两个指数为减少趋势,其余三个指数都有增加趋势。其中,FD 每年将减少 0.34 d,GSL 和 TN90 每年将分别增加 0.2 d 和 0.21%,表明未来百年华中区域最低气温将会升高;HWDI 每年约增加 0.64

d,表明未来百年华中区域的高温热浪现象将更加频繁;最高气温和最低气温的非同步上升又导致 ETR 指数有微弱下降趋势。相比 21 世纪,世纪末(2071—2100 年)各个极端气温指数的线性变化幅度不同。

表 5.7 华中区域 21 世纪 A1B 情景下极端气温指数的变化

项目	线性变化趋势(2011—2100 年) (/100a)	线性变化趋势(2071—2100 年) (/30a)
FD	−33.6	−7.7(−14.1)
ETR	−0.3	−0.9(−2.3)
GSL	20.3	6.4(15.6)
TN90	20.6	6.9(4.2)
HWDI	64.1	21.6(7.8)

表注:括号内为基准年 1971—2000 年各项极端气温指数的线性趋势。

从华中区域 21 世纪极端气温指数的线性变化趋势来看(表 5.7),除 FD、ETR 两个指数为减少趋势外(未来 90 年将分别减少 36.0 d 和 0.3℃),其余三个指数都有增加趋势,GSL、TN90 和 HWDI 未来百年将分别增加 33.6 d、37.6% 和 74.1 d。对比各个指数的变化速率可以发现,FD、GSL 和 TN90 三个指数的变化差异较小,FD 每年将减少 0.36 d,GSL 和 TN90 每年将分别增加 0.34 d 和 0.38%,表明未来百年华中区域最低气温将会升高;而 HWDI 指数的变化速率几乎是 FD、GSL 和 TN90 三个指数的两倍以上,每年约增加 0.74 d,表明未来百年华中区域的高温热浪现象将更加频繁;最高气温和最低气温的非同步(最低气温的整体上升速率稍大于最高气温)上升又将导致 ETR 指数的下降,即日最高气温和最低气温的差值将逐步缩小,但从百年尺度来看,其变化速率很小。

相对于整个 21 世纪,世纪末(2071—2100 年)各个极端气温指数的线性变化趋势表现不同,其中,HWDI 指数的变化差异最小,FD、GSL 和 TN90 三个指数的变化差异略大,ETR 指数的变化差异最大。从整个 21 世纪来看,线性变化趋势仅−0.3℃/100a,但到世纪末其线性变化趋势达−0.9℃/100a。而与基准年(1971—2000 年)相比,世纪末(2071—2100 年)各个极端气温指数的变化呈现出更大的变化。其中,FD、ETR 和 GSL 三个指数将分别减少45.4%、61.3% 和 59.1%,TN90 和 HWDI 两个指数将分别增加 63.8% 和近 1.8 倍。

分析表明,在基准年(1971—2000 年),FD 指数呈减少趋势,未来百年其减少趋势有所缓和,世纪末其线性减少趋势增加至−7.7 d/30a;GSL 指数呈增加趋势,未来百年其增加趋势有所缓和,世纪末其线性增加趋势减少至 6.4 d/30a;TN90 指数呈增加趋势,未来百年其增加趋势将更加明显,达 37.6%/100a;HWDI 指数呈增加趋势,未来百年其增加趋势将更加显著,达 74.1 d/100a,直至世纪末其增加趋势仍维持在较高水平;值得注意的是,ETR 指数呈减少趋势,其线性变化趋势为−2.3℃/30a,未来百年整体变化趋势不明显,但世纪末其减少趋势变得再次明显,对此进行了进一步探讨。

5.4.2 极端降水事件变化及预估

使用 PCMDI 提供的 7 个新一代全球模式在 20CM 和 SRES A1B 排放情景下的 5 项极

端降水指数来分析华中区域 21 世纪极端降水的变化趋势。这几项极端降水指数具有较高信噪比,分别为平均日降水强度、最长无雨期、大雨日数、最大连续五天降水量和极端降水贡献率。其中,平均日降水强度、最大连续五天降水量和极端降水贡献率主要反映降水强度,而最长无雨期和大雨日数与降水持续时间有关。由各指数的定义表明,这些指数综合考虑了极端降水事件的强度与持续时间,已成为用于描述与极端降水事件有关的核心指标。

表 5.8 极端降水指数的定义

指数名称	英文缩写	指数定义	指数单位
平均日降水强度	SDII	年总降水量/有雨日数(≥1 mm)	毫米/天(mm/d)
最长无雨期	CDD	最长无雨(日降水量小于 1 mm)持续天数	天(d)
大雨日数	R10	一年中日降水量大于 10 mm 的天数	天(d)
最大连续五天降水量	R5 d	一年中连续五天降水量之和的最大值	毫米(mm)
极端降水贡献率	R95t	极端降水量(日降水量≥1961—1990 年期间 95% 分位点)之和占该年总降水量的百分率	百分率(%)

5.4.2.1 极端降水指数平均状态的模拟能力

从区域平均的结果来看(表 5.9),除 R10 指数外,其余各指数模式平均的结果均低于观测数据的区域平均。其中,CDD 模式平均的结果最接近观测数据,为 34.7 d,而 R5 d 模式平均的模拟效果较差,为 116.05 mm。在相对误差方面,各模式和模式集合模拟的 SDII 均低于观测值,说明现有模式所模拟的降水强度偏低,也说明新一代全球模式模拟的降水日数增长速度要大于降水量的增长速度,即模式模拟的降水存在过于频繁的问题(Sun Y 等,2005)。同时,由于降水日数增多导致降水事件发生的间隔时间变短,引起了所模拟的 CDD 比实际情况有所偏低;而 R10、R5 d 和 R95t 的模拟值均有所偏高。对比不同模式的模拟效果,IPSL(CM4)和 MIROC3(HIRES)两个模式所模拟的大部分指数的相对误差较小。

表 5.9 华中区域多年平均(1961—2000 年)极端降水指数模拟与观测的对比

项目	指数	GFDL CM2_0	GFDL CM2_1	INM CM3	IPSL CM4	MIROC3 MEDRES	MIROC3 HIRES	MRI_CG CM2	模式平均	观测数据
区域平均	SDII	8.62	8.74	8.86	8.52	8.51	9.37	8.38	8.71	12.28
	CDD	33.86	47.64	39.48	34.60	26.47	25.65	35.24	34.70	36.38
	R10	37.01	35.75	47.01	29.93	35.86	36.75	46.79	38.44	32.26
	R5 d	115.38	117.43	107.79	118.02	111.09	133.56	109.12	116.05	151.66
	R95t	22.37	21.53	22.59	24.54	21.77	24.61	36.71	24.87	27.70
相对误差(%)	SDII	−29.80	−28.83	−27.85	−30.62	−30.70	−23.70	−31.76	−29.07	
	CDD	−6.93	30.95	8.52	−4.89	−27.24	−29.49	−3.13	−4.62	
	R10	14.72	10.82	45.72	−7.22	11.16	13.92	45.04	19.16	
	R5 d	−23.92	−22.57	−28.93	−22.18	−26.75	−11.93	−28.05	−23.48	
	R95t	−19.24	−22.27	−18.45	−11.41	−21.41	−11.16	32.53	−10.22	

5.4.2.2 极端降水指数空间分布的模拟能力

选取华中区域气候态极端降水指数模拟结果与观测数据的空间相关系数分析表明(表5.10),整体上模式平均的模拟结果要优于各个模式模拟的效果,除集合模式模拟 CDD 的空间相关性差于大部分单个模式外,集合模式对其他指数的模拟效果都较好,表明模式模拟和观测数据的空间分布非常相似。其中,CDD、R10 和 R95t 模式模拟与观测值的相关系数均通过 0.01 显著性检验;SDII 模式模拟与观测值的相关性为 0.50,但其中两个模式的模拟效果较差;R5 d 各模式模拟值与观测值的相关性差异较大,部分模式的模拟通过 0.01 显著性检验,也有部分模式相关性很差。

表 5.10 华中区域 1961—2000 年极端降水指数模拟与观测数据的空间相关系数

	GFDL CM2_0	GFDL CM2_1	INM CM3	IPSL CM4	MIROC3 MEDRES	MIROC3 HIRES	MRI_CG CM2	模式 平均
SDII	0.33	0.46	0.19	0.59	0.10	0.45	0.26	0.50
CDD	0.56	0.65	0.74	0.75	0.16	0.92	0.38	0.24
R10	0.75	0.78	0.76	0.88	0.02	0.90	0.86	0.94
R5 d	0.07	0.35	0.37	0.52	0.15	0.42	0.24	0.32
R95t	0.25	0.47	0.62	0.54	0.44	0.48	0.59	0.58

5.4.2.3 极端降水指数时间变化的模拟能力

由极端降水指数的线性趋势可以发现(表5.11),整体上模式平均的模拟效果与观测数据有相同的变化趋势,其中,SDII 模式平均的变化趋势与观测数据的变化趋势完全一致,CDD、R10 模式平均的变化趋势要小于观测数据的变化趋势,而 R5 d、R95t 反之。从各模式模拟结果来看,每个指数均有 1~2 个模式对其时间变化趋势的模拟能力较好,如 MIROC3(HIRES)和 MIROC3(MEDRES)两个模式对 SDII 模拟的趋势最接近观测数据的趋势,均为每 10 年增加 0.04 mm/d。由时间序列相关系数可知,仅个别模式对极端降水指数的年际变率有一定的模拟能力,绝大部分模式和模式集合对于极端降水指数的模拟虽能表现出一定的总体变化趋势,但不能体现其年代际变化特点。

表 5.11 模式模拟的 1961—2000 年华中区域极端降水指数与观测数据的变化趋势和相关系数

项目	指数	GFDL CM2_0	GFDL CM2_1	INM CM3	IPSL CM4	MIROC3 MEDRES	MIROC3 HIRES	MRI_CG CM2	模式 平均	观测 数据
线性变化趋势/10a	SDII	0.03	0.08	0.07	0.00	0.04	0.04	0.11	0.05	0.05
	CDD	2.45	−0.56	0.73	−0.10	−0.31	0.64	−3.37	−0.07	−2.68
	R10	−0.75	−0.25	0.84	0.41	0.27	0.27	0.87	0.23	0.57
	R5 d	0.10	4.46	−0.22	0.49	0.97	1.69	2.37	1.41	1.26
	R95t	0.75	0.94	0.68	−0.12	0.21	0.52	0.62	0.51	0.16

项目	指数	GFDL CM2_0	GFDL CM2_1	INM CM3	IPSL CM4	MIROC3 MEDRES	MIROC3 HIRES	MRI_CG CM2	模式平均	观测数据
时间序列相关系数	SDII	0.23	0.13	0.22	0.05	0.15	0.17	0.18	0.26	
	CDD	0.29	0.11	0.00	0.19	0.10	0.13	0.16	0.07	
	R10	0.03	0.03	0.04	0.05	0.06	0.03	0.27	0.05	
	R5 d	0.20	0.18	0.09	0.12	0.22	0.04	0.07	0.12	
	R95t	0.13	0.28	0.19	0.19	0.38	0.09	0.19	0.26	

5.4.2.4 21 世纪华中区域极端降水指数变化的情景预估

根据以上模式对华中区域现代气候模拟能力的分析,模式集合结果模拟能力较为稳定。从集合模式模拟的各指数 2011—2100 年线性趋势来看(表 5.12),SDII、R10 和 R5 d 三个指数每年将分别增加 0.013 mm/d、0.033 d 和 0.235 mm,表明未来百年华中区域雨量强度可能增加;而 R95t 和 CDD 两个指数每年将分别增加 0.08%和 0.009 d,表明华中区域未来百年极端降水事件的出现频率将会增加,防灾形势更加严峻;同时干旱也有加重趋势。相对于整个 21 世纪,世纪末(2071—2100 年)各个极端降水指数的线性变化幅度差异也较大。

表 5.12 华中区域 21 世纪极端降水指数的变化

指数	A1B 线性变化趋势(2011—2100 年) (100a)	A1B 线性变化趋势(2071—2100 年) (30a)
SDII	1.7	0.7(0.4)
CDD	0.7	1.8(−11.0)
R10	1.7	1.2(2.5)
R5 d	23.5	15.0(21.4)
R95t	1.5	6.7(1.1)

表注:括号内为基准年 1971—2000 年各项极端降水指数的线性趋势。

在 A1B 排放情景下,五个指数未来百年将分别增加 1.3 mm/d、0.9 d、3.3 d、23.5 mm 和 8.0%。对比各个指数的变化速率可以发现,SDII、R10 和 R5 d 三个指数每年将分别增加 0.013 mm/d、0.033 d 和 0.235 mm,表明未来百年华中区域雨量强度可能增加;而 R95t 和 CDD 两个指数每年将分别增加 0.08%和 0.009 d,表明华中区域未来百年极端降水事件的出现频率将会增加,防灾形势更加严峻;同时干旱也有加重趋势。

世纪末(2071—2100 年)各个极端降水指数的线性变化趋势表现也不同。其中,SDII 和 R10 两个指数的变化差异最小,R95t 和 R5 d 两个指数的变化较大,CDD 指数的变化差异最大,整个 21 世纪的线性变化趋势为 0.9 d/100a,到世纪末其线性变化趋势增长了近 7 倍。与基准年(1971—2000 年)相比,世纪末各个极端降水指数的变化呈现出更大的变化。其中,SDII 和 R95t 两个指数将分别增加 64.3 个百分点和 2.3 倍;R10 和 R5 d 两个指数将分别减少 51.2 个百分点和 30.1 个百分点;而 CDD 指数在基准年的线性变化趋势为 −11.0 d/30a,世纪末其线性变化趋势为 1.8 d/30a,说明未来百年中华中区域 CDD 这一指数将不再延续基准年的变化趋势,而呈现出一种新的趋势变化特征。

以上分析表明,在基准年(1971—2000 年)SDII 指数呈增加趋势,未来百年其增加趋势基本不变,但世纪末其线性增加趋势将可能增加至 0.7 mm/d;R10 指数呈增加趋势,未来百年其增加趋势有所缓和,直至世纪末其线性增加趋势仍维持在基准年线性增加趋势的一半以下;R5 d 指数呈增加趋势,未来百年其增加趋势将有较大缓和,从基准年的 21.4 mm/30a 减少至未来百年的 23.5 mm/100a,世纪末回升至 15.0 mm/30a;R95t 指数呈增加趋势,未来百年其增加趋势可能更加显著,达 8.0%/100a,世纪末其增加趋势仍在上升,达 3.6%/30a;值得注意的是,在基准年 CDD 指数呈减少趋势,其线性变化趋势为 −11.0 d/30a,未来百年整体变化趋势却发生扭转,由基准年的减少趋势转变为 21 世纪的增加趋势,且在世纪末表现更加明显。

相比未来百年极端气温年际变化特点而言,未来百年极端降水的年际变化特点更加难以推测,为此我们挑选了 SDII、R10 和 R95t 三个指数,分别采用能够较好地反映各自年代变化特征的模式结果(SDII、R95t 采用多模式平均模拟结果、R10 采用 MRI_CG(CM2)模式模拟结果),分析了 1961—2000 年三个指数模拟值与观测值的时间序列相关关系。

以 20 世纪 60 年代为起点来看,华中区域 SDII 指数将可能呈现出递增趋势,其百年线性变化趋势为 1.3 mm/d。若单独从 20 世纪后 40 年和整个 21 世纪百年变化来看,过去 40 年华中区域 SDII 指数变化很小;而未来百年该指数将可能呈现越来越明显的增加趋势,即 21 世纪初期(21 世纪初至 20 年代末)、中期(30 年代初至 60 年代末)和末期(70 年代初至 90 年代末)SDII 指数的百年变化速率依次为 1.2 mm/d、2.0 mm/d 和 2.8 mm/d。由以上分析可知,未来百年华中区域的平均日降水强度可能增加,尤其在 21 世纪末这种增加较为突出。

以 20 世纪 60 年代为起点来看,华中区域 R10 指数将可能呈现出较弱的递增趋势,其百年线性变化趋势为 0.4 d。若单独从 20 世纪后 40 年和整个 21 世纪百年变化来看,过去 40 年中华中区域 R10 指数的增速很快,而未来百年的不同阶段中,该指数也将呈现不同的年代变化特征。其中,21 世纪初期(21 世纪初至 20 年代末)R10 指数有减少趋势,其变化速率为 2.3 d/100a;中期(30 年代初至 60 年代末)R10 指数有较大增加趋势,其变化速率为 5.1 d/100a;末期(70 年代初至 90 年代末)R10 指数的线性增加趋势有所趋缓,为 3.6 d/100a。由以上分析可知,未来百年华中区域的大雨日数可能增加,在 21 世纪初期表现不明显,中后期这种增加趋势较为突出。

以 20 世纪 60 年代为起点来看,华中区域 R95t 指数将可能呈现出一定的增加趋势,其百年线性变化趋势为 1.3%/100a。若单独从 20 年代后 40 年和整个 21 世纪百年变化来看,过去 40 年中华中区域 R95t 指数的增速已达 1.7%/100a;21 世纪初期这一增速降低至 1.2%/100a,中后期增速逐步增加,从中期的 1.7%/100a 变化至末期的 2.2%/100a。由以上分析可知,未来百年华中区域的极端降水贡献率很可能增加,但增幅不会太明显。

第6章 华中区域气候变化不确定性分析

华中区域气候变化的不确定性主要来源于资料的不确定性、模式的不确定性、排放情景的不确定性以及评估文献的数量和质量。区域气候变化事实的不确定性主要是由于观测资料的不确定性和城市化影响的不确定性造成,气候变化预估的不确定性主要来源于气候模式的不确定性、排放情景的不确定性。气候变化影响评估的不确定性,一是来自于气候变化影响评估方法和模型、以及未来气候变化预估的不确定性,二是因收集的文献研究时段、研究区域、方法、使用资料的不同造成的评估结论的不确定性。

6.1 华中区域气候变化不确定性来源

6.1.1 华中区域气候变化事实的不确定性来源

资料的不确定性。长期积累下来的观测资料在用于气候变化研究时,会带入因观测仪器改变而产生的系统偏差,进而影响气候变化相关研究结果,而观测台站的迁移和观测规范的改变也同样带来系统偏差(王绍武,2001)。站址迁移对观测数据均一性的影响很大,尤其是对极端气温、雨量、风速等气象要素(吴增祥,2005)。台站环境、观测仪器类型及安装高度、地表裸露程度,观测方法的变动,对观测记录的均一性也有较大的影响尽管在分析华中区域气候变化事实,所选台站为经过均一化验证,气温分析选站 102 个,占全部资料完整台站数(239 个)的 43%,降水分析选站 233 个,占 97%。全区域有至少 1 次迁站历史的站数比例达 80%以上,所以迁站对资料带来的不确定影响带入到气候变化事实分析中,由此产生资料的不确定性和结论的不确定性。

城市化影响的不确定性。目前一个争议较大的问题是,城市化造成的台站附近升温是不是显著的,有没有必要从区域平均的地面序列中予以删除(任国玉,2003;施晓晖等,2006)。不少学者在建立全球、半球和区域平均气温序列时,对城市化的影响问题进行了评价,其中一些学者在所建立的平均气温序列误差中予以考虑,但对于较大区域尺度上该影响的量值仍存在不同看法,并没有很好解决问题(Peterson,2003)。气候变化评估所用台站资料均来自于国家级气象站(指国家基准气候站和国家基本气象站)的地面气温观测记录。国家站多位于城镇附近,其地面气温记录可能受到增强的城市化影响。不少学者从台站或区域尺度上对此进行了评价,发现国家站中各类城镇站记录的地面气温趋势中,在很大程度上还保留着城市化的影响,大城市站受到的影响更明显(赵宗慈,1991;Ren et al.,2008)。丁一汇等(1994)指出测站环境变化特别是城市化的影响是造成气候变化分析中资料不确定性的重要因素。华中区域 20 世纪 90 年代以来,城市化发展迅猛,对气候变化趋势分析结论带来一定程度不确定性。辐射和风速同样受到较大影响。

6.1.2　华中区域气候变化预估的不确定性来源

气候模式的不确定性。IPCC 报告(2007)认为,未来气候变化预估的关键不确定性,主要来自平衡气候敏感度、碳循环反馈的不确定性,此外不同气候模式对云反馈、碳循环反馈等机制的描述差别很大,也增加了不确定性。气候变化预估结果很大程度上依赖模式和情景(秦大河等,2008)。尽管大部分气候模式对降水总量的模拟较好,但是不能再现降水频率和强度的空间分布,大部分模式高估了"小雨"(日降水量在 $1.0\sim9.9$ mm/d 之间)出现的频率,却低估了"强降水"(日降水量 $\geqslant 10$ mm/d)的强度。气候模式对过去气候变化历史的再现能力,是衡量它对未来预估结果可靠性的一个重要标尺。诸多证据表明,无论是大气环流模式,还是海气耦合模式,尽管它们对全球、半球和大陆尺度的气候变化有较强的模拟能力,但是其对区域尺度过去气候变化的再现能力非常有限。华中区域地形复杂,从南到北分属中亚热带、北亚热带和暖温带三个气候带,地跨长江、淮河和黄河三大流域。因此气候的地域差异很大,在很大程度上降低了气候模式在区域的适用性,增加了对区域气候变化情景评估的不确定性。

排放情景的不确定性。现阶段对未来社会发展和排放情景的估计也不完全准确,从而使得未来气候变化趋势的估计也存在较大不确定性。同一种模式在不同排放情景下未来气候变化预估结果是不一样的。华中区域预估在 A2 情景下,21 世纪增温速率最大,B1 情景下最小。因此,排放情景的不确定或带来预估结论的不确定性。

6.1.3　华中区域气候变化影响评估的不确定性来源

影响评估方法和模型的不确定性。来源于四个方面:①目前人类社会对气候变化对各种生态系统的影响及系统之间相互作用的了解不够全面,模型不能准确反映气候变化对各系统的综合影响;②影响评估模型中考虑的因素不全面。目前采用的影响评估模型中大多只考虑气候因素如温度、降水变化及 CO_2 浓度的升高的影响,技术进步和政策变化在评估模型中则很少涉及;③在评价模型中主要考虑了气候变化对生产力的影响,很少考虑气候变化对贸易、就业以及社会经济的综合影响;④很少涉及适应措施对减轻脆弱性的作用。

研究文献的不完善造成的不确定性。在编写华中区域影响评估报告中,采用的主要技术方法之一是文献综述。收集了 1991 年至 2010 年发表的相关文献。由于文献作者在分析类似问题时所使用的资料站点、资料年代、研究区域、研究方法不同产生分析结论的差异,造成评估结论的不确定性。针对区域某些问题可使用的文献有限,也会带来一定不确定性。本报告采取了大部分文献结论基本一致的结果,减少其不确定性。

6.2　华中区域气候变化不确定性分析

在定性描述气候变化某个结论的不确定性时,IPCC第五次评估报告根据证据的类型、数量、质量和一致性(如对机理认识、理论、数据、模式、专家判断),以及各个结论达成一致的程度,评估对某项发现有效性的信度。信度以定性方式表示。本报告参照IPCC不确定性描述方法(孙颖等,2012),通过分析结论在图6.1中的位置来判断其不确定性特征。在图6.1中,左下位置A的不确定性最大,右上位置I的不确定性最小。

《报告》中气候变化观测事实,通过资料质量控制、均一化检验,去掉了因迁移环境差异大或因大城市影响资料不均匀的台站,已尽可能将资料误差降到了最低。但资料序列长短和观测仪器误差对结论有一定影响。因此,气候变化观测事实的结论应处于图6.1中F的位置:一致性中等,证据确凿。

图6.1　不确定性分析示意图

(参考IPCC第五次评估报告主要作者关于采用一致方法处理不确定性的指导说明)

《报告》中观测到的气候变化影响,由于各文献所使用的评估方法、资料和年代的不同,影响评估的结果有所差别;不同领域的影响评估工作所基于的文献有限,文献的覆盖范围和质量有待于进一步改善。该部分结论应处于图6.1中E的位置,即一致性中等,证据量中等。

《报告》中未来气候变化趋势预估,采用国家气候中心提供的多个全球气候模式加权平均值。由于气候模式及排放情景的不确定性,以及预估结果在不同研究中的差异,未来气温、降水和极端气候事件的预估结论,仍有较大的不确定性,应处于图6.1中D的位置:一致性中等,证据量有限。

《报告》中未来气候变化可能的影响,主要是基于未来气候变化趋势预估进一步研究得到的影响评估结果,影响评估模型仍然具有不确定性,不同预估结果可能导致各项研究结论之间的差异,此部分的评估结论应处于图6.1中D的位置:一致性中等,证据量有限;或B的位置:一致性低,证据量中等。

第二编 影响与适应

第7章 气候变化对农业的影响与适应

华中区域三省在农业上是中国水、旱作和单、双季稻的过渡带,具有季风气候农业区对气候变化的高度敏感性和脆弱性。气候变化对农业的影响是多方面的,包括作物生长、产量、品质、种植区域等。在全球气候变化背景下,华中区域已观测到的农业生态环境已发生一系列变化,光、热、水等农业气候资源的变化以及引起作物产量波动的各种农业气象灾害的发生频率和危害程度也有明显变化,对农业种植制度、作物布局、作物产量和品质都产生了一定影响。

近50年来,华中区域大多数地区≥10℃持续日数和活动积温明显增多、初霜日期推迟、终霜日期提前,作物生长期特别是喜温作物生长期显著延长,有利于提高复种指数。冬季增温明显,有利于小麦、油菜等越冬作物和果树的安全越冬等。双季稻的种植北界北移,适宜种植区面积扩大。小麦生长季明显延长,小麦种植品种的冬性明显减弱,偏春性化趋势明显,弱春性品种可种植面积扩大。区域降水变化趋势不明显,东部增多显著,西部减少明显,而降水日数大部呈减少趋势。大多数地区气温日较差有所减小,对粮食作物的产量和品质有不利影响。对农业生产影响较大的高温热害、干旱、洪涝、干热风等主要农业气象灾害的发生频率与强度也都有不同程度的变化,强度增大,范围扩大,粮食生产的波动性加大,气候变暖还导致农业病虫害的发生时期延长,危害加重。

华中区域未来几十年农业气候资源还可能发生明显变化。各种情景下年平均气温都呈显著升高的趋势。≥10℃活动积温也都将增加,因此未来几十年作物生长季将会进一步延长,双季稻的种植北界将继续北移,适宜种植区进一步扩大。小麦冬性品种和春性品种分界线也将明显北移。同时,气候变化还将可能伴随着极端天气气候事件增多,农业气象灾害发生频率加大。气候变暖还将加重农业病虫害的危害。

7.1 华中区域农业概况

华中区域是中国水、旱作和单、双季稻的过渡带,从一年一熟到一年三熟的种植制度在区域内自北向南都有分布。区域三省气候条件优越,物产丰富,是中国重要的商品粮、棉、油和多种农副产品的生产基地。河南小麦的种植面积和产量居全国之冠,湖南水稻产量居全国第一,湖北省油菜、淡水鱼产量全国第一,水稻产量全国第四。自古以来"湖广熟,天下足"的民谚说明了湖南、湖北两省水稻生产在全国的重要地位。但是,三省的农业生产在很大程度上仍然受制于气候条件,"靠天吃饭"仍然是目前和今后相当长时期内都难以改变的现实。

目前湖南大部地区一年三熟,作物以双季稻为主。湖北省在地理上属南北过渡带,是作物种植制度从三熟制到两熟制的过渡区。河南省作物熟制主要有一年两熟、两年三熟和一年一熟轮作三种熟制(毛留喜等,2000)。

7.2 观测到的气候变化对农业的影响

7.2.1 农业对气候变化的敏感性和脆弱性

农作物对气候变化的敏感性,是指农作物对气候因素变化的响应程度或敏感程度,直接采用产量的变化率来表示。气候变化造成农作物产量的变化率越大,说明农作物对气候变化越敏感。农作物对气候变化的脆弱性,是指气候变化(包括气候均值变化及与变率相关的极端事件增多)对农作物生长造成的不利影响程度,决定于农作物对气候变化的敏感程度及其适应气候变化的综合能力。一般对气候变化比较敏感而适应能力弱,脆弱性高。

据孙芳等研究(孙芳等,2005),华中区域灌溉小麦产区为轻度到中度负敏感区;雨养小麦为中到强度负敏感区。华中区域大部地区雨养小麦不是脆弱区;河南南部、湖北东北部灌溉小麦中度脆弱,其他地区轻度脆弱或不脆弱。

杨修等(2005)研究结果表明:受气候变化影响,长江中下游及其以南广大水稻主产区也以减产为主,为中度负敏感区,湖北西北部地区负敏感性高于其他地区。河南地区灌溉水稻位于脆弱区内,湖北、湖南由于灌溉条件好,水稻产区不在脆弱区内。

河南省小麦单产随时间变化总体呈现增加趋势,但气候单产的振荡加剧(陈怀亮等,2006;车少静,2005;张建平,2005)。近年来随着极端气候事件频繁发生,同时由于农业基础设施相对薄弱,抗灾能力不强,河南小麦生产受灾害影响程度逐年加大,脆弱性增加。河南省棉花产量逐年波动大,且对气候变化较敏感。

湖北各地水稻对盛夏低温冷害的敏感性在空间分布上既有规律可循又复杂多变,如鄂西南和江汉平原地区历年盛夏低温冷害强度和频率变化不大,水稻对低温冷害的敏感性较弱;鄂西北和鄂东南部分地区近年来灾害强度、发生频率明显增大,水稻对灾害的敏感度较强,容易给水稻生产带来不利影响(杨爱萍,2009)。

湖南、湖北降水量有增加趋势,且夏季降水变率大,伏旱和洪涝交替出现,而长江中下游区农业对干旱洪涝有较高的敏感性(林而达和王京华,1994)。由于地处亚热带作物种植北缘区,一年二熟或三熟的双季稻、麦、棉、油菜、渔业等都有较高的生产率,若年降水量增加5%以上,夏季降水量增加10%以上,该区农业生产都将表现出较高的敏感性。由于该区农业抗旱涝灾害能力较强,脆弱性则不明显。

7.2.2 对农业气候资源的影响

7.2.2.1 光照资源

近50年来,华中区域三省年平均日照时数大部地区都有逐渐减小的趋势,减小幅度最大的为豫东北地区,达180 h/10a左右,鄂西北到豫西北部分地区以及湘西南局部年平均日照时数有较显著增大的趋势。华中区域≥10℃期间、水稻生长季、小麦生长季日照时数有逐渐减小的趋势。

7.2.2.2 热量资源

华中区域年平均气温具有明显的上升趋势,近50年上升了0.74℃,气温日较差下降了0.49℃。区域≥10℃活动积温除鄂西、湘西山地外的绝大多数地区都有明显的增大趋势,增幅最大的是湖北中东部,达80～120℃·d/10a。1981—2008年与1961—1990年两个时段相比,大部地区80%保证率稳定通过10℃初日提前,湖北东部、湖南东北部大致提前了2～5天;≥10℃持续日数除鄂西、湘西部分山地外的绝大多数地区都有逐渐增多的趋势,大多数地区都延长了2～9 d,以湖北中部、河南北部等地增加趋势最明显气候倾向率为3.0 d/10a以上;双季稻区80%保证率稳定通过20℃终日、22℃终日有所推迟,20℃终日推迟1～8 d、22℃终日推迟2天左右;初霜日期除鄂西、湘西、湘东,河南中部的部分山地外的绝大多数地区都有逐渐推迟的趋势,大多数地区都推迟了2～8 d,以湖北中部、湖南西部等地增加趋势最明显;终霜日期除豫西、鄂西、湘南部分地区的绝大多数地区都有逐渐提前的趋势,大多数地区自西向东提前了1～12 d,湖北中部提前趋势最明显;无霜期持续日数也均有增大的趋势,湖北中部部分地区无霜期日数延长20 d。

7.2.2.3 对降水资源的影响

近50年华中区域日平均气温≥10℃期间降水量呈不显著增加趋势,气候倾向率由东南向西北逐渐减小。1981—2008年与1961—1990年相比,湖南东北部分地区增加量140 mm以上。双季早稻、晚稻、一季稻生长季降水量总体上没有明显的变化,东部地区有弱的增加趋势,西部地区有弱的减少趋势;水稻生长季部分地区暴雨量、暴雨日数有较明显增加的趋势。小麦全生育期降水量变化不明显,但年际波动较大;小麦产量关键期降水量有减少的趋势,尤其是春旱加剧(王纪军,2009)。

7.2.3 对农业布局及种植制度影响

7.2.3.1 对区域水稻种植制度的影响

一般用80%保证率≥10℃活动积温来确定双季稻搭配种植模式和区域。80%保证率≥10℃活动积温5100℃·d是"早熟早稻＋中熟晚籼"搭配双季稻种植最低积温需求。1961—1990年活动积温达到5100℃·d以上的区域有三峡河谷、鄂东南及湖南南部、东北部;而

1991—2008年达到5100℃·d以上的区域明显增大,湖北省的适宜种植区由鄂东南向西扩展到江汉平原,湖南北部的适宜种植区也大幅扩大(图7.1)。

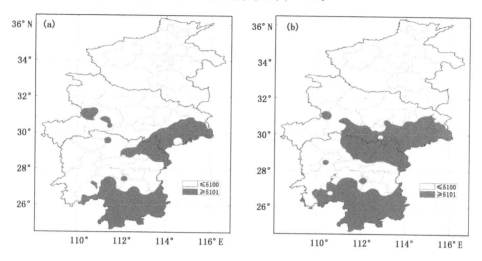

图7.1 1961—1990年(a)和1981—2008年(b)双季稻早熟＋中熟搭配北界变化(刘志雄等,2010)

7.2.3.2 对区域小麦种植制度的影响

一般以1月平均气温0℃等温线为冬性品种和春性品种分界线,0℃等温线以北麦区以冬性品种为主,以南麦区是春性和弱冬性品种的混杂区。据资料统计分析,豫西日平均气温稳定通过0℃初日呈提前趋势,平均每10年提前4.91天,日平均气温稳定通过0℃终日呈延迟趋势,平均每10年推后1.02天,因此平均每10年日平均气温低于0℃日数增加5.93天,小麦生长季明显延长(王惠芳等,2010),受气候变暖影响,0℃等温线明显北移,弱春性品种可种植面积扩大。20世纪50、60年代濮阳种植的小麦品种多为冬性品种,70—90年代则多为半冬性品种,90年代后期种植的品种则多为半冬性或弱春性,如豫麦34、郑麦9023、周麦16等(王正旺等,2007),当地种植品种的冬性明显减弱,偏春性化趋势明显(王惠芳等,2010)。

7.2.3.3 对其他作物布局的影响

气候变暖导致温度或热量条件、气候极端值、降水量或土壤水分含量等发生变化,从而导致果树区域布局变化。果树栽培适宜年平均气温,温州蜜橘15.7℃,沙梨14.5℃,桃和葡萄13.9℃。年平均气温幅即使上升1℃,就会对果树的分布造成巨大的影响。气候变暖将使果树生长季的有效积温增加,果树种植区的地理位置北移。温度对果树的水平和垂直分布具有重大的影响,柑橘等常绿果树在湖北的栽培区域逐渐扩大。猕猴桃原来在恩施只能在海拔1200 m以下的地区栽培,现在可以在1400 m栽培。

7.2.4 对农作物发育期的影响

小麦适播期推迟。气温稳定通过17℃终日为冬小麦播种的界限温度。华中区域小麦适播期自北向南,大约在 9 月中旬—10 月下旬。在气候变化背景下,气温稳定通过 17℃终日出现推迟的趋势,变化率最大的地区在湖北中部,大致每 10 年推迟 2~4 d。1981—2008 年与 1961—1990 年相比,河南西北部、湖北中部推迟了 2~6 d。据调查研究,近几年来,随着冬季气温的升高,特别是秋冬连暖现象的加剧,小麦适当晚播对提高产量较为有利(陈英慧,2005;鄗庆炉等,2002)。因此,随着气候的逐渐增暖,特别是秋冬连暖现象的日益突出,以及冬小麦播种的适宜温度期逐渐推迟,必须打破传统的种植观念,适当晚播,才能有利于产量的进一步提高。

小麦全生育期缩短。小麦对气候变暖温度升高的直接反应是生育期缩短(李艳等,2006;刘艳阳,2009;成林,2010)。在生育期间隔天数的变化方面:冬小麦从播种到越冬期天数在增加,越冬到拔节期生育期持续天数减少,拔节到乳熟期持续天数增加,乳熟到成熟持续天数显著减少。冬小麦各生育期与越冬前温度呈负相关,2—5 月平均气温的上升和 3 月日照时数的增加是引起生育期提前的主要气候原因(余卫东,2007)。

越冬作物发育期提前。冬季气温的升高,导致越冬作物发育期提前。进入 21 世纪后,油菜、小麦旺长、发育期提前的现象较普遍。如 2007 年 1 月 26 日—2 月 16 日,湖北省各地油菜陆续进入抽薹普遍期,2 月下旬初进入开花期,比常年提前 5~15 d 左右。小麦 2 月 8 日到 14 日陆续进入拔节普遍期,建始、天门、荆州分别提前 12 d、17 d 和 4 d。

水稻拔节期的生育期明显提前,分蘖前的生育期以缩短为主,拔节后以延长为主(成林等,2010)。湖南夏玉米生育期出现延迟的趋势,其中以成熟期延迟程度最大。夏玉米播种到三叶、吐丝到成熟生育期间隔天数增加,三叶到吐丝的各生育间隔都存在减少的趋势,全生育期天数以 2.1 d/10a 速度增加(龙志长等,2005)。6—9 月总降水量的减少是导致生育期推迟以及全生育期延长的主要原因(余卫东,2007)。

气候变暖导致春季温度上升,对湖北、湖南柑橘的发育期产生较大影响。春季柑橘物候期提前,开花时间变短,尤其自 1988 年代以来开花坐果期(4 月下旬—5 月上旬)频繁出现 2~3 d 以上的高温,导致大量落花落果冬季气温偏高,使柑橘花芽分化不良,休眠不足(万素琴等,2003)。

7.2.5 对农作物产量和品质的影响

7.2.5.1 对水稻产量和品质的影响

水稻是华中区域种植面积最大、产量最高的粮食作物。湖南、湖北两省具有优越的水稻生产气候生态条件,全年热量资源丰富,降水充沛,光、热、水条件对水稻生产十分有利。但降水的年际间、地区间分布不均匀,干旱、洪涝、高温热害、低温冷害等气象灾害频发,使稻米产量和品质在年际间、地区间都有很大的波动。在全球气候变化的背景下,几十年来与水稻生产相关的 CO_2 浓度、气温、日照等气候因素都发生了一定的变化,对水稻产量和品质产生了一定的影响。

(1)气温变化的影响

近 50 年来,华中区域水稻生长季的平均气温和积温的升高使大部分地区水稻适宜生长期延长,双季稻适宜种植区域和面积也有所增大,有利于复种指数的提高,这些都是湖北、湖南水稻总产不断增加的有利气候因素。

气温升高降低了早稻苗期至孕穗期低温冷害以及晚稻抽穗开花期寒露风的发生概率,但也可能增大高温热害的发生频率。对早稻来说,孕穗期的低温冷害减少可增大结实率;而早、中稻抽穗开花高温热害的增多又会导致开花授粉不良、结实率降低,灌浆结实期高温逼熟导致灌浆期缩短,千粒重减小。而对晚稻来说,生育后期的气温升高可保证安全齐穗,有利于抽穗扬花和灌浆成熟,增大千粒重,提高单产。

气温升高对稻米品质也有一定的影响。早、中稻大田生长期平均气温与稻米蛋白质含量呈显著的负相关,随平均气温升高蛋白质含量降低率约为 1.36%/℃。而晚稻蛋白质含量与生育期平均气温呈显著的正相关,随日平均气温升高蛋白质含量增加率约为 0.3%~0.42%/℃。初步统计,由于近 50 年来湖南、湖北早中稻区夏季气温呈缓慢降低的趋势,而秋季气温呈增加的趋势,区域早中稻蛋白质含量增加了 0.68%,晚稻增加了 0.18%~0.24%。

(2)气温日较差变化的影响

近 50 年来,华中区域早稻、晚稻、一季中稻的抽穗—成熟期(分别为 6—7 月中旬、8—9 月中旬、9—10 月中旬)平均气温日较差,大部分地区呈减少的趋势,北部减少的趋势比南部地区明显。主要是夜间气温显著升高所致。如果这种趋势继续下去,将对水稻的产量和品质产生不利影响。夜温升高,日较差减小将增大水稻的呼吸消耗,减少净光合产物量。彭少兵根据多年的试验资料证明,夜温每升高 1℃,水稻产量将减少 1%(Peng S. J. et al.,2004)。

气温日较差还对稻米品质有较大的影响。日较差与稻米蛋白质含量呈显著的负相关,日较差减小,蛋白质含量增大。如早、中稻蛋白质含量随本田期日较差减小而增大的比率为 1.10%/℃,随后期日较差减小而增大的比率为 0.55%/℃。日较差还与稻米黏度呈近似双曲线函数关系,日较差减小,稻米的黏度降低。

(3)日照时数变化的影响

近 50 年来,水稻生长季(3—10 月)日照时数除湖北西北部、河南西南部、湖南中部部分地区外的大部地区都有逐渐减少的趋势,变化速率−20~−120h/10a,其中湖北中北部、河南大部为−60~−120h/10a,对喜阳作物水稻的产量和品质有不利影响。日照时间缩短,将降低水稻的光合速率,使产量降低。同时日照时数的多少还影响稻米品质。试验证明(气候变化与作物产量编写组,1992),早、中、晚稻本田期总日照时数和早、中稻后期日照时数与稻米蛋白质含量呈显著负相关,而早、中、晚稻黏度都随总日照时数的增大而增大。

7.2.5.2 对小麦产量和品质的影响

冬小麦是华中区域种植面积和产量仅次于水稻的重要粮食作物,河南省和湖北北部具有较优越的适宜小麦生产的气候条件,但小麦产量仍然因气象条件的年际变化而波动。在全球气候变化背景下,区域光、热、水条件的变化也对小麦的产量和品质产生了重要影响。

(1)气温升高的影响

近 50 年来,小麦生长季气温有较明显的升高趋势。灌浆成熟期气温升高对小麦的产量和品质都有不利的影响。气温越高,遭受干热风危害的可能性越大,灌浆期也越短,甚至还会出现高温逼熟现象,使小麦千粒重降低。

陈怀亮等(2006)研究认为,春季平均气温的升高有利于小麦千粒重、有效茎数和单产的提高,但春季特别是4月份温度升高,将使得日均温在8~12℃之间的日数(幼穗分化的最适宜温度)减少,从而使幼穗分化时间缩短,不利于成大穗;湖北省冬季增温的幅度较大,对冬小麦的播种、出苗和培育壮苗有利,也有利于小麦的安全越冬,使分蘖增加,生长发育较充分,有利于产量的形成(朱明栋,2006)。

(2)降水量变化的影响

降水量的年际变化是本区域小麦产量波动的一个重要因素。近50年来,华中区域小麦主产区鄂北和河南大部小麦灌浆成熟期降水量有明显减少趋势,干旱发生的频率增大,特别是重旱的发生频率增大明显,对冬小麦生产的制约作用在不断增大,对小麦产量和品质产生了不利的影响。

(3)气温日较差变化的影响

近50年来,小麦全生育期平均日较差西部呈显著增加趋势,大部有减少的趋势;关键生育期日较差除豫北少部分地区外,大部呈增加趋势,对小麦灌浆和千粒重增加有利。

(4)日照时数变化的影响

近50年来,小麦主产区太阳辐射、日照时数有较明显较少趋势,太阳总辐射和日照时数气候变化倾向率分别为$-45.8MJ/m^2/10a$和$39.8h/10a$。冬季日照时间缩短,将影响苗势和分蘖;灌浆结实期日照时数的减少对产量和品质的影响更大。据研究(刘振英等,1985),日照时数平均每天减少1小时,小麦千粒重日增量减少约0.2g。

7.2.5.3 对棉花产量和品质的影响

CO_2浓度倍增时,棉花发育期提前,植株高度增加,可增加棉花果枝数、果枝长和地下、地上部分生物量,还可增加有效铃数、株铃数,减少蕾铃脱落和未成铃数,可提高棉花单株子棉重、单铃重及产量,有利于提高棉花纤维产量(温民等,1994;王朝晖等,2005)。

千怀遂等(2000)研究认为,由于河南省气候有逐渐干旱化的趋势,降水量的正效应逐渐增强,南部降水量的适宜性增强,北部缺水的限制性增强,人为增加水分是提高棉花产量的有效措施;从20世纪60年代末开始,温度对棉花产量的负效应有逐渐加强的趋势。

棉花是喜光作物,棉花产量和纤维品质都与日照条件有十分密切的关系。但近几十年来,华中区域棉花生长期日照时数都呈下降趋势,尤其是夏秋季(铃絮期)日照时数下降比较明显,光合产物和经济产量都必然减小,同时日照减少还增大了棉花蕾铃的脱落率。任玉玉等(2006)分析河南省1961—2000年气候变化对棉花产量的影响,结果表明河南省气候适宜度总体呈下降的趋势,而适宜度与气候产量的关系极为显著,气候适宜度下降表明气候变化导致棉花产量呈下降趋势。出苗期降水适宜度的下降最为突出。适宜度的变化有明显的地域差异。

7.2.5.4 对柑橘产量和品质的影响

万素琴等(2003)分析认为影响柑橘产量的三个关键期为花芽分化期、花蕾期和果实膨大期。湖北柑橘主产区20世纪90年代中后期以来,冬暖现象增多和冻害频率和程度降低,对柑橘安全越冬有利。在温度较高的同时,适当干旱利于花芽分化,20世纪80年代后期以来冬暖冬干年份较多,因此冬季气候条件对柑橘越冬生长和花芽分化更为有利。

现蕾开花期至生理落果结束期(4—6月)是决定果实数量的关键期。此期高温天气引起花期异常缩短,并发生大量的落花落果,致使坐果率降低,严重影响产量。20世纪80年代后春季高温干旱出现频次和程度都明显增加。平均气温、平均最高气温、≥30℃、≥33℃、≥35℃日数和危害积温20世纪80年代中期以来均呈增加趋势,对结果数量构成严重威胁,是柑橘减产的一大原因。20世纪80年代以后4—5月降水量较70年代以前减少,对柑橘早期坐果生长有利。

果实生长膨大期(7—8月)是决定果实大小和品质的关键时段。果实大小也是产量的一个决定因素。果实生长膨大,需大量水分。由于时值盛夏,常会出现伏旱,蒸发量增大,直接抑制果实体积膨大,出现小果造成减产。7—8月降水量≥300 mm,可充分满足果实生长膨大。20世纪80年代、90年代除少数年份外,7—8月雨量多在300 mm以上。因此20世纪80年代中后期以来7—8月降水较之前能更好地满足果实生长膨大水分需求。

果实品质可用三个因素评价:果实大小、色泽、内含物。果实大小由果实生长膨大期果实生长速度决定。三峡地区果实膨大期间(7—9月)热量条件基本满足,而降水量则不稳定,变幅在150~600 mm之间,因此果实膨大速度主要取决于降水量的变化。降水量充足(≥250 mm)年份,果实生长快,果实大,商品性好,反之果小,商品性差。20世纪80年代后期以来盛夏降水量增加,伏旱减少,对果实生长膨大趋于有利(万素琴等,2003)。色泽指数与成熟期的天数成正比,与成熟期积温成反比。宽皮类柑橘成熟期为9—11月,而这3个月平均气温呈上升趋势,特别是11月份气温升高趋势比较明显,致使果实内叶绿素转化为胡萝卜素速度下降,色泽变化慢。因此从外观看,采收期应推迟。果实糖分的积累与果实成熟期气温日较差关系最密切。即日较差越大,果实含糖量越高。三峡河谷区、中低山区柑橘成熟期9—11月逐月平均日较差呈现增大趋势,因此对柑橘果实含糖量增加更为有利。

7.2.6 对农业气象灾害的影响

在全球气候变化背景下,湖北省主要农业气象灾害的时空分布也发生了变化。冯明(2006)分析21种农业气象灾害的气候倾向率。其中6种灾害呈增加趋势,15种灾害呈减少趋势。呈增加趋势的灾害有:籼稻"寒露风"次数、夏季冷害次数和低温天数、5月热害次数和高温天数等。呈减少趋势的有:春秋两季长短连阴雨、粳稻"寒露风"次数、夏季热害次数和高温天数、冻害天数、春季低温次数和天数、赤霉病指数等。

7.2.6.1 小麦干热风

干热风是对小麦生长后期危害籽粒灌浆最严重的农业气象灾害。据研究,区域轻干热风平均频率为50.6%,约2 a一遇。重度干热风的平均约5.6 a一遇,河南麦区接近4.7 a一遇,湖北麦区发生率很低。根据资料统计分析,华中区域1961—2008年冬小麦灌浆成熟重干热风的平均发生天数为0.3 d,轻干热风的平均天数为1.3 d。无论是重干热风还是轻干热风,年际变化均有先递减后又缓慢增加的趋势。20世纪80年中期至20世纪末,干热风发生天数处于低谷期,而从90年代末期开始,不同等级干热风天数又有增加的趋势,但增幅不大。进入21世纪以来,轻干热风或重干热风的发生天数及涉及的范围都有增大的趋势,说明灾害带来的负面影响在增大(刘荣花等,2009)。

7.2.6.2 小麦霜冻

受气候变化影响,冬小麦苗期轻霜冻和中霜冻发生天数及范围均呈递减趋势,且中霜冻发生递减率较轻霜冻为高(刘荣花等,2009)。据资料统计分析,华中区域苗期轻霜冻的年平均致灾比例为72.0%,在1967、1969、1970及1977年,苗期轻霜冻的发生范围占到了全区域的90%以上。苗期轻霜冻的致灾比例在年际波动中减少,递减率为6.3%/10a。近50年苗期轻霜冻的平均发生天数为2.7 d,1963、1967、1969、1971、1977等几个年份的平均发生日数在4 d以上,呈极显著的减少趋势,递减率为0.54 d/10a。

苗期中霜冻在湖北冬小麦生产区发生范围也较大,年平均致灾比例为61.1%,河南麦区为70.4%。中霜冻发生范围较广的年份集中在20世纪的60年代与70年代,如1963、1967、1969、1970等年份,中霜冻面积超过了80%。受气候变暖的影响,中霜冻发生范围的线性递减率比苗期轻霜冻更明显,为7.7%/10a,达极显著水平。中霜冻发生天数的线性递减率略小于轻霜冻,为0.45 d/10a,通过了显著性检验。

华中区域冬麦区苗期重霜冻的发生仍较为普遍,年平均范围占全区域台站总数的58.4%,河南麦区达到了68.7%。虽然气候变暖引起轻霜冻和中霜冻的致灾面积显著减小,但苗期重霜冻的变化却不明显,近50年苗期重霜冻的平均发生天数为1.7 d。

7.2.6.3 干旱

干旱是华中区域、尤其是河南麦区冬小麦生长季内发生最为频繁的农业气象灾害之一。河南省冬小麦干旱存在"东北重、西南轻"的分布特征,21世纪以来受旱麦区呈扩大趋势,不同等级冬小麦干旱发生范围与阶段发生频率呈不断递增趋势,尤以近30年最为明显,中旱和轻旱发生周期有缩短的趋势(刘荣花等,2009)。河南省冬小麦重旱发生频率为8.3%,约为12 a一遇,且重旱发生频率在豫北北部、豫西北及淮南均呈增加趋势,中旱和轻旱发生频率平均为33.8%和53.6%,约3 a一遇和2 a一遇,在全省大部地区均呈增加趋势,豫西西部、豫中南中旱加剧明显(刘荣花等,2009)。

华中区域冬小麦生长季内降水量时间与空间分布不均衡性较强,导致几乎每年都有不同程度的干旱发生,发生面积最大的是轻度干旱。近50年来轻旱的年平均发生范围是55.4%,除1963和1990两个年度基本无旱情发生外,几乎每年都有较大面积的轻旱发生,尤其1970、1978、1982和1999这几个年份旱情较重,全区轻旱比例高达90%以上,轻旱发生范围表现为不显著的逐年递增趋势。意味着原本相对湿润的麦区也逐渐开始受到干旱的威胁(刘荣花等,2009)。

近50年来华中区域冬小麦中旱的年平均发生范围占到全区的三分之一左右,发生比例年递增率比轻旱略小。在1970、1978、1982等年份,中旱的发生比例超过了全区域面积的65%,其中1970年及1999年中旱比例达到了75%以上。中旱发生面积同样呈线性递增趋势,递增率与轻旱相当。中旱发生范围的不断扩大,反映了气候变化导致原本旱情较轻的麦区干旱加剧,干旱损失增加(刘荣花等,2009)。

重旱的发生存在一定的地域性,华中区域冬小麦重旱的年平均发生比例为7.8%,最大可达38.3%,至少造成冬小麦20%以上的产量损失。重旱涉及范围较广的年份有1968、1970、1992以及1999年,全区域发生范围均在31.0%以上,河南省冬麦区最为严重。从20

世纪 80 年代末期以后,重旱发生年份变得更加密集,范围明显增加。在气候变暖的背景下,尤其是 1977 年以来发生重旱的站点在逐渐增多。表明气候变化背景下,干旱对农业生产的制约在不断增加(刘荣花等,2009)。各等级干旱发生比例随年代均呈正旋式曲线变化。2000 年以后,各种等级干旱进入于一个新的普遍发生期,使得当前农业生产的脆弱性增大。

表 7.1 不同年代干旱发生比例(%)

年代	60s	70s	80s	90s	00—08
轻旱	48.94	57.59	54.96	51.84	65.07
中旱	30.65	33.05	29.93	34.82	37.06
重旱	7.88	7.38	5.18	9.43	9.40

7.2.6.4 洪涝

降水是农业生产的重要资源,水稻生育期缺水或水分过多,均会造成水稻植株供需失调的矛盾,使水稻正常生育受到影响,致减产无收(王金海等,2010)。据研究,洪涝灾害对水稻后期影响较大,尤其是孕穗期至抽穗开花期(农业灾害应急技术手册,2009)。

华中区域早稻生长季洪涝灾害年平均出现频次大体上由东南向西北逐渐减小,湘北、湖南是洪涝发生的重灾区(段德寅,1990),湖南稻区大部年平均洪涝次数 0.3 到 0.4 次,湖北稻区大部 0.2~0.3 次。在全球气候变化背景下,轻度、中度、重度洪涝灾害年平均出现频次的变化不明显。

7.2.6.5 春季低温

近 50 年湖北中南部、湖南北部和西部的春播期低温日数呈下降趋势(帅细强,2010;冯明,2006)。华中区域早稻产区轻度 5 月低温累积日数大部在 3~10 d,湖南南部、鄂东南在 2 d 以内。在全球气候变化背景下,轻度 5 月低温灾害大部呈 1.8 d/10a 的减少趋势;中度、重度 5 月低温累积日数在双季稻区大部为年平均 2~6 d 和 1~2 d,呈不显著的减少趋势。研究表明(帅细强等,2010),5 月低温对早稻的危害有所减轻,有利于早稻分蘖和孕穗。

7.2.6.6 水稻高温热害

水稻生长季高温热害是目前长江中下游水稻主要气象灾害之一,如 2003 年 7 月下旬至 8 月上旬的持续高温使湖北超过 46.6 万 hm² 中稻受灾。在全球气候变化背景下,水稻高温热害明显有增加趋势(李守华等,2007)。早稻高温热害在 21 世纪有加重趋势,中稻高温热害则在 20 世纪 60 年代最多,21 世纪以来次之,中稻高温热害日数表现为东部多于西部,南部多于北部,早稻高温热害日数则是自西向东递增(万素琴等,2009;高素华,2008)。

对湖北而言,早稻高温热害在 21 世纪以来最重,1960 年代第二,1970 年代、1980 年代较轻。早稻高温热害日数自西向东递增,江汉平原 4 天左右,洪湖、江夏、英山以南以东地区达到 10 天以上,鄂东地区和江汉平原有 15% 以上年份出现早稻高温热害并导致产量减少 3% 以上(高素华,2008)。湖北省中稻高温热害在 20 世纪 60 年代最严重,本世纪初次之,1970 年代第三,1980 年代最轻。中稻高温热害日数自西向东、自北向南逐渐增多。鄂西北、鄂西南平均 5 天以下,江汉平原及鄂北岗地 7 天左右,鄂东大部都在 8 天以上,鄂东南 13~15

天,其中鄂东地区和鄂北岗地 20％以上年份出现高温热害并导致产量减少 3％以上,鄂西南东部、鄂西北大部、江汉平原及鄂东北部 10％～20％的年份出现高温热害并导致产量减少 3％以上(高素华,2008)。

在全球气候变化背景下,华中区域早稻高温热害灾害日数呈不显著增加的趋势,倾向率在湖北大部,湖南东部等地为正值,湘东、鄂东南等地变化不太明显。严重高温热害累积日数呈较显著的增加趋势。严重高温热害累积日数湘东南、鄂东南等地出现最多,年平均 10 d 左右,河南稻区、湘鄂西部等地年平均不到 3 d。

7.2.6.7 中稻盛夏低温冷害

在全球气候变化背景下,湖北省夏季气温有明显的降低趋势(郑祚芳等,2002)。据资料统计,湖北省水稻盛夏低温在鄂西北地区增强趋势最为明显,发生范围由鄂西山区向江汉平原扩张,且 2000—2006 年间是湖北省盛夏低温冷害最强的时段,特别是江汉平原地区,低温冷害的年均强度甚至高达 9℃·d 以上,对水稻生产造成严重影响(杨爱萍等,2009)。进入 21 世纪后,夏季低温冷害的频繁发生对水稻生产造成了较大的影响,灾害强度显著增强,根据 M-K 突变分析,冷害强度变化经历了两次状态转折,一次是 20 世纪 80 年代末和 90 年代初,强度变弱,第二次是 21 世纪初,强度明显增强,2006 年开始进入新的强度状态(冯明,2006)。

7.2.6.8 晚稻寒露风

9 月中下旬至 10 月初(正值晚稻抽穗开花期),南方地区常出现连续 3 天平均气温低于 20℃或 22℃,影响当地晚稻正常抽穗开花的现象,危害严重时可能造成晚稻减产 3～4 成(吕锐玲等,2010)。

华中区域 80％保证率晚粳稻寒露风初日(日平均气温 20℃初日)大体上自北向南逐渐推迟,湖南南部约为 10 月 15 日以后。在全球气候变化背景下,区域 80％保证率晚粳稻寒露风初日呈现推迟的趋势。1981—2008 年与 1961—1990 年相比,湖北东部,湖南东南个别地区最大可推迟约 6 d。80％保证率晚籼稻寒露风的终日(日平均气温 22℃初日)大体上从西北向东南逐渐推迟,湖南南部约为 10 月 11 日左右。在全球气候变化背景下,区域 80％保证率晚籼稻寒露风初日呈现推迟的趋势。1981—2008 年与 1961—1990 年相比,湖北东部个别地区最大可推迟约 5～7 d。

7.2.7 对农业病虫害的影响

据相关研究,华中区域三省每年因病虫害损失作物产量可达 20％以上,严重的甚至超过 30％。病虫害不仅影响作物产量,还可以直接造成农产品品质下降,成为严重影响农业高效和可持续发展的一大因素(高淑华,1994;叶彩玲,2005;陈怀亮,2007)。近几十年来气候变化导致农作物和病虫害的生态环境条件发生了一定的变化,使各种病虫害发生发展、危害范围、侵染途径也发生了不同程度的变化。

气温是影响病虫害发育速度的最重要的生态因素。近 50 年来,华中区域气温升高,特别是冬季明显变暖,使病虫害的发育速度加快,越冬期缩短,春季危害始期提前,秋季危害期延长。对作物产量和品质造成了较大的影响,使农药的用量增加,作物生产成本提高。

在全球气候变暖的背景下,华中区域各季增温幅度以冬季最大,暖冬越来越成为常态。暖冬降低了害虫和病原微生物的越冬死亡率,越冬病原、虫原基数增加,使次年危害期提前,危害加重。气候变暖还使害虫危害的地理分布范围扩大。

7.3 未来气候变化对农业的可能影响

7.3.1 对农业气候资源的影响

7.3.1.1 热量资源

根据气候模式对 21 世纪(2011—2100 年)华中区域年平均气温变化进行的预估,各种情景下华中区域未来年平均气温都呈显著升高的趋势。在 SRES A2、A1B、B1 情景增温速率分别达 0.41℃/10a、0.38℃/10a、0.22℃/10a。根据英国 Hadley 中心区域气候模式系统 PRECIS 模拟计算的未来时段(2011—2050 年)B2 情景数据分析,华中区域未来 40 年年平均气温的升高速率为 0.25~0.45℃/10a,升温速率由北向南逐渐增大。年平均气温升高,活动积温与有效积温增加。华中区域未来 40 年各级界限温度的持续日数都有增加的趋势。其中≥0℃持续日数的增加速率为 1~9 d/10a,以豫西南地区为最明显,达 7~9 d/10a;≥0℃活动积温的增大速率为 80~180℃·d/10a。区域≥10℃持续日数的增加速率为 0~7 d/10a,增幅从北向南逐渐增大;≥10℃活动积温的增大速率大多数地区都在 60~200℃·d/10a 之间,从北向南逐渐增大。

7.3.1.2 降水量

根据气候模式对 21 世纪(2011—2100 年)华中区域降水变化的预估,SRES 情景下华中区域年平均降水量总体上呈增加趋势。SRES A2、A1B、B1 情景下降水增加趋势分别为 16.9、12.6、9.8 mm/10a,其中湖南大部、湖北中东部降水增幅较大,河南大部增加较少。2011—2040 年降水量变化趋势不明显,但年际波动较大。

7.3.2 对农业布局及种植制度影响

7.3.2.1 未来气候变化对双季稻适宜种植区的可能影响

根据气候模式 PRECIS 模拟计算的 2011—2050 年 B2 情景气候数据,按 80% 保证率≥10℃活动积温推算,2011—2040 年、2021—2050 年各熟制种植模式的双季稻适宜种植面积将会比目前进一步扩大。2011—2040 年早熟+中熟搭配模式适种区将向北扩展到襄樊到大别山南麓,2021—2050 年则进一步推进到鄂豫边界,河南南阳南部局部也成为可种植区域(图 7.2)。中熟+中熟搭配模式适种区由湖南南部向北扩展到湖北中东部,早熟+迟熟搭配模式适种区在湖北中南部、湖南中北部到南部,中熟＋迟熟搭配模式适种区在江汉平原南部,与湖南北部的适种区连成一片。

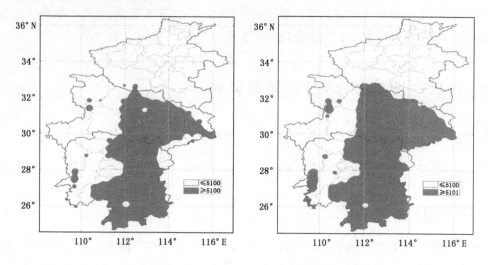

图 7.2　2011—2040(左)和 2021—2050 年(右)双季稻早熟＋中熟搭配种植区

7.3.2.2　对区域小麦种植制度的影响

在全球气候变暖的背景下,作为冬性品种和春性品种分界线的 1 月平均气温 0℃等温线未来将明显北移,小麦生育期≥0℃的活动积温也将显著增加,增速从河南北部的约 60℃·d/10a 逐渐变化到湖北大部的 80℃·d/10a 左右。主产区小麦生长季将进一步延长,弱春性品种可种植面积将随之扩大,种植品种的冬性可能减弱。但是,因气候变暖又会导致小麦发育进程加快,拔节期提前,而春季冷空气活动仍可能十分频繁,小麦受冻害和晚霜冻的风险仍然较大,因此区域北方麦区不易盲目扩种春性、弱春性品种,应适当多保留偏冬性品种。

7.3.3　对农作物发育期的影响

在气候变暖背景下,喜温作物适宜生长季开始日期提早、终止日期延后,湖北省大部地区中稻气候生长期将延长,其中鄂西北最为明显;早稻气候生长期山区延长、平原地区缩短,但变化幅度不大;而晚稻气候生长期将延长,其中鄂东南和鄂东北低山地区延长最为明显。

平均气温的升高,将造成作物全生长期缩短。据分析,日平均气温每上升 1℃,水稻全生长期日数平均缩短 7~8 d,冬小麦生育期日数平均缩短 17 d,从而减少了光合作用积累干物质的时间,作物的品质也会下降。

根据区域气候模式输出的气候变化情景,利用作物模型模拟了未来气候变化对武汉区域冬小麦发育期的可能影响,与 1961—1990 年相比,预计 2011—2050 年河南省及湖北北部冬小麦全生育期平均缩短 4~7 d,其中豫西局部缩短天数最多,可能达 12 d 左右;湖北北部冬小麦全生育期平均缩短 6 d 左右。灌溉条件下,双季早稻全生育期缩短 1.5~4.5 d,其中湖南南部部分地方缩短 3.5~4.5 d,湖北中部和湖南南部大部分地方缩短 2.5~3.5 d,其他地方缩短 1.5～2.5 d;双季晚稻全生育期缩短 1～3 d,其中湖南北部部分地方缩短 2～3 d,湖北大部和湖南南部大部分地方缩短 1～2 d。

7.3.4　对农作物产量的影响

根据气候模式 PRECIS 模拟计算预测,华中区域三省未来几十年内气温都将有不同程度的升高,相应的,大部地区水稻适宜生长期将延长,≥10℃活动积温将增加,双季稻种植北界将向北推移,双季稻适宜种植面积将有较大幅度的增大,复种指数的提高,可提高湖北、湖南的水稻总产。

生长期和≥10℃活动积温的增加也为优化水稻品种熟性提供了有利条件。目前种植早、中熟品种的地区将可调整为中、迟熟甚至特迟熟品种,除部分高寒山区外,湖北、湖南大部地区水稻品种的熟性可提高一个档次,湖南地区双季稻还可种植迟熟品种。品种熟性的提高可使双季稻年平均单产提高约 900～1800 kg/hm²。

不考虑 CO_2 肥效作用时,2011—2050 年区域大部雨养中稻单产减少 0～30%,A2 情景下区域大部中稻单产减产幅度大于 B2 情景。灌溉中稻除鄂西北减产幅度基本不变甚至略增加外,其他地区灌溉中稻减产幅度明显低于雨养中稻;A2 情景灌溉中稻单产鄂西北大部、湘西北局部、鄂东南局部减产 10% 以内,其他地区减产 10%～20%;B2 情景灌溉中稻单产鄂西北大部、鄂西南大部、湘西北大部减产 0～10%,其他地区减产 10%～20%;考虑 CO_2 肥效作用时,A2 情景下灌溉中稻鄂西北西部、鄂西南西部、湘西北、鄂东北局部单产增加 0～10%,局部地区增加 10%～20%,豫东南及鄂东减产 10%～20%,局部减产 20%～30%,与 A2 情景相比,B2 情景增产区域增产幅度更大,减产区域减产幅度变小,甚至增产。

虽然区域内平均单产略有上升,但单产更加分散,即不稳定性增加,且雨养中稻 B2 情景波动性大于 A2 情景波动性,灌溉中稻 B2 情景单产波动性大于 A2 情景(气候变化对武汉区域主要粮食作物影响评估项目组,2011 年)。杨修等(2000)、熊伟等(2006)、姚凤梅等(2007)、杨沈斌等(2010)、帅细强等(2009)研究方法不完全一致,结论略有出入,但总体趋势为不考虑 CO_2 肥效作用时,水稻为减产趋势,如果考虑 CO_2 肥效作用,可以在一定程度上削弱减产趋势。

成林等(2008)分析结果,假定作物品种不变,播种日期不变,单纯受历史气候条件的影响,除豫北安阳地区雨养小麦有不显著的增产趋势外,大部分代表站点的模拟产量均不断递减,其中,南阳盆地和西部山区的减产量较大,这与气候变暖引起作物生育期明显缩短、干物质积累时间缩短有很大关系。豫南信阳麦区自然降水基本能够满足冬小麦需水要求,模拟产量年际间波动最小,信阳和豫东商丘雨养麦区产量变率均不显著,但仍呈现减产趋势;在外界环境不适时,可通过人为改变水肥状况达到增产的目的。但从模拟的结果来看,无论纬度分布或地形特点,各站无水分、氮素胁迫条件下的产量潜力均有不同程度的减少,光热条件较好的豫北和豫东平原麦区产量潜力的减少趋势最为明显。相应的,无水、氮胁迫下的产量与雨养产量之差所得的增产潜力也呈逐年递减的趋势,尤其是目前实产相对较高的安阳和南阳地区,增产潜力的递减趋势较显著。

7.3.5 对农作物品质的影响

冬小麦和水稻一样都是 C_3 类植物,其光合速率也随空气中 CO_2 浓度的升高而增大。理论计算和实验室试验结果表明,当 CO_2 浓度倍增时,小麦净同化率将提高约 20% 左右。但 CO_2 含量的增高会降低小麦的含氮量,从而使蛋白质含量下降(白莉萍等,2002;蒋高明等,1997)。

根据气候模式预估结果,华中区域小麦灌浆成熟期未来 40 年 4、5 月的平均气温将可能升高 0.5~1.2℃,这将对小麦的产量和品质都会产生不利的影响。灌浆成熟期遭受干热风危害的可能性变大,同时灌浆期也会缩短,甚至还会出现高温逼熟现象,使小麦千粒重降低,籽粒粗蛋白和赖氨酸含量下降,品质降低,这样人均粮食消耗量可能会增加才能满足营养需求。

根据区域气候模式,到 CO_2 浓度倍增的 2070 年,河南和湖北小麦生长季的降水量大多会有不同程度的增加,其中增幅最大的是冬季(《气候变化国家评估报告》编写委员会,2007)。降水量的增多,对不同的小麦种植区有不同的影响,在目前降水量较少的河南大部分地区,降水量增大将会改善小麦的水分条件,有利于提高产量和品质;而在目前降水量较多的长江流域,降水量增多则会加大渍害发生频率和危害程度,使产量和品质下降。

根据气候模式 PRECIS 的模拟计算,未来 40 年华中区域小麦产区湖北和河南 4、5 月的气温日较差有逐渐减小的趋势。这样的变化将对小麦产量和品质产生不利影响。日较差减小,夜温升高,将增大呼吸消耗,使每穗粒数和千粒重减小,产量和品质都可能降低。

未来气温升高对稻米品质也会产生一定程度的影响。由于早、中稻生长期平均气温与稻米蛋白质含量呈显著的负相关,晚稻蛋白质含量与生育期平均气温呈显著的正相关,而根据气候模式预估的未来几十年水稻生长季的日平均气温将会显著升高,因此未来早、中稻的蛋白质将有可能逐渐降低,晚稻的蛋白质则可能有升高的趋势。

7.3.6 对农业病虫害的影响

7.3.6.1 对害虫生长发育速度和繁殖代数的影响

气温是影响病虫害发育速度的最重要的生态因素。未来几十年内,华中区域气温升高,特别是冬季明显变暖,将使病虫害的发育速度加快,越冬期缩短,害虫的繁殖世代数也能增加。在其他生态环境因素适宜的情况下,害虫完成一个世代所需的有效积温大致为常数,因此害虫在一年中发生的世代数约为高于害虫发育起点温度的有效积温与完成 1 个世代所需有效积温之比。华中区域三省未来气温都将显著上升,如果积温的增幅超过害虫完成一个世代所需的有效积温,害虫危害的世代数就会增加。

三化螟等多种水稻害虫生长发育的下限温度约为 16.0℃,三化螟完成一个世代约需 ≥16℃ 有效积温 450℃·d 左右。根据历史气候资料和区域气候模式 PRECIS 输出的未来 A2、B2 气候情景进行分析,华中区域 ≥16℃ 有效积温在绝大部分地区都有逐年增大的趋势,以湖北中东部地区增幅最大,达 60℃·d/10a 左右。按此增速,只需 70 到 80 年,三化螟每年就可增加一个世代,即到 2080 年前后,华中区域不少地区≥16℃有效积温相对于目前的增幅将接近甚至超过 450℃·d,因此届时湖北稻作区三化螟的发生代数将由现在的 4 代增加到 5 代。

棉铃虫发育起点温度大约为 10℃左右,完成 1 个世代约需≥10℃有效积温 560℃·d。到 2070 年 CO_2 浓度倍增的情况下,本区域棉区的≥10℃积温都将增加 600℃·d 以上,足够棉铃虫增加一个世代。因此在长江流域棉区,棉铃虫发生世代数将由目前的 5 代增加到 6 代,黄河流域棉区将由现在的 4 代增加到 5 代。同样,本区域各地的黏虫在气候变暖后世代数也会增加,如果平均气温升高 2℃,在黏虫冬季繁殖气候带的 18°~27°N,黏虫年发生世代将由 6~8 个世代增加为 7~9 个世代,在黏虫越冬气候带 27°~33°N,年发生世代将由 5~6 个世代增加为 6~7 个世代,而在春季迁入气候带 33°~36°N,年发生世代将由 4~5 代增为 5~6 代(叶彩玲,2005)。

其他作物的害虫的年发生世代数也有类似的变化。当平均气温升高 2℃时,水稻二化螟和三化螟、稻飞虱、麦蚜、玉米螟等多种危害严重的害虫各地区在目前发生世代数的基础上将增加 1 代,平均气温增加 4℃时,将增加 2~3 代。

7.3.6.2 对病虫害越冬条件、越冬北界和地理分布的影响

在全球气候变化背景下,华中区域各季增温幅度以冬季最大,暖冬将成为常态。按 SRES A1B 情景估算,区域冬季气温到 2050 年前后将会增高 2℃,到世纪末甚至将升高 4℃,增暖的幅度北方大于南方。麦蚜越冬存活率将增加 10~100 倍,因此次年危害期将提前,危害加重。

暖冬还使病虫害的越冬北界北移,使害虫各世代的地理分布也将向北推移,危害范围将会增大。以小麦黏虫为例,其越冬北界当前约位于河南南部 33°N 的 1 月平均气温 0℃等温线附近,其冬季繁殖北界位于湖南南部 26°N 的 1 月平均气温 8℃等温线附近。根据区域气候变化预估结果,到 2050 年前后,冬季平均气温将上升 2℃,小麦黏虫越冬北界将北移至河南北部 36°N 附近,冬季繁殖北界也将推移到湖南北部 30°N 附近,导致黏虫越冬和冬季繁殖范围大幅度扩大。同时,其他迁飞性害虫如稻飞虱、稻纵卷叶螟、白背飞虱等的越冬北界也可能会有相应的北移,这不仅加重了大范围越冬作物的病虫危害,也使翌年开春后飞迁害虫的基数大幅度增加(叶彩玲,2005)。

气候变暖还使害虫危害的地理分布范围扩大。水稻二化螟、黏虫、玉米螟、棉铃虫等害虫目前各世代分布区将随温度增高而北移,据估计,当本区域气温升高 2℃时,害虫危害地理分布范围将北移 1~7 个纬度,约 100~700 km,气温增高 4℃时,则害虫危害地理分布范围将北移 3~9 个纬度,约 300~900 km。

7.3.6.3 对害虫迁飞的影响

影响害虫迁飞的因素除食料和种群密度外,气温和气流也是十分重要的因素。害虫的迁飞都要在一定温度阈值以上才能进行,在异常高温或低温下可以引起种群分化,使迁移飞行的比例增加。

根据气候变化的数值模拟结果,气候变暖的幅度将随纬度升高而增大,这将导致南北温差减小,夏季风加强,中国东部副热带高压秋季减弱东撤的速度将减慢。大气环流的这种变化将使黏虫、稻飞虱等迁飞性害虫春季北迁时间提前,向北迁入的范围则更广。据分析,在

温度升高 2℃ 的条件下,黏虫春季在 2 月下旬至 3 月就会出现迁飞始盛期。同时,热量条件增加,麦稻两熟区北界的北移,也为黏虫等害虫提供了丰富食料,使黏虫春季向北迁入的地区将由当前的 33°～36°N 扩展至 34°～39°N 之间。而秋季气温升高,田间食料充足,又造成黏虫向南回迁的时间推迟到 9 至 10 月上旬左右。因此,气候变化将使迁飞性害虫的危害时间延长,且延长的天数随纬度的升高而增大(赵圣菊,1982;叶彩玲,2005)。

气候变暖和大气环流的变化对黏虫等迁飞性害虫春秋往返迁飞的路径也会有一定的影响,因许多迁飞性害虫的迁飞路径与大气低层气流的运行方向一致,气流的变化可能会使害虫集中危害的地理分布相应发生变化。

7.3.6.4 对病虫害的其他影响

为适应全球气候变化而进行的农业布局和种植制度的调整也将对病虫害的发生和流行产生影响。农田作物结构、种植方式和耕作制度的改变,可能会改变寄主的抗性和害虫的食物结构,导致各种农业病虫害发生此消彼长的变化。随着华中区域一年两熟或三熟制逐步北移,双季稻向北扩展,使早晚稻孕穗期出现低温、多雨的概率加大,有利于穗颈稻瘟病的流行。因此双季稻种植区的北移,将导致稻瘟病流行区向北扩展,也使稻飞虱大发生的可能性增大。

害虫的年发生世代数增加,危害期延长,对作物产量和品质的影响加大,将会使农药的用量增加。根据害虫世代增加数估算,当平均气温升高 2℃ 时,农药用量将增加 1/5 至 1 倍,而当平均气温升高 4℃ 时,农药用量将增加 1/3 至 2 倍,作物生产成本将大大提高。随着农药的用量和施用次数的增加,害虫对农药的抗药性也可能会逐步增强,农药对病虫害的防治效果也可能会降低。害虫抗药性的增强又会迫使人们不断地增加农药用量。

7.4 适应气候变化的政策和措施选择

7.4.1 改变传统农业,发展现代农业

充分利用冬暖气候资源,发展冬季农业,如经济效益较高的蔬菜、果特、经济作物等;增加设施农业面积;提高复种指数;提高气候资源利用率,因地制宜发展特色农业,形成优势产业带。

7.4.2 优化农业布局,改革种植制度

湘鄂适当扩大双季稻种植面积;将部分地区早熟、中熟品种改种生育期较长的中晚熟品种;扩大籼稻改粳种植面积;调整小麦品种属性,适应气候变化。

7.4.3 加强科技研发,培育抗逆品种

大力培育和推广抗旱、抗涝、抗高(低)温以及抗病虫害等抗逆品种;提高新品种试验示

范推广力度,推广产量潜力高、综合抗性强和适应性广的新品种。

7.4.4 加强农田水利设施建设,改善农业生态环境

加快豫、鄂北大中型灌区的续建配套改造;加快湘鄂长江流域、主要湖区大中型排涝泵站的技术改造;增强排灌能力,调剂季节性、年际间和地域间的降水丰欠。

7.4.5 发展节水农业,提高农业用水效率

加大高效节水灌溉技术、节水栽培管理技术的研究开发和推广力度,在区域北部、南部山区大力发展节水农业,提高农业用水效率。

第8章 气候变化对水资源的影响与适应

华中区域典型流域年平均径流对气候变化的响应敏感。黄河中游年径流每10年递减9.2%,20世纪80年代后平均径流量比之前减少了33%,从1990年出现持续急剧减少趋势;洞庭湖湘江流域和沅水流域年最大径流整体趋势变化不明显,资水流域和澧水流域呈现出减少的变化趋势;汉江中下游年径流量在1991年前后突变减少;长江流域20世纪90年代以来年径流出现微弱增加趋势,地区、季节差异大:上中游减少,下游增加;春、秋季减少,夏、冬季增加。夏季径流的增加加大了防洪压力,而冬季径流的增加在一定程度上缓和了冬季缺水的紧张局面。区域北部地下水水位下降。区域极端水文事件发生的频率和强度均有所增加。发生间隔缩短、持续时间延长、发生季节提前、发生范围扩大。

研究表明,在不同排放情景下,华中区域未来水资源对气候变化的响应并不相同。2050年前,A2情景下华中区域的湖南省和长江干流湖北段的水资源呈微弱增加趋势,河南省水资源则呈微弱下降趋势;A1B情景下,湖南省和长江干流湖北段均呈减少趋势,河南省水资源则呈显著增加趋势;B1情景下,湖南省和湖北省地表水资源都呈现明显增加趋势,河南省水资源也呈增加趋势,但未通过显著性检验。华中区域旱涝趋势在不同排放情景下的变化也不一致。2050年前,A2情景下华中区域呈微弱的干旱化趋势,特别在2011—2040年干旱化趋势较明显;A1B情景下华中区域呈湿润化趋势;B1情景下华中区域旱涝趋势呈微弱的湿润化趋势。未来气候变化将可能增加华中区域洪涝和干旱灾害发生的几率,进一步加剧该区域北旱南涝的现状。

8.1 华中区域水资源概况

华中区域(河南、湖北、湖南)地处我国中部,区域水资源比较丰富,具有以下两个特征:(1)水资源相对丰富。华中区域长度大于5.0 km的大小河流有11069多条,河川年径流量平均3047.1亿 m³,水资源总量3041亿 m³,高出占全国人口34.8%的黄淮海地区达40%。(2)水资源时空分布不均。受季风气候影响,华中区域降水在年内和年际间均存在较大差异。从地理分布上看,本区域从北向南水资源量逐渐增加。年降水量从河南北部的570 mm逐渐增加到湖南南部的1900 mm;多年平均水资源量河南为430亿 m³,湖北为981亿 m³,湖南为1630亿 m³,从北到南的差异非常明显。地表径流深变化亦表现出同样的趋势。在河南省境内,豫北平原的径流深不足50 mm,南部山地丘陵区的径流深则可达300~600 mm;在湖北省境内,位于鄂西北的十堰市多年平均径流深仅有357.8 mm,而位于鄂西南的恩施则高达950 mm;湖南省地表水资源极为丰富,平均径流深一般在500~1500 mm之间,位居华中区域三省之首(乔文军,2004)。

表8.1 华中区域三省水资源概况

省份	年降水量 (mm)	人均水资源拥有量(mm)	河长≥5.0 km 河流总数	年均河川径流量(mm)	水资源		
					总量(10⁸ m³)	占全国(%)	全国排名
河南	785	490	1500	106.7	430	1.53	20
湖北	1166	1731	4228	946.1	981	3.49	10
湖南	1430	2500	5341	2004.3	1630	5.80	6
合计			11069	3047.1	3041	10.82	

随着区域社会经济的快速发展、人口增长和人类活动的加剧,区域水资源的供需矛盾加大,而气候变化可能使华中区域水资源的时空分布发生变化,进一步使水资源系统的平衡性、脆弱性等受到影响。

8.2 观测到的气候变化对水资源的影响

华中区域水资源的可持续开发利用面临人口增长、社会经济发展、生态系统对水需求的增加以及气候变化的影响等多方面的压力。在区域气候变化背景下,华中区域水资源也受到相应的影响和变化。

8.2.1 水资源对气候变化的敏感性

水文要素对气候变化的敏感性是指流域的径流、蒸发及土壤水对假定的气候变化情景响应的程度。若在相同的气候变化情景下,响应的程度愈大,水文要素愈敏感;反之则不敏感(陈宜瑜等,2005)。

陈宜瑜等(2005)研究水资源对气候变化的敏感性,得出结论:①径流对降水的敏感性远大于气温。②变化相同的幅度,降雨的增加对径流的影响比减少对径流的影响大,蒸发的减少对径流的影响与增加对径流的影响相差不大。③径流对气温的敏感性随降水变化而变化。降水增加愈多,径流对气温愈敏感;随降水减少,气温对径流的影响愈不明显。

由于流域产流过程十分复杂,不同地区产流条件存在差异,导致不同地区径流对气候变化的敏感性不同。对比气候条件相似、人类活动不同的流域的分析结果可以发现,三峡工程、南水北调中线工程等大规模水土保持和水利工程建设因增加了流域对径流的调节能力,从而减少了径流对气候变化的敏感性(刘春蓁,1997)。

为分析华中区域水资源对气候变化的敏感性,选取该区域内的典型子流域进行研究。典型子流域包括黄河三花间流域(黄河花园口水文站以上区域)、洞庭湖流域(城陵矶水文站以上区域)和汉江流域。

8.2.1.1 黄河三花间流域

黄河花园口水文站集水面积73万 km²,占黄河流域总面积的97%,是国家级重要水文站和黄河下游防洪的标准站。1961—2005 年花园口水文站控制以上流域年平均降水无明显变化趋势,年平均气温则呈持续上升趋势,且在 1990 年发生突变增加趋势(图 8.1)。花园口水文站年平均流量在 1961—2005 年呈显著的持续下降趋势,且年平均流量自 1990 年发生突变减少趋势(图 8.2)。

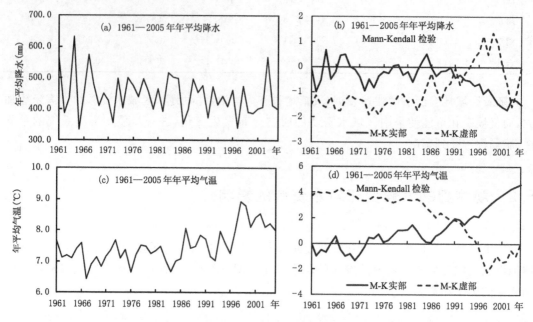

图 8.1　花园口以上流域 1961—2005 年年平均降水和年平均气温

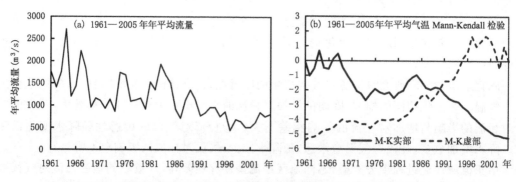

图 8.2　花园口水文站 1961—2005 年年平均流量和年平均气温(单位:℃)

　　花园口水文站逐月平均流量与逐月降水和气温的相关性较好,且与降水的单相关系数大于与气温的单相关系数。有研究表明,在比较长时间的气候趋势上,黄河中游地区径流量异常与降水量异常变化趋势是一致的,降水量异常是影响径流量异常的主要因子(卢秀娟等,2003)。1986 年以来三花间径流量变枯主要是气候变化和人类活动综合影响的结果;不同时期气候变化和人类活动对径流量的影响比例存在差异,其中 20 世纪 80 年代后期和 1997—2003 年的比例大体为 3∶7,而 20 世纪 90 年代为 4.5∶5(李荣等,2007)。因此,花园口水文站流量自 20 世纪 90 年代初呈减少趋势,不仅有气候变化的原因,也受到人类活动的影响。

选取 1961—1990 年时段的数据利用人工神经网络(胡铁松等,1995;苑希民等,2002;Zhu et al.,2008)分析花园口水文站流量对气候变化条件的响应。花园口水文站逐月平均流量与同月、前一个月、前两个月和前三个月的流域面平均降水和气温的相关性较大,因此将同月、前一个月、前两个月和前三个月的流域面平均降水和气温这八个因子作为人工神经网络模型的输入因子,花园口逐月平均流量作为输出因子。

设定不同的气候条件组合利用率定验证后的 ANNs 进行分析。结果表明,黄河流域花园口水文站年平均流量在不同气候条件下有不同的响应。当年平均降水分别减少 20% 和10%、年平均气温从 -2℃到 $+2$℃时,花园口水文站年平均流量均减少;当年平均降水分别增加 20% 和10%、年平均气温从 -2℃到 $+2$℃时,花园口水文站年平均流量均增加,且增加幅度大于年平均降水减少、年平均气温从 -2℃到 $+2$℃时的花园口水文站年平均流量减少幅度(表 8.2)。

表 8.2　不同气候条件组合下花园口年平均流量变化

年平均气温(℃)	年平均降水量(%)				
	-20	-10	0	$+10$	$+20$
-2	-13.7	-0.5	16.4	36.9	59.0
-1	-19.3	-7.5	7.8	26.8	48.2
0	-24.1	-13.6	0.0	17.4	37.9
$+1$	-28.2	-19.0	-6.8	9.0	28.2
$+2$	-31.7	-23.6	-12.8	1.4	19.2

8.2.1.2　洞庭湖流域

洞庭湖流域接纳湘、资、沅、澧四水和长江松滋、太平、藕池三口来水,由城陵矶注入长江,属我国水资源较丰富的地区之一,但存在水资源分配地区差异明显、季节差别较大的特点。城陵矶(七里山)水文站(简称为城陵矶水文站)是洞庭湖注入长江的唯一通道上的水文站,该站所控制的流域内有湘、资、沅、澧四水水系及长江四口(松滋口、太平口、藕池口和调弦口)入湖水系,总流域面积(不包括四口水系)为 259430 km² (雷激等,1991)。

利用洞庭湖流域城陵矶水文站 1997—2007 年逐月平均流量、城陵矶水文站控制以上区域 23 个气象站的 1997—2007 年逐日降水和气温资料分析城陵矶水文站流量受气象要素影响的敏感性。利用 Mann-Kendall 方法分析表明,1997—2007 年城陵矶水文站控制以上流域年平均降水略微减少,年平均气温则呈升高趋势(图 8.3);城陵矶水文站年平均流量在1997—2007 年呈减少趋势,且自 2004 年减少趋势较为显著(图 8.4)。

根据 M-K 分析结果,1997—2007 年城陵矶水文站流量变化与气候要素变化并不太一致,一方面因为城陵矶水文站流量是受流域内人类活动影响后观测到的流量,另一方面因为城陵矶水文站离洞庭湖与长江交汇处太近(相隔 3.5 km),因而受长江的顶托作用很大(方春明等,2001),该站实测流量不能完全反映洞庭湖流域产汇流过程,因此很难利用统计方程或人工神经网络方法建立城陵矶水文站逐月流量与逐月气候要素之间的关系。

曾小凡等(2010)利用合适的经验方程,研究城陵矶水文站流量对不同气候条件的响应。研究结果表明,若不考虑长江对城陵矶水文站流量的顶托影响,洞庭湖流域水文站年平均流

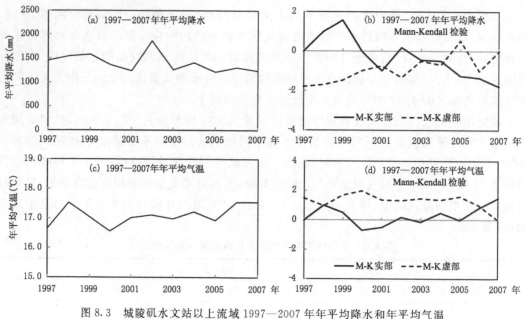

图 8.3　城陵矶水文站以上流域 1997—2007 年年平均降水和年平均气温

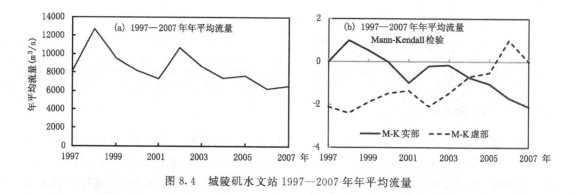

图 8.4　城陵矶水文站 1997—2007 年年平均流量

量对不同气候条件的响应较为敏感。当年平均降水减少 20%、年平均气温增加 2℃时,城陵矶水文站年平均流量减少率达 47.0%;当年平均降水增加 20%、年平均气温减少 2℃时,城陵矶水文站年平均流量增加率达 56.4%,变化幅度大于降水减少、气温增加时的变化幅度(表 8.3)。

表 8.3　城陵矶水文站流量对不同气候条件的响应

年平均气温(℃)	年平均降水量(%)				
	−20	−10	0	+10	+20
−2	−29.4	−9.5	11.5	33.6	56.4
−1	−33.9	−14.7	5.8	27.3	49.6
0	−38.4	−19.9	0.0	21.0	42.8
+1	−42.7	−24.9	−5.7	14.7	36.0
+2	−47.0	−29.9	−11.3	8.4	29.2

8.2.1.3 汉江流域

汉江是长江中游的重要支流,发源于秦岭南麓,流经陕西、甘肃、四川、河南、湖北五省。其干流流经陕西和湖北两省,于武汉市汇入长江,全长 1577 km,落差 1964 m,流域面积 15.9×10⁴ km²,流域水系呈叶脉状,支流众多。汉江流域径流补给以降水形成的地表径流为主(多年平均达 249.28 mm),地下径流为次(多年平均达 154.72 mm),径流分布规律为南多北少,山地多川道盆地少。径流年内分配不均,夏秋多,春冬少;径流多年变化过程与降水多年变化过程基本一致。

夏智宏等(2009)应用 SWAT(Soil and Water Assessment Tool)分布式水文模型对汉江流域 1971—2000 年 30a 逐月径流进行了模拟。结果表明,30a 流域地表径流量的年变化趋势与降水量年变化趋势基本一致。地表径流量年变化率最高,高于降水量年变化率。年流域降水量、地表径流量变化率最大值均出现在 2000 年,降水量年际变化率高时,径流变化对降水变化响应较明显;降水量年际变化率低时,径流变化对降水变化响应不明显。

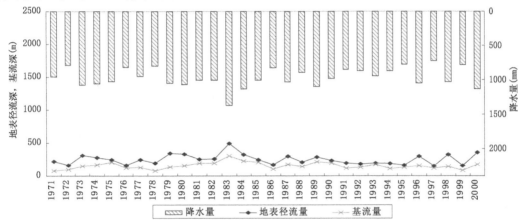

图 8.5 汉江流域 30a 年平均径流变化(夏智宏等,2009)

8.2.2 水资源对气候变化的脆弱性

水资源对气候变化的脆弱性是水资源系统在气候变化、人为活动等作用下,水资源系统的结构发生改变、水资源的数量减少和质量降低,以及由此引发的水资源供给、需求、管理的变化和旱、涝等自然灾害的发生程度(秦大河等,2002)。

水资源系统受诸多因素的影响,如水资源量及其变化、需水要求、供水基础设施、生态条件、科学技术、管理水平等,不能用某种单一方法作为衡量水资源脆弱性的标准。人均水资源量即人均年拥有淡水资源量,在一定程度上反映了一个国家或地区水资源的丰缺程度和水资源可持续利用的状况。它是一种平均情况,未考虑水资源空间分布的不均匀性,并不能准确反映水资源的紧缺程度。人均水资源量少于 1700 m³ 的国家为用水紧张国家;人均水资源量少于 1000 m³ 的为缺水国家;人均水资源量少于 500 m³ 的为严重缺水国家(钱正英等,2001)。

缺水率即水资源供需差额与水资源需求量的百分比。它考虑了社会经济情况、产业布局及水利工程设施等诸多因素对水资源的影响,反映了一个国家或地区水资源供需矛盾的程度。目前,如何通过缺水率的大小来衡量一个国家和地区缺水的程度尚无统一标准。水利部水利信息中心根据预测,定义缺水率小于1%为不缺水;缺水率1%~3%为轻度缺水;缺水率3%~5%为重度缺水;缺水率大于5%为严重缺水。显然,缺水率越大的地区水资源情势越不稳定,脆弱性越大(陈宜瑜等,2005)。

8.2.3　华中区域水资源变化事实

华中区域旱涝发生比较频繁,特别是近年来,旱灾发生周期缩短,对区域社会经济造成巨大损失。

近50多年以来,河南干旱面积呈增加趋势,洪涝面积呈减少趋势,这与年降水量的变化趋势基本一致。20世纪50年代全省旱灾面积最小,水灾面积最大,主要是由于该时段雨水偏丰,虽然有1959—1960年的大旱,但多数年份是大面积的洪涝灾害,如1954、1956;1960年代既有1963—1964年的特大洪涝,又有1961年、1965—1966年的大旱,干旱的矛盾逐渐突出;1970年代偏旱,干旱面积比1960年代略有增加,但洪涝面积最少;1980年代不仅出现了1981年大旱及1985—1988年连续4年的大旱(1986年、1988年为特大干旱),又出现了1982年的暴雨洪涝和1984年的连阴雨灾害,致使旱灾面积和洪涝面积均有大幅度增加,尤以干旱面积增加最多;1990年代虽然出现了1996、1998和2000年的洪涝年,但主要是以干旱为主,如1991—1995年、1997年和1999年。1990年旱灾面积最大,洪涝面积有所下降,为1970年代以来的最少。这说明近50年来,随着降水量减少,河南干旱面积增加,洪涝面积减少,且干旱面积的增加幅度远远超过洪涝面积的减少幅度,尤其是1980年代中期以来,河南干旱化程度加重,水资源短缺已成为影响工农业生产和国民经济发展的主要限制因子(王记芳,2005)。

表8.4　河南各时段平均旱涝面积统计(万 hm²)

年份	干旱面积			洪涝面积		
	受灾	成灾	最大	受灾	成灾	最大
1950—1960	65.1	41.7	233.0(1959)	120.5	87.0	265.0(1956)
1961—1970	108.7	77.5	343.9(19619)	119.6	95.4	446.1(1963)
1971—1980	110.1	68.5	267.8(1978)	67.0	52.1	172.6(1975)
1981—1990	236.8	129.7	561.1(1988)	104.1	73.9	330.6(1982)
1991—2000	281.9	168.5	537.4(1999)	94.1	67.0	320.2(2000)

湖北是易涝易旱的省份,面临着洪涝和干旱的双重威胁。新中国建立以来至1989年的42年间,全省发生较大或特大干旱年的概率为21.4%,平均约五年一遇,进入1990年代以来,全省发生较大或特大干旱的年份有6年,干旱周期明显缩短,出现的概率为50%。特别是近几年来湖北省连续发生的2000年和2001年大旱,干旱灾害出现了三个新的特点,尤其应引起高度重视(虞志坚,2006)。

黄建武(2002)研究了湖北各地(市)县500年水旱资料,结果表明,1470—1979年间,荆州有两次连续8年出现洪涝,武汉有7次连续3年出现干旱;连续两年为涝年或旱年的次数,武汉分别为 21 次、15 次,荆州分别为 17 次、14 次,宜昌分别为 14 次、15 次。1949 年至 2000 年,全省受灾面积大于 $66.7 \times 10^4 \mathrm{hm}^2$ 的大旱大涝共发生 32 次,其中大涝 18 次。洪涝灾害年中,连续三年出现的有 1953—1955 年,1994—1996 年,连续两年出现的有 1963—1964、1969—1970、1991—1992 年,单发年只有 6 年;同期受灾面积大于 $200 \times 10^4 \mathrm{hm}^2$ 的大旱年出现 13 次,其中连续出现的有 1959—1961 年、1994—1995 年。有不少年份,洪涝与干旱交替发生,如 1988 年是先旱后涝,1991 年是先涝后旱,1995 年是南涝北旱。旱涝灾害连续、交替发生,更加重了灾害的损失。

黄朝迎(1992)研究指出,湖北省的旱涝灾害是长江流域 7 省(市)中最重的,而且湖北省旱灾面积 20 世纪 80 年代比 50 年代增加了 0.14 倍,水灾面积增加了 0.67 倍,1990 年代湖北省大旱,大涝交替发生,特别是 1998 年发生在长江流域的特大洪涝,给湖北省造成的直接经济损失就达 500 亿元之多。旱涝灾害似有增多和加重的趋势。周月华(2003)对 1470—2000 年(531 年)旱涝变化特征分析发现,湖北省涝灾次数比旱灾多 8.8%,20 世纪是旱涝灾害次数最多的一个世纪,旱涝变化周期主要有 20 年、10～11 年和 5～6 年。近年来更是频频遭遇旱灾,1990 年代以来,湖北省发生较大或特大干旱的年份有 6 年,干旱周期明显缩短,出现的概率为 50%。

据历史资料统计,湖南洞庭湖区平均 3 年发生一次较大洪水,南部丘陵地区平均 1.6 年发生一次较重旱灾,特别是进入 20 世纪 90 年代以来,水旱灾害尤为加剧频繁,几乎年年皆有,只是时间、区域和程度不一而已,往往是北涝南旱,前涝后旱,或先旱后涝,甚至旱涝交替,水旱灾害成为制约湖南经济发展的主要因素之一,造成的损失为各种自然灾害损失之首。近 50 多年来,湖南洪涝灾害呈 V 型趋势,20 世纪 50—70 年代呈现由高到低型,80—90 年代又由低到高型。其中典型大洪涝年有 1954、1983、1996、1998、1999、2002 年等 6 年,洞庭湖城陵矶站最高水位均超过危险水位 1 m 以上,其中 1954、1998 两年洪水属湘、资、沅、澧四水流域同步洪灾;1996、2002 两年洪水属两条流域同步洪灾;1983、1999 两年洪水属单一流域洪灾。这 6 年中的洪灾均造成洞庭湖区特大洪涝灾害。

表 8.5　湖南省典型极旱年灾情表

年份	受灾面积(万 hm²)	成灾面积(万 hm²)	成灾率(%)	说明
1960	133.7	83.6	62.5	全省性大旱年
1963	137.7	75.5	55.0	四季连旱
1985	152.5	79.9	52.4	全省性大旱年
1990	148.5	56.3	37.9	全省大范围大旱年
2003	175.5	104.0	59.0	全省大范围大旱年

湖南省 7—9 月一般降雨偏少,特别是雨季结束后,副热带高压长时间稳定控制湖南,形成久晴少雨的大范围干旱天气。1950 年以来,湖南的旱灾趋势:20 世纪 50—70 年代呈缓慢上升再下降型,80—90 年代呈迅速上升再下降型。其中 1956、1959、1960、1963、1972、1978、1981、1985、1986、1990、2003 年 11 年为重旱年,1960、1963、1985、1990、2003 年 5 年为极旱年(谢炼,2005)。

8.2.4 典型子流域水文气象要素变化事实

8.2.4.1 降水变化

(1)黄河三花间流域

黄河中游处于大陆性季风气候区,多年平均年降水量约为 520 mm,受地形等因素的影响,降水的地区分布总体由东南向西北递减。黄河三花区间处于三门峡水文站与花园口水文站之间,位于黄河中游的尾端。王国庆(2006 年)分析得出,三花区间降水具有减少趋势,总体减少趋势不显著,阶段变化特征明显。在 20 世纪 80 年代降水量略高于多年均值,但 1990 年代以来,降水减少显著,其中在 21 世纪初期的降水减少距平百分率均超过 15%。

(2)洞庭湖流域

王国杰(2006)在分析洞庭湖流域年均降水变化的基础上,重点探讨与洪水有密切关系的夏季降水变化特征,结果表明,洞庭湖流域年降水有明显增加,尤其是 1988 年以来,这种增加的趋势尤为明显。夏季降水在 1989 年之前的 30 年里比较稳定,没有明显的增加趋势,但是自 1989 年开始突变式的增加趋势非常显著;1990 年后的 10 余年间,夏季降水较之前的 30 年增加了 60 mm。1960 年迄今,暴雨在夏季降水中的比率持续而稳定地增大。夏季暴雨强度并没有显著的趋势,但是暴雨频率在 1989 年突变式地增加非常显著。因此可以认为,1990 年以来洞庭湖流域夏季暴雨的增加,主要是由暴雨频率增加引起。

(3)汉江中下游

陈华(2008)分析表明,汉江中下游大部分地区年和四季平均降水没有明显的趋势变化,只有冬季降水丹江老灌河流域有明显的下降趋势。

李才媛(2004)分析结果表明,汉江中下游面雨量年平均值为 1002.0 mm,降水主要集中在 5—9 月,7 月降水量最大。年面雨量最大值为 1318.9 mm(1983 年),最小值为 763.7 mm(1978 年),1979—1990 年为面雨量高值期,20 世纪 90 年代为低值期,由此可以推测出 2000 年后汉江中下游又进入到一个面雨量相对高值期,呈现 11 左右的年代际变化。对汉江中下游 1960—2002 年各月不同等级逐日面雨量出现频次的统计结果表明,43 年中汉江中下游连续 3 天以上面雨量≥20 mm 的情况出现了 8 次,均仅为 3 天,3 天降水量之和最大为 131.2 mm(1983 年 10 月 4—6 日)。

(4)长江干流湖北段

冯明(2006)分析表明,与全国平均年降水量呈减少趋势相反,长江干流湖北段年降水量呈增加趋势,倾向率为 17.4 mm/10a,东部呈增加趋势,西部呈减少趋势,降水倾向率零值线在大悟、安陆、钟祥、江陵、公安一线。

冬、夏二季降水都呈增加趋势。冬季全省各地降水增加,但降水倾向率地区差异小,分布均匀,平均降水量倾向率为 9.4 mm/10a。夏季全省有 12 个站降水减少,其余各地降水量都有增加趋势,平均倾向率为 20.2 mm/10a。从面积上看湖北省夏季有 80% 左右地域降水是增加的。夏季降水减少区集中在襄阳、秭归、当阳和大悟一带,而且这一带春、秋二季降水量也是减少的,因此这一带是长江湖北段降水减少较为严重和干旱出现较多的地区。全年有一半月份(1、2、3、6、7、10 月)降水是增加的,平均增加幅度最大的是 6 月 11.44 mm/10a,

4月、9月和11月降水负倾向率较大,9月份降水减少最大,为−5.7 mm/10a,4月和9月鄂北岗地是降水减少中心,降水量倾向率平均为−10.0 mm/10a。由以上分析可见,虽然长江湖北段降水量总体上有增加趋势,但降水时间变率大,空间分布不均匀,使得东部洪涝和西部干旱现象越来越突出(冯明,2006)。

8.2.4.2 径流变化

(1)黄河三花间流域

黄河中游花园口水文站1950—2004年实测径流量变化分析表明:花园口水文站每10年递减率为9.2%,20世纪80年代后平均径流量和80年代以前的径流量相比较,平均减少了33%。可以看出,由于中游人类活动和沿程用水的大幅度增加,以及气候变化等因素的影响,致使黄河中游径流量急剧减少。对花园口站年均系列(1955—2005年)的Mann-Kendall趋势分析表明:花园口站从20世纪70年代就开始出现减少的趋势,但是到1990年以前减速缓慢,从1990年以来出现持续的急剧减少的趋势(张建云,2007)。

黄河中游三门峡水文站1950—2004年径流变化及趋势研究表明,三门峡站多年平均径流量为$352.8×10^8$ m³,三门峡站在1990—1999年以及2000—2004年两个时期的径流量比多年均值偏小,而其余时期径流量的距平百分率均为正;年径流量趋势线表明,在20世纪80年代中期之前,年径流量变幅较大,80年代中期之后年径流量变幅较小;20世纪80年代中期之前径流量呈现两级阶梯变化,在此之后,基本上呈现比较稳定的递减趋势(王国庆,2007)。

(2)洞庭湖流域

周刚(2007)对洞庭湖流域湘潭水文站(湘江)、桃江(资水)、桃源(沅水)、石门(澧水)4站1950—1995年最大径流量的突变分析表明,湘江流域和沅水流域年最大径流整体趋势变化不明显,短时段的变化趋势比较复杂,时升时降,出现的突变点也比较多。其中湘、资、沅、澧四水流域在1950年代都出现了突变,其中的原因可能和兴修水利工程有关系。1950年代和1960年代初期我国南方兴修水库和山塘,修葺加固加高堤坝,改变了汛期径流过程,人工对暴雨洪水进行了人为的调蓄(周刚,2007)。

(3)汉江中下游

陈华(2008)用汉江中下游丹江口和皇庄水文站点1951—2004年水文资料,对丹江口和皇庄站的季节及年径流变化趋势采用Mann-Kendall检验方法进行检验分析。结果表明:春季径流量丹江口站1999—2003年下降趋势显著,皇庄站2002—2004年下降趋势显著;夏季径流量丹江口1970—1980年下降趋势显著,皇庄1968—1982年及1996—2004年下降趋势显著,两站的趋势变化突变点均在1991年前后;秋季径流量丹江口站2000—2003年下降趋势显著,皇庄1996—2004年下降趋势显著,两站趋势变化的突变点均在1989年前后;冬季径流量丹江口站1991—2003年下降趋势显著,而皇庄1973—2004年上升趋势显著,两水文站点年径流量的趋势突变点均在1991年前后,这主要是由于降水和气温的变化引起的,降水的减少直接导致径流量的减少,气温的升高又增加了蒸发量,使得径流量进一步减少。

(4)长江干流湖北段

选择长江干流湖北段上、中游的宜昌、汉口水文站1950—2004年径流观测资料进行径流变化及趋势研究(张建云,2008)。实测径流量变化分析结果表明:宜昌和汉口站每10年递减率依次为 0.70% 和 0.21%。M-K 趋势分析结果表明,上游宜昌站从 20 世纪 70 年代开始出现减少的趋势;中游汉口站 1956—1998 年的 M-K 值都处在负增长的趋势上,从 1999 年开始,出现了正增长的趋势。

通过对长江流域近百年来径流的分析,得到以下结论:① 近百年来长江流域径流没有呈现明显趋势变化,仅 20 世纪 90 年代以来年径流表现出了微弱增加趋势,增加趋势不明显且地区差异大。上中游径流减少,下游地区径流增加。②20 世纪 90 年代汛期径流与其他年代同期径流比较,整体上呈轻微增加趋势,上游汛期径流减少,中下游汛期径流增加。汛期径流的增大进一步加大了长江流域紧张的防洪局面。③长江流域径流的季节变化明显,表现在春、秋季节径流减少,夏、冬季节径流增加,20 世纪 70 年代以来增加趋势更为突出。夏季径流的增加加大了防洪压力,而冬季径流的增加在一定程度上缓和了冬季缺水的紧张局面。这与陈正洪(2005)研究结论一致。④对月径流而言,1、2、3、4 和 7 月份径流呈增加趋势,又以 1 月和 7 月增加为甚,1 月和 7 月径流的增加可能是夏、冬季节径流增加的主要原因。5、10 和 11 月径流呈减少趋势,以 5 月和 11 月减少为主,这两月径流的减少可能也是导致春、秋季径流减少的主因。⑤20 世纪 90 年代以来长江流域径流量,尤其是汛期径流量的增加,最主要原因应归因于长江流域 90 年代以来降水量的增加,以及汛期强降水事件的增多。气候变暖,长江流域降水将进一步增加,必然导致径流也呈增加趋势,在一定程度上加大了长江流域洪涝灾害发生的可能性。

8.2.5　对华中区域地下水的影响

目前气候变化对地下水的影响研究仅仅开始,由于气候模型对降水时空变化的模拟与预测水平较低,而地下水与气候、人类活动的关系以及地下水的补给方式要比地表水复杂得多,因此由气候模型输出驱动各种形式的地下水水量平衡模型得到的地下水补给尚不能作为对地下水的预测,而只能视为地下水补给对气候变化的敏感性研究(刘春蓁等,2007)。

地下水系统对气候变异的响应要比地表水系统慢。因此地下水补给对气候变异的敏感性还要考虑时间滞后问题。地下水补给对气候变化的敏感性研究主要有两种方法:一种是基于长系列的降水、气温、地下水水位的观测资料,采用统计方法研究它们之间的相关关系,从而给出地下水补给对气候变异和变化的敏感性;另一种用气候情景值驱动地下水补给模型研究地下水补给对气候变化的响应程度(刘春蓁等,2007)。

华中区域各省的地下水资源特征并不相同,其受气候变化的影响也不一样。2000 年以来河南省地下水源年平均供水量已占总供水量的约 60%,全省地下水开采总量近 130 亿 m³。目前全省除信阳市以外的 17 座省辖城市,地下水超采区面积达 3230 km²(崔新华等,2008)。由于河南省多年持续比较干旱和大量开采地下水,地下水位仍在不断下降,对河南省社会经济的发展起到一些影响。因此,若区域气候持续变暖变干旱,河南省地下水水位仍将持续下降。

由于湖北、湖南省地表水资源比较丰富,对地下水资源的开采利用并不高,气候变化对地下水的影响不是很大。

8.2.6 近几年发生的极端水文事件

2005 年 5 月 30 日—6 月 2 日,我国西南地区东南部、江南、华南北部等地出现了强降雨天气,其中湖南、贵州、江西、广东等地的暴雨过程最强。仅湖南省强降水引发的山洪以及地质灾害就造成 473 万人受灾,82 人死亡,41 人失踪,直接经济损失达 22.9 亿元人民币。9 月下旬至 10 月上旬,由于大范围持续降雨,汉江发生 1983 年以来最大洪水(陈洪滨等,2006)。

2006 年 7 月上旬,湖北省旱情严重,一度有 326 万人受干旱影响,18 万人饮水困难,农作物受灾面积 54.8×10^4 hm²(陈洪滨等,2007)。2006 年 7 月 15—16 日强热带风暴"碧利斯"登陆西行,正面侵袭湘东南,4 个县市日降水量超过 200 mm,其中永兴降水量达 341.7 mm,暴雨诱发多地出现山洪、山体滑坡及泥石流灾害,造成严重人员伤亡,直接经济损失达 78.1 亿元。2006 年 4—8 月湖南省共出现 44 站次洪涝,其中 7 月洪涝占全年总站次的 67%,发生轻度洪涝 18 个县市、中度洪涝 9 个县市、重度洪涝 8 个县市。2006 年 3—11 月,湖南省先后有 44 个县市出现干旱,其中龙山、桑植、洪江、会同、衡南、道县和资兴达大旱标准。因灾损失粮食 54.5 万吨,经济损失 7.35 亿元。

2007 年 4 月,河南西部月降水量不足 10 mm,较常年同期偏少 3~8 成,出现重度干旱。5 月上中旬,河南中部等地降水较常年同期偏少 8 成以上,气温普遍偏高 2~4℃,致使河南省经历了自 1940 年以来的大旱天气。7 月,湖南省旱灾严重。9 月下旬至 12 月,长时间少雨致使湖南中南部等地发生严重干旱,湖南省经历了 50 年不遇的干旱(陈洪滨等,2008)。

2008 年 1 月中旬—2 月初,受冷暖空气共同影响,我国南方地区连续出现 4 次明显的大范围雨雪、冰冻天气过程,同时伴随出现了强降温天气。南方很多地区出现 50 年甚至百年不遇的持续低温、雨雪、冰冻灾害。此次低温、雨雪、冰冻天气影响范围之广、强度之大、持续时间之长、造成灾害之重为 1951 年以来罕见。其中湖南、湖北两省雨雪冰冻天气是 1954/1955 年冬以来持续时间最长、影响程度最严重的。2008 年 6 月 25—28 日,河南、陕西、湖北、河北、山西等省部分地区遭受风雹灾害,死亡 4 人,倒塌房屋 1300 多间(陈洪滨等,2009)。

2008 年 11 月 1 日至 2009 年 1 月 31 日,京冀晋豫鲁苏皖陕甘 9 省(市)平均降水量为 11.6 mm(常年值为 30.9 mm),为 1951 年来历史同期第四小值。河南为第三少值,河南平均无降水日数为 1951 年以来历史同期最多。截至 1 月底,长期持续少雨,加上同期气温高,旱情迅速发展,河南西南部等地达到特旱。5 月 27—28 日,河南西部、湖北大部、江西西部出现大到暴雨,其中湖北天门降水量 149 mm。6 月 28—30 日的暴雨过程范围最广,强度最强,影响最大,是长江中下游地区入汛以来范围最大、强度最强的一次暴雨天气过程,湖北鹤峰过程降水量达 384 mm,24 h 降水量达 313 mm,突破当地最大日降水量历史记录,为百年一遇(陈洪滨等,2010)。

2010 年 7 月 16—19 日,河南省中东部和南部地区出现强降水过程,全省共有 60 个站次出现暴雨,20 个站次出现大暴雨。强降水造成淮河干流及主要支流发生较大洪水,信阳南部山区发生了严重的山洪、滑坡等地质灾害;7 月 23 日—25 日,河南省西部山区普降暴雨到大暴雨,有 4 站日降水量突破历史极值;8 月 18 日—20 日,河南省许昌以北地区及南阳等地普降大到暴雨,共有 23 个站出现暴雨,7 个站出现大暴雨;9 月 5 日—8 日,河南省出现大范围强降水过程,豫北东部、中东部地区和南阳一带降水量在 100 mm 以上,有 5 个县市超过

200 mm,最大降水量出现在商丘柘城,达 262 mm。2010 年 7 月,湖北遭遇持续强降水天气。7 月 8 日,湖北英山县日降水量达到 286 mm,突破 1969 年的历史极值 201 mm。7 月 16 日,短历时、高强度、集中发生的砣子雨造成鄂西山区山洪、滑坡等次生灾害频发。7 月 16 日凌晨,黄柏河流域雾都河水文站 6 小时雨量达 204 mm,在建的宜巴高速公路遭遇突发山洪袭击;7 月 23 日,宜昌夷陵区日降水量 218.4 mm,小时雨强 106 mm,超百年一遇,造成较大的人员伤亡。2010 年 4—7 月,湖南省连遭暴雨洪涝灾害袭击,其中 2010 年 7 月 4 日 08 时—7 月 16 日 08 时,湘中以北地区共有 13 个县(市)累计雨量超过 200 mm,其中桑植、永顺、沅陵、华容、岳阳及临湘 6 个县(市)雨量超过 300 mm。受强降雨影响,湘西北部分地区山洪暴发,引发多处山体滑坡、泥石流,造成多人伤亡;澧水、沅水、洞庭湖区主要控制站超警戒水位,内湖、黄盖湖超历史最高水位;交通等基础设施受损严重,强降水共造成湖南境内铁路中断 3 条次,公路中断 1396 条次;湖区内渍严重,益阳、岳阳、常德三市最大受渍面积 222.3 万亩。湖南省 7 月上中旬发生的暴雨洪涝灾害被评估为特大型气象灾害。

2010 年秋季到 2011 年 5 月,湖南省、湖北降水异常偏少,大江大河来水持续偏枯,湖泊、水库、塘堰水位持续下降,湖泊面积急剧缩小、干枯,众多中小河流断流,多处河流、湖泊水位已突破历史同期最低,本该"涨水为湖"时,却呈现出"退水为洲"的景象。5 月 16 日长江水位比历史同期低 2.5~6 m,武汉至九江段逼近历史最低水位。武汉段水位比往年足足低了 5 至 6 m。5 月 16 日,湖北汉江段水位普遍低于历史同期 1.5~3.3 m。5 月 21 日丹江口水库水位跌至 134.72 m,接近 1978 年 131.28 m 最低水位。5 月下旬,湖北省库堰蓄水仅 97.5 亿 m³,同比减少 4 成,1591 座水库低于死水位,412 座小型水库、7.3 万口塘堰干涸,314 条山沟河溪断流;洞庭湖水位低至 21.74 m,洪湖 53 万亩*水面减少了 1/4,湖中最深由正常时 2~3 m 深降至 0.3 m,大量河床裸露甚至干裂。江汉平原地下水位 5 月较常年偏低 60~90 cm。据 5 月 27 日卫星遥感监测显示,与历史同期相比,湖泊面积均出现大幅减少,其中洞庭湖和洪湖减少最大,分别为 55.1% 和 48.2%(表 8.6)。

表 8.6　2011 年 5 月 27 日水体面积(km²)监测比较(武汉区域气候中心)

水体名称	2011 年 5 月 27 日 水体面积	历史同期 变化率	2010 年同期 变化率
洞庭湖	468.72	−55.1%	−68.5%
丹江口	311.63	−29.8%	−21.7%
梁子湖	218.76	−21.6%	−21.5%
长湖	106.21	−13.5%	−15.7%
洪湖	206.55	−48.2%	−55.2%

8.3　未来气候变化对水资源的可能影响

8.3.1　未来水资源系统对气候变化的脆弱性

陈宜瑜等(2005)根据缺水率的概念,综合考虑分析气候变化 A2 和 B2 情景,由全国供

---

* 1 亩=666.7 m²。

需水预测可知:2050 年我国大部分省份在水资源可持续开发利用的情况下,水资源供需基本平衡,差异不明显。对于长江流域来说,根据气候变化 A2 情景和 B2 情景下多年平均径流深变化、人均水资源量变化及缺水率变化情况综合分析可知:A2 情景下 2071—2079 年长江流域人均径流量变化率为－10％～10％,其中上游变化率多为－10％～0％,属于用水紧张地区,长江流域下游不缺水。B2 情景下 2071—2079 年长江流域人均径流量变化率为－20％～10％,长江流域上游变化率为－20％～－10％,中下游变化率基本上为－10％～0％。

8.3.2　对区域水资源的影响

刘波等(2008)利用 ECHAM5/MPI－OM 气候模式预估 2001—2050 年长江流域不同排放情景(SRESA2、A1B、B1)下径流深的变化。结果表明 3 种情景下多年平均水资源量的空间分布非常一致,但各情景预估的水资源量变化趋势却表现出不同的特征。A2 排放情景下,位于华中区域的湖南省和长江干流湖北段呈一定的增加趋势;A1B 排放情景下,湖南省和长江干流湖北段则呈较显著减少趋势;B1 排放情景下,长江流域全流域接近 90％的地区地表水资源量都呈现显著增加趋势。与另两种情景相比,B1 情景下长江流域年径流深线性增加趋势最为显著。

对河南省所处的黄河流域,A2 情景下,流域水资源量呈微弱下降趋势;A1B 排放情景下,流域水资源量显著增加;B1 排放情景下,流域水资源量呈微弱增加趋势(翟建青,2009)。

8.3.3　对区域旱涝的影响

基于 ECHAM5/MPI－OM 模式预估气候,对三种排放情景下流域平均年 SPI 指数进行 MK 非参数趋势检验,以分析不同流域未来旱涝变化趋势。结果表明:A2 情景下,湖北省和湖南省所处的长江流域旱涝趋势不显著,但大致可以分成三个阶段,前 10 年左右表现为湿润化趋势,随后 30 年进入干旱化趋势,最后 10 年则又表现为湿润化趋势,河南省所处的黄河流域为不显著干旱化趋势;A1B 情景下,湖北省和湖南省所处的长江流域、河南省所处的黄河流域均表现为显著湿润化趋势,且在 2020 年后湿润化趋势特别显著;B1 情景下,湖北省和湖南省所处的长江流域旱涝趋势不显著,河南省所处的黄河流域整体上旱涝趋势并不显著,但 2010—2020 年为比较显著的湿润期(翟建青等,2009;Zhai *et al.*,2010)。

总体而言,华中区域旱涝趋势在不同排放情景下的变化并不一致。2050 年前,A2 情景下,华中区域呈微弱的干旱化趋势,特别在 2011—2040 年干旱化趋势较大;A1B 情景下,华中区域呈显著的湿润化趋势;B1 情景下,华中区域旱涝趋势呈微弱的湿润化趋势。

8.3.4　典型子流域水资源变化预估

对黄河三花间流域,未来花园口站汛期天然径流量的变化仍然表现出较为明显的阶段性。根据重建花园口站 523 年汛期径流量资料研究表明,至 2055 年,汛期平均天然径流量可能为 400 亿 m³,较多年均值有可能偏多近 10％(康玲玲等,2009)。

对洞庭湖流域,基于 ECHAM5/MPI－OM 模式在长江流域的气候预估,利用流域降水、气温和径流之间的经验方程预估城陵矶水文站的径流变化表明：三种排放情景下，相对于 1971—2000 年 ECHAM5 模式模拟均值，2011—2050 年城陵矶水文站的径流变化趋势均不大，在 SRES A2、A1B 和 B1 情景下分别增加 6.1%、8.6% 和 1.7%。

对汉江流域，通过 VIC 模型与 GCM 的耦合，预估 SRES A2 气候情景下，2100 年前汉江流域的径流量有增加趋势（郭靖等，2009）。

参考全球模式对研究区域未来气候变化预估的结果，在研究区域可能的气候变化范围下，假定 25 种气候变化情景组合（在研究流域 30 年平均日气温、日降水的基础上温度增加 0℃、1℃、2℃、3℃、4℃，降水变化 0%、±10%、±20%），应用 SWAT 模型，分别在上述 25 种气候变化情景下模拟的汉江流域月平均地表径流量，与初始气候情景下对应的模拟平均值比较，分析得到（表 8.7）：

(1)不同气候变化情景下月地表径流变化差异明显。地表径流减少最多的气候情景是降水减少 20%，温度增加 4℃ 的气候变化方案，比初始条件下月平均地表径流量减少 43.66%；地表径流增加最多的气候情景是温度不变，降水增加 20% 的气候变化方案，比初始条件下月平均地表径流量增加 46.67%。

(2)降水增加或者气温降低能导致地表径流增加；降水对径流的影响明显大于温度对径流的影响，表明汉江流域未来降水的变化是影响水资源变化的主要因素，而气温增高对水资源的变化影响不是很明显。

表 8.7　不同气候变化情景下的月平均地表径流量变化百分比(%)

ΔT(℃)	ΔP(%)				
	−20	−10	0	10	20
0	−40.24	−21.05	0.00	22.65	46.67
1	−41.46	−22.61	−1.86	20.48	44.25
2	−42.61	−24.03	−3.58	18.46	41.90
3	−43.18	−24.84	−4.62	17.23	40.46
4	−43.66	−25.60	−5.51	16.09	39.12

长江干流湖北段，基于 ECHAM5/MPI-OM 模式在长江流域的气候预估，利用人工神经网络对长江上中游干流区间的径流预估表明：三种排放情景下，相对于 1971—2000 年 ECHAM5 模式模拟均值，2011—2050 年长江干流上游控制站宜昌站和中游汉口站的径流变化趋势均不明显，变化幅度不超过 10%，与利用经验函数方程的预估研究结论相似（曾小凡等，2010）。

8.4　适应气候变化的政策和措施选择

气候信息对水资源系统设计和运行的重要性非常明显，气候变化将转移到关于资源的供给、系统的需求或者运行的要求、约束条件等（曹建廷，2010）。因此，华中区域水资源管理要考虑气候变化，制定相应的适应性对策，使水资源系统可持续发展。

为实现中部崛起的战略目标，华中区域水资源要保障社会经济的可持续发展就必须采取以水资源可持续利用与管理为准则的适应性对策。适应对策有两个目标，一个是促进华中区域水资源的可持续开发与利用,另一个是增强水资源系统的适应能力和减少水资源系统对气候变化的脆弱性。

华中区域水资源应对气候变化的适应性对策主要从水资源管理、产业结构优化、工程建设和运行等几个方面提出,以提高华中区域水资源适应气候变化的能力,减少气候变化的负面影响,保障华中区域社会经济的可持续发展。

8.4.1 完善政策法规、加强水资源综合管理

强化水资源的统一管理和保护,建立适应气候变化及水利可持续发展的水行政管理体制,制定和完善有关法律、法规和政策体系,是提高气候变化背景下华中区域水资源的适应能力的重要途径之一。

需依照《中华人民共和国水法》,编制华中区域水资源综合规划,保障和规范水资源管理,促进水资源的可持续开发利用。加强水资源综合管理,实现水资源安全供给、合理配置、高效利用和有效保护。

8.4.2 建立节水型社会

大力推行节约用水、提高全民节水意识、建设节水型社会已经成为华中区域可持续发展战略的必要前提和重要保障。

通过制定流域和区域水资源规划,明晰初始用水权;确定水资源的宏观控制指标和微观定额指标,明确各地区、各行业、各部门乃至各单位的水资源使用权指标,确定产品生产或服务的科学用水定额;综合运用法律、行政、工程、经济、科技等多种措施,保证用水控制指标的实现;通过调整经济结构和产业结构,建立与区域水资源承载能力相适应的经济结构体系;建设水资源配置和节水工程,建立与水资源优化配置相适应的水利工程体系;特别注意运用经济手段,发挥价格对促进节水的杠杆作用;通过制定规则,建立用水权交易市场,实行用水权有偿转让,引导水资源实现以节水、高效为目标的优化配置。

8.4.3 调整产业结构

建立并完善适水型产业结构,是缓解华中区域水资源问题的有效途径之一。目前,华中区域仍处于一次工业化阶段,第一产业用水量最大,用水定额高,而第三产业的发展,具有高产出、高就业、低消耗以及低污染的特点,如在三次产业高级化过程中降低第一产业的比重,加强发展第三产业,可减少废污水的排放量并可减少废污水的排放量。

8.4.4 加强水利基础设施建设

加强水库和河道堤和分蓄滞洪区建设,提高抵御自然灾害的能力。科学规划,开辟水源,增加国家整体供水能力,提高水资源对气候变化的适应性。建设必要的跨流域调水工程,实现多流域水资源的优化配置和利用。

第9章　气候变化对湿地生态系统的影响与适应

华中区域是全球典型的江湖淤塞淡水湿地类型,是湿地生物资源较丰富地区之一。气候变化及极端气候事件对本区湿地生态系统产生严重影响,造成两湖平原湿地的水质降低,生物多样性降低,湿地碳库功能变化,洲滩出露天数变化,导致湿地景观格局发生重大变化。气候变化使本区水华现象提前暴发并更加严重;使湿地植被单位面积生物量减小,降低了湿地的碳库功能。气温升高或降水量的减小会引起洞庭湖湿地洲滩出露时间变长,引起一系列的生态问题。气候变暖引起湿地冬季越冬鸟类种类和多样性降低,使普通鸬鹚、小鸊鷉的繁殖时间提前;灰头麦鸡、黑水鸡、红脚苦恶鸟等水鸟迁徙方式发生改变。洪涝、干旱和极端低温等气候异常事件直接对湿地生态环境和功能产生严重影响,使湿地生物多样性在短时间内急剧降低、物种消失等。气候变化还导致水葫芦、水花生等入侵种在洪湖湿地的大量繁殖。

9.1　华中区域湿地生态系统概况

华中区域湿地分为河流、湖泊、沼泽和沼泽化草甸、人工库塘、水稻田5大类以及永久性河流等10小类,湿地总面积约832万 hm²,拥有全国第二大淡水湖泊洞庭湖和第七大淡水湖泊洪湖,是我国湿地资源最丰富的地区之一,也是亚洲重要的候鸟越冬地,是世界湿地和生物多样性保护的热点地区。

9.1.1　湿地生态系统结构

华中区域是江、河、湖复合型湿地生态系统分布区,湿地分布以长江、黄河和淮河干流为主线,以支流为纽带,连接水库、湖泊,构成了遍布整个区域的湿地网。根据全国第一次湿地资源调查结果(庹德政等,2009),华中三省(河南、湖北、湖南)湿地总面积832.6万 hm²,占整个华中区域总面积的8.3%。常见的湿地类型有:河流湿地151.12万 hm²;湖泊湿地80.73万 hm²;沼泽和沼泽化草甸湿地14.52万 hm²;人工湿地(包括库塘、水稻田)495.3万 hm²。

生态系统包括非生物成分和生物成分。非生物成分有光、水、温度、空气、土壤等,生物成分包括绿色植物,动物和微生物,它们在生态系统中作为生产者,消费者和分解者。华中区域湿地生态系统光热条件较好,地下水水质清洁,储量稳定,为湿地的形成发育提供了良好的条件。

华中区域湿地植被具南北过渡特征,同时又处在中国东西植物区系的过渡地区,便于邻近地区的植物成分侵入,是中国生物资源较丰富地区之一(庹德政等,2009),湿地生物物种繁多,生态类型多样,群落结构差异显著,群体数量变幅较大。

9.1.2   湿地生态系统功能征

湿地被称为"地球之肾"、"生命之源"。其不仅仅是野生动植物生存的载体,也具有较强的生态调控功能,更是生态系统的重要组成部分和经济社会可持续发展的重要基础。

区域湿地在涵养水源、维持水循环、净化水质、防风固堤、降解污染、保护生物多样性、蓄洪防旱、改善农牧业生产条件、保持区域生态平衡、提供旅游资源以及极高的科研和教育价值等方面发挥着极为重要的作用。湿地可以降低下游洪峰高度,缓和径流过程,维持基本流速,保护喜水性生物群落生存的环境,使其得以繁衍发展;湿地周期性水位波动形成了生物地球化学循环的特殊场合;湿地既有陆地生态系统的特征,也有水生生态系统的特征,为生物提供了多样生境。

9.2   气候变化对典型湿地已经产生的影响

影响湿地生态系统的主要因素有自然和人为干扰方式。自然干扰因素包括气候变化、外来物种的入侵等,人为干扰方式包括农业开垦、城市开发、水利工程、道路桥梁建设和旅游等。目前如何提取气候变化对华中区域湿地生态系统的影响的信息,还没有有效的方法,尚未有人开展研究。因此本报告分析气候变化对华中区域湿地生态系统的影响,实际是气候变化以及多种人为因素共同作用的结果。

9.2.1   典型湿地气候变化特征

9.2.1.1   洪湖湿地气候变化分析

洪湖是湖北省最大的省级浅水湖泊湿地类型的湿地自然保护区,地跨洪湖市和监利县,且与嘉鱼县、仙桃市相邻。现有总面积 414.12 km²,域内地面径流主要通过四湖总干渠汇入洪湖。洪湖湿地自然保护区属于北亚热带湿润季风气候,年均气温为 15.9～16.6℃,无霜期为 250 天以上,年降水量在 1000～1300 mm 之间,平均水位 24.3 m 时的蓄水量为 9.062×10^8 m³。区内生物资源丰富,维管束植物 472 种,浮游植物 280 种,鱼类 57 种。每年来洪湖越冬的水禽在 100 万只以上,洪湖湿地是众多珍稀水鸟的重要迁徙地和栖息地。

(1)洪湖湿地气温变化分析

洪湖湿地年平均气温有升高的趋势(图 9.1),气温倾向率为 0.31℃/10a,其升温幅度高于湖北省的 0.18℃/10a,也高于华中区域的 0.15℃/10a。平均最高气温和最低气温均有显著增加的趋势,但最低气温增加的幅度要大于最高气温的变化幅度。洪湖湿地秋、冬两季的年平均气温的线性增加趋势最为显著,其次是春季年平均气温,夏季年平均气温仅有弱增温倾向(王慧亮等,2010),均表明了洪湖地区增温趋势的不对称性。

(2)洪湖湿地降水量变化分析

洪湖地区 1961—2008 年平均降水量是 1327 mm,降水量总体变化趋势不显著,倾向率

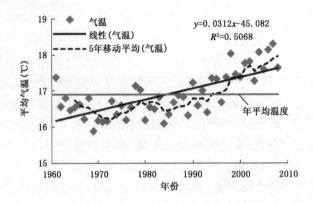

图9.1　洪湖湿地区1961—2008年平均气温变化

为25.51 mm/10a(图9.2)。1998年前呈增加趋势,2002年之后年降水量迅速减少,2005—2008年连续4年低于平均值。从季节变化看,夏季、冬季降水量有较明显的增加趋势,春、秋季降水变化不明显。降水强度呈增加趋势。

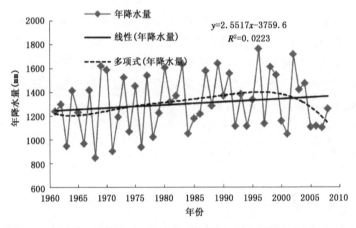

图9.2　洪湖地区1961—2008年年降水量的变化

　　根据大量研究(肖飞,2003;魏显虎等,2007;王慧亮等,2010)可知,洪湖湿地虽然降水丰沛、水资源丰富,但由于径流与过境水高峰同期,与用水存在时空矛盾,造成汛期大量弃水,丰富的地表水资源利用率不高;总体上来看,洪湖地区年平均降水量并未出现明显的变化,但是降水的时空分布格局已经发生了改变,客水流量不稳定,常常造成来水集中而形成洪涝灾害,或来水不足而形成干旱威胁,尤其是春旱。

　　(3)干旱指数的变化

　　近50年洪湖湿地的干旱指数是显著上升的(图9.3),洪湖地区有向干旱化方向发展的趋势,有可能加剧洪湖湿地"旱季缺水、涝季洪水"的局面。

9.2.1.2　洞庭湖湿地气候变化

　　洞庭湖区属亚热带季风湿润气候,气候温暖湿润,年平均气温16.4～17.0℃,年平均降水量1200～1550 mm,年平均湿度80%。整个湿地呈现"涨水为湖,退水为洲"的动态景观。

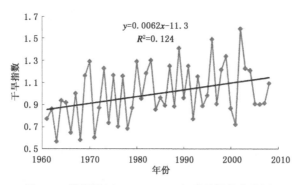

图 9.3 洪湖地区 1961—2008 年干旱指数变化图

现有天然湖泊面积 2691 km²，平均水深 6.7 m，最大水深 30.8 m，多年平均年径流量为 3126 亿 m³。湖区地势平坦，每年洪水季节都有"四水"和长江"三口"大量泥沙入湖，平均每年淤积 0.984 亿 m³，湖底年均淤高 3.7cm，水体日益变浅，河湖洲滩以平均每年 4000hm² 的速度扩大（窦鸿身等，2000）。

洞庭湖湿地年平均气温有显著升高的趋势（图 9.4），倾向率为 0.169℃/10a。平均降水量是 1327 mm，降水量随年代趋势不明显，但总体略有增加，倾向率为 7.5 mm/10a。据王国杰、姜彤（2006）研究，洞庭湖区 20 世纪 60 年代前期和 80 年代为干旱期，90 年代为湿润期。80 年代末有向湿润转变的趋势，2003 年后又开始向干旱转变。1990 年以来，洞庭湖流域降水有明显增多的趋势，夏季降水的增加尤为显著，1990 年以来夏季降水较之前 30 年增加了 60 mm，个别年份甚至达到 200 mm。暴雨在夏季降水中的比率也不断加大，夏季暴雨强度没有增加，而暴雨频率增加明显。这也是 1990 年以来洞庭湖流域洪水频发的重要因子。

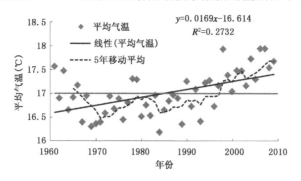

图 9.4 洞庭湖湿地 1961—2008 年平均气温变化图

9.2.2 气候变化对华中区域湿地的影响

9.2.2.1 对湿地面积的影响

华中区域分布着多种湿地类型，特别是湖南、湖北两省，湿地面积占全国湿地总面积的比例较高。由于受到气候变化和人类活动的影响，本区湿地的面积和类型在不断减少，湿地生境遭到严重破坏（魏显虎等，2007），特别是湖泊湿地面积缩小比例较大（表 9.1）。

表 9.1 20 世纪华中区域主要湖泊湿地面积变化(单位：km²)

湖泊	50 年代面积	90 年代面积	缩小面积	缩小比例(%)
洞庭湖	4350	2432.5	1917	44.01
洪湖	661.9	344.4	317.5	48
斧头湖	189.4	114.7	74.7	39.4
梁子湖	454.6	304.3	150.3	33
龙感湖	579	316.2	262.8	45.4

其中,洪湖湿地的特点是以浅水湖泊为中心,周缘为漫滩和湖滨湿地,水量的多少决定了湿地类型的分布。肖飞(2003)等对洪湖湿地类型的变化情况进行研究(表 9.2)。

表 9.2 洪湖自然湿地变化动态及类型变化量(单位：km²)

湖泊	1967	1977	1978	1981	1983	1987	1988	1992	2001
浅水湖泊(km²)	393.3	250.2	223.5	213.3	207.2	191.5	238.5	330.1	307.4
变化量(km²)		−23.4	−7.5	−2.9	−1.7	−4.4	13.6	25.7	−6.4
滨湖滩地(km²)	219.2	105.4	132.1	142.2	148.4	199.4	152.4	25.3	36.5
变化量(km²)		−18.6	7.51	2.9	1.7	14.3	−11.0	−32.3	3.2

9.2.2.2 对湿地水质的影响

根据前文论述,华中区域气候有变暖的趋势。气温升高水温也会有不同程度的升高,生物新陈代谢加快,会导致水体中溶解氧含量减少,生存空间变得狭小,植被缺氧死亡,产氧功能进一步降低,引起藻类大量繁殖。富营养化又进一步增加水中溶解氧的消耗,使缺氧更严重,必然会对湿地的生态产生影响。

不同类型湿地对气候变化的响应强度不同,其中温度是最重要的因子,温度上升使水相平衡值提高,气温每升高 3℃,就要增加 20%的降水才能补偿因温度升高对湿地生态系统造成的不良影响(窦明,2002)。近 50 年洪湖湿地区平均气温升高了 1.5℃,降水增加了5.7%;洞庭湖湿地区域平均气温升高了 0.81℃,降水增加了 2%,两地降水量的增加均不足以补偿温度升高对湿地生态系统的影响,会造成湿地面积萎缩。湿地面积萎缩导致湿地水位下降使藻类更容易聚集,产生水华,水质恶化。以汉江流域 20 世纪 90 年代以来发生的水华为例,20 世纪 90 年代以来三次水华的发生时间都是 2—4 月(1992、1998、2000 年),流量、水位较小,发生时期都有天气晴暖、光照充足、气温偏高的特征,但光强比夏季弱,比较适合藻类的生长繁殖。1992 年 2 月中下旬武汉、汉川、仙桃的日平均气温偏高显著,气候变暖满足了水华发生的气象条件,加上人类活动排放富氮磷污染物的影响,导致了汉江流域水华提早爆发,1992 年 2 月中下旬发生的水华延续至 3 月 7 日汉江中下游地区普降雨雪,气温骤降,水华很快消失(窦明,2002)。1998 年、2000 年发生的水华持续时间为 20 天,水华间隔时间缩短、持续时间延长,范围增大。

9.2.2.3 对湿地生态环境的影响

气候变化对区域水文系统的影响主要通过温度和降水对各主要水文要素产生直接和间

接影响。水文参数是控制湿地生态系统结构功能的关键因子,湿地生态系统水文情势的改变,也将会对湿地生态系统的生物、生化、水文等功能产生影响,继而影响湿地生态系统的社会和经济功能。

尽管华中区域气候变化产生的年降水量的波幅不大,但降水量在区域和季节上存在差异,导致枯水期提前到来和时间延长,由于分配不均衡,湿地水位波幅增大,仍会对湿地水文产生影响。气候变暖导致华中区域气温升高,蒸发量增加,降水分布不均匀,使湿地有效水源补给减少,面积萎缩、类型减少,其调蓄洪水和维持生物多样性功能降低,加速湿地生态脆弱性。

在少水期间,降雨量的减少使湿地面积和类型发生转变。人类为保证自身生存和生产的需要,大力开发水资源,兴修水利,如1975年四湖总干渠、西部螺山干渠建成,洪湖水位下降3 m,使降水产生的径流和河水流量下降,造成湿地收缩,生物多样性遭到破坏。而随着湿地的收缩,人类的生产向湿地进一步扩展,如大规模的围垦,20世纪80年代开始大搞围网养殖等使湿地生态环境受到更严重的破坏。在多水期中,湿地并没有重新大范围地扩展,这是由于温度上升使水相平衡值提高。另外,随着人类社会生产力的提高,对自然环境的控制能力也相对增强。

9.2.2.4 对湿地碳源碳汇功能的影响

湿地是全球最大的碳库,碳总量约770亿t,超过农业生态系统(150亿t)、温带森林(159亿t)和热带雨林(428亿t)。湿地也是温室气体的重要释放源,全球天然湿地每年释放的甲烷约为10～20亿t,占全球总释放量的22%。因此,湿地在全球碳循环中起着重要作用(湿地国际组织中国办事处,2007)。

洞庭湖湿地土壤有机碳密度为127.3 ± 36.1 t/hm²(彭佩钦等,2005),如果温度升高,降雨减少或土地管理措施引起湿地土壤变化,这些碳库就会源源不断的向大气层释放大量的二氧化碳和其他温室气体,使湿地中有些原来不参与全球碳循环的碳也变得活跃起来,湿地将会变成二氧化碳的源。据研究2002年梁子湖水生植被生物量比1992年降低了71.81%,从而降低了湿地的碳汇功能(彭映辉,2005)。

用洪湖湿地植被20世纪60年代、80年代、2000年、2009年各时间段平均单位面积生物量与相应年代平均气温作回归分析,温度升高到一定程度会抑制湿地植被生物量的合成,降低了湿地的碳汇功能。原因是随着温度的升高,植物呼吸作用速率上升的速度超过了光合作用增加的速度,使植被净初级生产力降低。

甲烷通量对温度变化响应适中,而对水分变化的响应敏感(Houghton,1996)。气候变化还引起洪湖地区降雨量分配不均匀,枯水期湿地经过排水使土壤通气性得到改善,提高了植物残体的分解速率,而在湿地生态系统有机残体的分解过程中产生大量的甲烷和二氧化碳气体释放到大气中。同时温度升高影响微生物活性、水温和底泥的温度,可以增强甲烷细菌的活动强度,从而加速甲烷气体的释放,改变湿地的碳源碳汇功能。

9.2.2.5 对湿地生物群落演化的影响

近50年来,在气候变化和人为活动的共同影响下,湿地生态环境和湿地类型发生明显变化,严重威胁生物多样性。

（1）典型湿地生物多样性变化

以华中区域典型湖泊湿地——洪湖为例，自 2001 年来，洪湖地区降水有减少趋势且分布不均匀。使湿地有效水源补给减少，面积萎缩、类型减少，其维持生物多样性功能降低。

研究表明，20 世纪 60 年代以来，由于全球气候变化和围湖造田、兴修水利和围网养殖等人类活动，使洪湖湿地环境发生了剧烈的变化。这种湿地环境的改变不但减少了湿地生物的栖息地，而且对依赖湿地环境的其他野生动植物也造成了破坏，导致湿地生物结构和多样性的变化。以浮游植物为例，20 世纪 80 年代初到 90 年代初，洪湖湿地浮游植物的种类减少了 16.3%，数量却在增加，最大生物量门类由硅藻门变成了蓝藻门，这是湖泊富营养化的标志。并造成鸟类和鱼类数量的减少（表 9.3）。

表 9.3　洪湖湿地自 20 世纪 60 年代以来的变化

	60 年代初	80 年代初	90 年代初	2000—2003 年
浮游植物（种类）	—	9 门 92 属	7 门 77 属	—
浮游植物（10^4 md/L）	—	108.17	698.98	
水生植物（种类）	35 科 92 种	29 科 68 种	36 科 123 种	34 科 94 种
鸟类（万只）	500	150	100	
鸟类物种多样性	1.539	0.987	0.522	
鱼类（种）	84	74	57	
湿地面积（km²）	554	355	348	344
水质	I	I	I～II	III

数据来源：据《湖北洪湖湿地自然保护区科学考察报告》和洪湖湿地管理局的数据记载整理。

注："—"表示无统计。

（2）生物入侵现象

气温升高导致水温相应升高，喜爱高温的生物数量增加，适应低温生活的生物数量减少，水热分配的变化将导致食物链结构和群落的优势种发生演替，引起水生生态系统的组成和多样化变化（施华宏，1999）。

湿地水环境的改变和降水的变化以及极端气候事件的频率增加，使湿地水位波动的频率和幅度不断增加，破坏现存的植被类型，导致本土植被不适应，竞争力下降，促进外来物种的入侵和蔓延，易取代原优势物种。

比如，"十大罪恶之草"水葫芦，自 1901 年被作为观赏植物引入中国之后，主要分布在我国南方，目前在云南滇池，珠江三角洲等地方已经成为公害。随着全球变暖趋势，洪湖已经具备了适合水葫芦生长的环境，现在洪湖已经出现水葫芦。洪湖水面还出现很多水花生的浮岛，目前还没有既不伤害其他水生生物的生长又能去除水花生的有效手段，该物种的入侵，对洪湖生态环境造成很大影响，威胁很多水生植物的生长。

（3）对湿地鸟类繁殖、迁徙的影响

华中区域气候变化使湿地水分条件变差，植被向着物种组成结构简单、植株低矮和生产力低的方向发展，湿地生态系统功能退化，对水生生物的繁殖代谢和分布格局产生影响，使鱼类和鸟类食物来源减少，气温变暖还导致鸟类迁飞路线变化，分布区北移，鸟类生物多样性降低。

鸟类的繁殖和迁徙活动也受到气候变化的影响。武汉市环保大使胡鸿兴根据多年考察研究发现,对于气候变暖非常敏感的水鸟,其生活规律悄悄发生了改变:一些水鸟的繁殖期大大提前;一些原来是候鸟,却逐渐成了湖北省"长住居民";还有一些水鸟的迁徙期变得非常混乱。水鸟的繁殖期在5月至7月,现在明显提前了2～3个月。繁殖期明显提前的有普通鸬鹚、小䴙䴘等湖北省常见的留鸟。

一些候鸟干脆逐渐成了留鸟。比如凤头䴙䴘、黑水鸡、红脚苦恶鸟本来都是候鸟,20世纪70—80年代以前,都是每年9月下旬到10月上旬来过冬,次年3、4月份飞回北方繁殖,但从90年代开始,它们便在这里长住不走了。原因是这里气候变得适宜它们居住,又有能够留住它们的食物。

灰头麦鸡、黑水鸡、红脚苦恶鸟等水鸟的迁徙期变得非常混乱。灰头麦鸡是夏候鸟,正常情况下,应在3月下旬和4月上旬来到湖北省,然后在9月下旬和10月上旬飞走。但随着全球气候变暖,它的迁徙规律发生很大变化:2004年的1月、2005年2月、3月、12月,湖北省多处湖泊均可发现它们的身影。它们有的是短时迁走又飞回来的,有的根本没有离开。

(4)极端气候事件对湿地生物的影响

陈正洪(2007)研究表明,华中区域近50年暴雨气候事件的变化趋势呈现新特点。年、季、汛期、梅雨期暴雨量、暴雨日数均呈增加趋势(除秋季暴雨日数外),并从1980—1990年初开始突变增多,引发了湿地洪涝灾害,1954年、1994年、1996年和1998年洞庭湖区发生4次大的洪涝灾害,造成相当大的经济损失。全球气候变化引起黄河流域雨带南移,造成黄河流域少雨缺水,而长江流域洪水连连。1997—1998年历史上最强的厄尔尼诺现象引发的1997年黄河最严重的断流和1998年长江流域特大洪水,有力地证明了气候异常波动对旱涝程度的直接影响。

气候变化引起的干旱使相连水域的联系被切断,造成生境的分离和湿地的退化,这将导致湿地动植物生长环境的改变和破坏,使越来越多的生物物种,特别是珍稀生物失去生存空间而濒危和灭绝,洄游性的鱼类洄游路线中断,生长繁殖受到极大威胁,物种灭绝使生物多样性降低。同时蓄水量减少导致水体自净能力降低,2009年夏秋干旱使洞庭湖区湖床干涸,部分内河水体富营养化十分普遍,导致湿地鸟类食物减少,影响了候鸟的觅食,干旱的发生会导致生物多样性的急剧下降。一般说来,江河湖泊中生物多样性与流域面积成正相关,水域面积的缩小,使众多生物被缩小在一个小的区域内,导致捕食和竞争的加强。同时,水质也会恶化,如矿物浓度及有毒物质浓度升高、光线的穿透力降低和代谢物增多,使一些物种无法忍耐而死亡导致一些物种和多样性的丧失。

2006年冬季—2007年春季,洞庭湖区遭遇严重干旱,湿地生态系统受到很大影响,主要表现在:水位严重偏低,湖州完全裸露,鱼类资源减少;沿湖两岸的芦苇长势差,且病虫危害严重;鸟种明显减少;湖面污染严重。另外长期干旱,为田鼠在滩地上大量繁殖创造机会,2007年夏季,湖水上涨后,滩地上的田鼠被迫向地势较高的湖滨集中,造成了轰动世人的"洞庭湖鼠害"事件。

2008年雪灾后,由中国、英国、丹麦、澳大利亚四国专家对洞庭湖水鸟同步调查表明,水鸟在洞庭湖越冬依存度高,2008年年初的冰雪灾害对动食性鸟类影响较大,个别鸟类甚至绝迹。这次调查共计记录到水鸟49种约11万羽,而达到国际1%标准的物种有8种。这次调查和冰雪期间的监测显示,由于湖泊大面积冰冻,鸭类活动的水域急剧减少,仅仅在航道的附近水流没有停止的区域聚集。特别是需要深水区域的潜鸭类如凤头潜鸭数量急剧减少，减幅超过90%以上，个别鸟类已经没有了踪迹。往年在洞庭湖冬季随处可见的红嘴鸥，数量曾经在3000～10000只左右，而这次调查竟没有发现一只。曾经广泛分布的鸬鹚类有超过5种没有在调查中发现。国际濒危物种黑鹳曾经在洞庭湖越冬种群约占其东部越冬种群的30%，这次调查也没有发现。李振文（2008）等对2008年冰雪天气对梁子湖湿地鸟类影响的研究发现：在灾后对城乡15个生境类型120个样点的调查获得因灾死亡的鸟类数量约4600只（其中数量较大，可判断种类的有鸠类约1200只、乌鸫约200只、黑水鸡约400只），样地鸟类的因灾死亡率约1.5只/km²。根据冰雪灾害期间直接记录和灾后专题调查数据，当地鸟类因灾死亡涉及22科、41种，其中涉及的科占地区总数52%、种占地区总数22%。这次冰雪极端气候事件还造成长江故道天鹅洲湿地江豚死亡6只。

根据中科院测地所调查分析，2010年夏季大水使洪湖水位在短时间内不断上涨，泥沙淤积使水体浊度增加，使水生植被的生产力降低甚至死亡，大面积的莲被淹死，这将通过食物链和食物网结构引起其他生物数量的变化。大水还把生活污水和病原体带入水体，使水生生物受害，导致整个群落结构变化。而在2011年，特大春旱导致洪湖水面比正常年份缩小了1/3以上。春旱导致的洲滩增加面积达109 km²，约占整个洪湖湿地保护区面积的1/4。在新增的洲滩中，大部分为原有的沉水植被分布区，因而极端干旱条件将会对洪湖沉水植物造成较大影响。如茶坛周围滩地裸漏，导致菹草等沉水植被完全暴露出来，加上春末夏初洪湖地区气温升高，部分地区植被出现大面积死亡。受水位下降影响，挺水植被面积有所增加。洪湖水面面积减小，生物生活在一个小而集中的水体中，温度上升又使生物的新陈代谢加快，使水体变得非常浑浊，水质下降。

水量的平缓增加和有规律的季节性涨潮总体说来是有利的，许多生物的生活史和行为已经适应了这种变化。但是，频繁或不规则的变化对系统是一种干扰，河流涨潮频率和幅度的剧变都会导致生物多样性的丧失。由于极端天气频繁出现，湿地环境和演变经常发生，使洪湖湿地区内适宜的栖息地越来越少，现在保护区内越冬水禽的种群数量逐年减少，洪湖水禽多样性指数已由1988年的1.77减少到0.755，越冬水禽的种群数只有1980年的3/4，国家重点保护鸟类如白鹤、黑鹳和天鹅等种群数量逐年减少。洞庭湖、鄱阳湖等其他湿地也出现生物多样性降低的现象。

9.3 未来气候变化对湿地的可能影响

气温升高将使得湿地蒸发量增加，易导致旱季部分湿地干涸而引起湿地面积缩小，湿地及物种栖息地"岛屿化"和"片段化"程度加重；降水的不均匀性变化将加大河流径流量的变化（郭华等，2006），由此引发湖泊蓄水量和水位的较大变化，湿地面积变化加剧，湿地生态环境承载力下降；极端气象灾害频发使湿地生态系统遭遇干旱、洪水、冰冻等灾害的可能性加大。以上结果可能导致湿地物种资源减少，生物多样性降低。

9.3.1 水华危害有加剧的趋势

温度对水华的发生具有明显的促进作用。实验表明促发水华的微囊藻、孟氏浮游蓝丝藻等藻类对于温度非常敏感。温度大于10℃时,孟氏浮游蓝丝藻就能缓慢生长,而微囊藻在低于13℃时几乎不能生长。藻类的生长速度在10~28℃范围内都会随温度升高而增大(金相灿等,2008)。随着未来气温显著的升高趋势,预计未来水华发生的频率会进一步增加。湖北省近年来水华较为严重的湿地区主要分布在汉江下游。随着南水北调中线工程及其附属工程的实施,汉江下游渠化的趋势加剧,这使得未来汉江下游发生水华的几率会进一步增加。史瑞琴(2007)研究显示未来30年省内增温趋势南部大于北部,而鄂东的增幅最大。位于湖北中东部地区的汉江下游气温增幅明显,这将促进水华藻类的生长,加剧汉江水华的影响程度与范围。

9.3.2 湿地植被稳定性降低

湿地水位的波动、淹水周期和淹水频率控制着湿地植被类型、分布与生物生产量(吴春笃等,2005)。强暴雨事件的发生,会导致河湖湿地水位的迅速上升。一旦挺水植物的自然生长速度不及湿地水位的上升速度,将会出现大面积死亡。虽然从长期来看,湿地植被具备一定的自恢复能力,但是频发的洪旱灾害会降低湿地植被的稳定性,湿地植被的多样性会在短期内有所增加,而总生物量则会有降低的趋势。有害的入侵植被往往具有更强的适应能力,因此水文条件的改变可能会为水花生、水葫芦等入侵植被的迅速扩散提供机会。未来湖北省内暴雨强度和暴雨日数有增加的可能性(陈正洪,2008)。降水变率进一步增大,水文波动幅度和洪旱灾害频率都有进一步增加的趋势。暴雨过程引发的水文过程变化将会直接影响湿地植被组成结构的稳定,入侵生物的危害范围将会增加。

9.3.3 湿地动物资源的减少

极端气候事件会对湿地的植被群落稳定性造成影响,而以湿地为主要栖息场所的湿地动物受到的影响则更加直接。极端干旱情况下,适宜于鱼类、虾类、贝类等水生生物的水域范围迅速减少,与水生植被具有种子库等自适应恢复机制不同,一次干旱过程可以对湿地水生动物造成毁灭性的打击。持续高水位则短期内对水生植被产生巨大的影响,而部分以水生植被为食或庇护场所的水生动物由于无法适应,也会造成大量的死亡。另外,由于极端气候条件下,人工水产养殖也会受到一定程度的影响,为了弥补水产养殖的损失,河湖湿地周边的养殖户也会加大对湿地水生动物的捕捞,使得湿地动物资源进一步减少。作为食物链末端的湿地鸟类由于其赖以生存的食物减少,因而也无法在原有区域生存,导致鸟类改变其固有栖息地。湖北省极端气候事件增加的趋势会使得湿地动物资源迅速减少。除此之外,气温的升高会导致部分候鸟改变其固有的迁徙路线,改变省内候鸟的组成结构。

9.4 湿地适应气候变化的政策和措施建议

气候变化带来的极端事件对生态系统的影响正在由传统的小概率事件、局部事件演变为常态、全局性的问题。湿地作为温室气体的储存库、源和汇,在缓解气候变化方面有着重要作用。气候变化对湿地的功能、面积和分布产生系列不利影响。湿地与气候变化之间的关系是相互影响,相互作用的,保护湿地应对全球气候变化已刻不容缓。根据华中区域湿地的气候变化响应,提出以下适应性对策。

9.4.1 实施区域湿地的恢复治理工程

根据华中区域湿地资源保护的现状,多方采取有效措施,尽可能地恢复已退化的湿地,减缓降低人为因素对湿地的不利影响,开展一批重点湿地的恢复治理工程,有计划地恢复洪湖、洞庭湖等湖泊面积,恢复湿地生态系统的结构与功能,提高湿地生态系统的回弹力与抵抗力,提高湿地自然保护区应对气候变化的能力。

9.4.2 将湿地保护纳入发展规划

把保护湿地工作纳入流域综合规划管理的过程中,将湿地保护与国家生态和经济重点工程建设相结合,发挥湿地保护对生态建设和经济社会发展的促进作用。如建立湿地公园,既可以净化水质改善环境,又是促进湿地保护的有效手段。

9.4.3 开展湿地调查、评估和研究

开展区域湿地资源调查,建立三省湿地资源数据库,开展湿地生态系统、湿地生物多样性的监测,编制评估规划和标准。定期监测和评价,促进湿度生态系统良性循环。

9.4.4 开展湿地调查、评估和研究

加强湿地与气候变化关系的研究。加强湿地生态脆弱性、湿地碳循环、极端气候事件对湿地生态系统的影响等方面研究。

第 10 章　气候变化对森林生态系统的影响与适应

气候变化给华中地区森林生态系统带来深刻的影响。区域气温升高使森林树种物候期发生变化,春季物候期提前,提早开花放叶,而秋季物候期有所推迟,生长期延长;在气候变化背景下,华中地区森林净生产力(NPP)增加,森林面积和蓄积量一直呈上升趋势,森林正在发挥积极的碳汇功能;气候变暖使华中地区亚热带常绿阔叶林有较大幅度的北移,林线区树种如巴山冷杉向高海拔发生了一定程度的迁移;相对其他生态系统,森林对水热等条件的小幅度波动具有较强的缓冲和适应能力。但是,气候变化导致干旱、洪涝、冰雪等极端气候事件增多及气候的波动更加明显,会增加森林灾害发生的频率和强度。近年的气候灾害事件导致林区林木受灾面积大、涉及树种多,同时森林覆盖面积降低,经济损失巨大;气候变化引起的气温升高、干旱期延长会导致火险期的提前和延长、林火频率和过火面积的增加及林火强度的增大;极端干旱事件的频发,加大了火灾频发及发生重特大森林火灾的可能性。气候变化造成森林病虫害的发生区域变化且发生范围扩大。由于温度的变化,昆虫区系分布正在向北变迁,森林病虫害的种类、发生数量、强度及频率明显增加。

预估未来 30～50 年,气候变化对华中区域森林初级生产力地理分布格局不会发生显著影响,但会使森林生产力增加 1‰～10‰,并从东南向西北递增。未来气候有可能向暖湿变化,从而造成从南向北分布的各种类型森林带向北推进,水平分布范围扩展,山地森林垂直谱带向上移动。未来森林火灾和森林病虫害有进一步加重的趋势。

10.1　华中地区森林生态系统概况

森林与气候之间存在着密切的关系,研究表明(王叶和延晓东,2006),大气中 CO_2 平均每 7 年通过光合作用与陆地生物圈交换一次,而其中 70‰是与森林进行的,故由气候变化引起的森林分布、林地土壤呼吸和生产力诸方面的变化反过来可对地球气候产生重大的反馈作用。所以,森林在维护全球碳平衡中具有重大的作用。

华中地区河南、湖北、湖南三省有广阔的森林,生物种质资源丰富,主要树种有杉木、柏木、马尾松及杨类、桦类、栎类、樟类等阔叶树种。华中地区生态地位突出,广阔的森林不仅调节着该地区空气和水的循环,发挥着涵养水源、水土保持的功能,同时长江三峡水利枢纽工程及南水北调中线工程水源区——丹江水库均位于华中一带,做好华中地区森林资源的调查、建设和保护具有重要的生态安全意义。

河南省森林资源总量相对较少。根据第五次森林资源连续清查结果,河南林业用地面积 45.6 万 hm^2,有林地面积 27.0 万 hm^2,森林覆盖率 16.19‰(杨海蛟,2006)。河南的森林分布也不均匀,大部分资源主要分布在伏牛山区。在全省 18 个市(地)中,森林资源主要分布在洛阳、三门峡、南阳、信阳四个市中。

湖北省森林植被隶属于亚热带常绿阔叶林区域,不仅显示出由北亚热带常绿落叶阔叶混交林向中亚热带常绿阔叶林过渡的特征,而且鄂西山地有神农架大山屏障,受第四纪冰川的影响较少,成为著名的第三纪植物"避难所",保留有我国许多珍稀植物种类,如水杉、珙桐、鹅掌楸等。根据袁传武等(2007)的调查,湖北省林业用地862.85万 hm^2,森林覆盖率31.6%。鄂西北和鄂西南山地是湖北省森林资源主要分布区,其次为鄂东南、鄂东北。湖北省活立木蓄积量主要分布于鄂西山地,其次分布于鄂东低山丘陵区。以神农架林区为例,林区的森林与草地覆盖率达64.75%,物种极为丰富,有"植物王国"、"物种基因库"之称。

湖南省地处中亚热带季风常绿阔叶林区(带),位于长江中游的荆江河段南岸。湖南省的森林广为分布而且类型丰富。据统计有近2000种物种,约占全国木本植物种类的25%,是中国最具特色的植被(亚热带常绿阔叶林和山地中生混交林)较为广布的地区之一。调查显示(2010)湖南省土地总面积2118.3万 hm^2,林地总面积已达1273.1万 hm^2,森林覆盖率高达55%,是中国南方重点林区省之一。

在气候变化背景下,森林生态系统的结构、功能、生产力以及退化的森林生态系统的恢复和重建等,都将面临严峻的挑战,而且极端气候事件发生的强度和频率增加,会增加森林灾害发生的频率和强度,危及森林的安全。

研究气候变化对森林生态系统的影响,是当今世界气候学、生态学和森林学研究的热点领域之一。大范围的森林分布、类型、结构组成及其空间和时间变化都是由气候所决定的,森林的周期通常是几十年至几百年,在气候发生很快变化(相对于地质年代)的现代生态环境条件下,生长于幼苗阶段的小树所处的气候条件可能很不相同于成年大树所处的气候条件。例如,全球气候变化评估报告已经表明,气候变化可能会使主要植被类型过渡带在水平方向上和海拔梯度上向极地和向上分别迁移几百千米和几百米(Beniston,2003;Farge et al.,2003)。目前,已有众多的研究通过观测、实验室试验和模型模拟,在时间尺度上从几天到几个世纪及在空间尺度上从个体到种群、群落、生态系统、景观、区域和全球等各个不同层次上来开展了气候变化对树木生理生态、森林群落的物种组成和迁移、森林生产力以及物种和植被分布、物候、森林火灾和森林病虫害等多方面影响的研究(刘国华和傅伯杰,2001)。

10.2 观测到的气候变化对森林生态系统的影响

10.2.1 对森林物候的影响

植物物候是季节节奏宏观、综合的体现,包括各种植物的发芽、展叶、开花、叶变色、落叶等生物学特性的改变(徐文铎,2008)。其变化特征反映了过去一段时间气候条件的积累对植物生长、发育的综合影响,物候是反映气候变化对植物发育阶段影响的综合性生物指标。因此,物候变化对全球气候变暖响应最敏感,是一个可以直接观察到的重要指标,物候学的研究可能是研究生态系统物种对气候变化响应的最简单最直接的方式(方修琦和余卫红,2002;陆佩玲等,2006)。

　　一般来说,温度是影响物候变化的主导因子(郑有飞等,2007)。在植物生长发育的各种物候期中,物候的开始日期与其前期气温之间有显著相关性,冬季和早春温度的升高使春季提前到来,从而影响到植物的物候,使它们提早开花放叶。目前由于全球变暖带来的气温、降水、光照等气候要素的变化,对植物物候期已造成显著影响。

　　郑景云等(2002,2003)在中高纬度北部地区的研究结果表明,气候变暖使20世纪后半段以来春季提前到来,而秋季则延迟到来,植物的生长期延长了近2个星期。20世纪80年代以后,在中国春季平均气温上升的地区,每上升1℃,春季物候期平均可以提前2～3.5天,反之则推迟了4～8.8天。

　　华中区域气候近50年来气温升高,已使华中地区的森林物候发生了显著的变化。柳晶等(2007)通过对华中地区4个乔木物种在过去半个世纪里物候变化特征的研究表明,4个乔木物种物候期变化趋势表现在展叶、开花、果熟期都呈提前趋势,落叶期略有推迟,绿叶期延长,特别是在20世纪90年代中后期,春季物候期提前10天左右,绿叶期推迟半个月左右,春季物候期变化幅度比秋季明显。春季物候对前段时期(季、月时间尺度)的温度状况反应敏感,春季温度的升高对4种植物的物候提前具有重要的作用,春季平均气温每升高1℃,春季物候平均提前6天左右,绿叶期延长9.5～18.6天,而且物候期突变一般发生在温度突变之后。

　　郑有飞等(2007)对郑州地区气候变化对乔木物种春季物候影响的分析和模拟结果显示,郑州地区1960—2004年气温呈上升趋势,20世纪80年代以来,木本植物春季各物候期均表现为逐年提前的趋势,刺槐春季物候的变化趋势可代表当地春季物候现象;郑州地区气温在20世纪90年代前后发生突变,同时,植物春季各物候期突变也紧接着气温突变发生;春季物候的早晚和冬春季气温呈负相关,影响早春物候的主导气候因子是冬末2月份气温,影响晚春物候的主导气候因子是春初3月份气温,冬春气温升高1℃,郑州地区植物春季物候期提前2.1～5.0 d。陈彬彬等(2007)根据河南省林州市1987年至2004年的物候和气象资料,对林州市木本植物物候的变化特征及其对气候变化响应进行分析,结果表明近20年来,4种木本植物(毛白杨、刺槐、梧桐和白梨)春季物候均表现为逐年提前的趋势。秋季物候的变化表现为4种木本植物秋季物候期推迟。木本植物春季物候期对其前期气温变化的反应非常敏感,其中前6旬是反应最敏感的时段。

　　另外,陈彬彬等(2007)还就各时期降水量和日照时数对植物物候期的影响也进行了统计分析,结果显示木本植物春季物候变化受冬末春初气温变化的影响最大、日照次之、降水最小,秋季物候期对气候变化基本没有响应。木本植物的春季物候变化可作为反映气候变化的代用指标。王昌薇(2006)经5年观测研究也发现物候节律和生长过程与气象因子相关。

　　陈正洪等(2008)对气候变暖背景下华中地区樱花的物候变化研究结果表明,从20世纪40年代以来,日本樱花始花期提前11.72天,落花期略有推迟,开花期间持续天数共增加13.55天,这些指标的年际变幅后期明显增大。其研究结果还表明,上年12月到当年3月各月平均气温与始花期均呈负相关,2月份和冬季平均气温越高,日本樱花的始花期越早,2月份和冬季平均气温每升高1℃,始花期分别提前1.66天和2.86天。

10.2.2 对森林生产力影响

洪霞和佘卫东(2007)用河南省商丘市 8 个台站 1961—2005 年的逐日平均气温和降水资料,采用植被净第一性生产力模型,分析了商丘市近 45 年来植被净第一性生产力的变化情况。结果表明,近 45 年来商丘市的自然植被净第一性生产力每 10 年以 0.17TDM/hm² 的趋势在增加,但并不显著。

河南省森林植被主要分布在伏牛山区,该区森林覆盖率在过去 10 年间增加 4.9%,林地每公顷蓄积净增 9.83 m³(王理顺,2004)。气候变暖背景下,河南省 2012 年森林碳汇总量增加,是 2006 年底森林全部碳汇量的 168.65%,每年每 m³ 森林蓄积量吸收二氧化碳的量为 0.11 吨,每年固定二氧化碳 1492.69 万吨(李高阳和马俊青,2009)。

对湖北省森林资源的调查结果显示(杨静,2001;刘俊明,2007;袁传武等,2007),1975—1999 年,全省有林地面积增长 38.3%,森林覆盖率由 23.5%增长到 31.6%,活立木蓄积增长 113.1%,林分蓄积量增长 138.4%。全省森林资源不断增加。20 世纪 70 年代鄂西三峡库区森林林业用地面积呈下降趋势,从 1980 年到 1999 年,库区林业用地面积较大幅度回升,年均净增率达 1.12%(袁传武等,2009)。

森林资源是动态变化的,碳汇量也随之变化。气候变化背景下,森林与大气中二氧化碳的关系也有着双重作用。一方面,森林可以吸收并固定大气中的二氧化碳,是大气二氧化碳的吸收汇、储存库和缓冲器。森林以其巨大的生产力和生物量储存着大量的碳;森林植被中的碳含量约占生物量干重的 50%。森林每生长 1 立方米木材约可以吸收 1.83 t 二氧化碳(李怒云,2007)。森林面积和蓄积的增加,碳汇量也会不断增加。

模拟的华中地区森林生态系统净第一性生产力地理分布格局与年平均气温和平均降水的分布格局基本一致。反映出森林生产力地理分布格局主要取决于气候环境中的水热条件。模拟结果表明,按温度计算的生产力,高于按降水量和降水量与其他变量组合模拟的森林净初级生产力,而且与华中地区森林现实生产力的实际分布趋势基本一致。这充分表明水热条件是限制华中地区森林生产力的主要因素,它决定了华中地区大部分地区森林生产力水平和地理分布格局(刘世荣等,1998)。

10.2.3 对森林分布的影响

森林生态系统的结构和物种组成是系统稳定性的基础,生态系统的结构越复杂、物种越丰富,则系统表现出越好的稳定性,抗干扰能力越强;反之,其结构简单、种类单调,则系统的稳定性差,抗干扰能力相对较弱。气候变化将强烈地改变森林生态系统的结构和物种组成以及森林的分布(朱建华等,2007)。

树种的地理分布主要是受大气候的控制。在大气候因素中,水热条件以及二者的组合状况决定树种的地理分布。森林生态系统中都包含着众多的物种,虽然这些物种生长在同一气候条件下,但对气候变化的适应能力却不同(王叶和延晓东,2006)。在剧烈的气候变化条件下,某些物种可能会因完全不能适应而死亡,另一些则仍然能够生存,变化后的条件还有可能更适合于区域物种的入侵,从而导致森林生态系统的分布和结构以及组成发生变化

（周广胜和王玉辉,2003）。

物种分布范围的变化落后于气候的变化,这是因为物种分布范围的变化还受到诸如种子源、适宜环境等因素的限制。在对气候变化发生响应的过程中,一个物种可能以三种方式对气候的变化做出反应:在变化后的环境中生存下来;迁移到气候更适宜的环境中去;就地灭绝(Beniston,2003;Theurillat and Guisan,2001)。

一般来说,气候变暖将导致区域最低温度的增加,同时也会使生长季延长,新的气候因子值可能会接近或超过目前树种生长的适应阈值,从而导致这些树种分布的最低海拔线上升或树种向高海拔迁移(郝占庆等,2001)。由于森林群落优势树种不可能在短期内改变其生态特性而在超出其气候适应范围的条件下生长,所以就可能导致某些森林群落的消失或脆弱化。这些变化的速度超出某些物种的适应能力时,一些不易迁移的物种将会就地灭绝。同时,由于气候变化对不同植物的生长速度、繁殖及扩散能力将产生不同的影响,某些侵略性物种可能受益,从而增强其在群落中的竞争能力,导致群落原有的竞争和协调关系发生变化,使某些物种灭绝,甚至导致某些群落类型消失。物种分布范围的改变通常是物种在原生境中缓慢灭绝而迁移至新的生境的过程,而且这种分布范围的变化最初一般是发生在物种分布的边界(Motta & Nola,2001)。

在华中地区的秦巴山地,过去半个世纪的气象观测数据已经证实该地区的气候发生了明显的变化,这就可能使该地区的主要林线树种巴山冷杉已经做出了分布范围变化的响应,即向高海拔迁移。如果巴山冷杉种群沿海拔向上已经发生了迁移,那么从景观的角度来讲,高海拔地段巴山冷杉的年龄就应该小于低海拔地段巴山冷杉的年龄(Motta & Nola,2001);而且在高海拔地段,尤其是林线附近,幼苗和幼树的数量要比低海拔地段多(Rochefort et al.,1994)。党海山(2007)研究表明,巴山冷杉的年龄表现出随海拔的升高而逐渐减小的趋势,并且在高海拔地段(林—草交错带)巴山冷杉的年龄显著的小于低海拔地段(针阔交错带)巴山冷杉的年龄,而且在高海拔地点,巴山冷杉幼苗和幼树的数量显著多于低海拔地带巴山冷杉幼苗和幼树的数量。从景观的尺度水平上来讲,巴山冷杉年龄随海拔梯度的分布特点说明了过去气候的变暖导致了巴山冷杉分布范围向高海拔发生了一定程度的迁移,而且随着未来气候的继续变暖,巴山冷杉林的这种沿海拔梯度向上迁移的趋势将会进一步加强,将会分布于更高的海拔地带。

10.2.4 对森林树种个体生长及群落发展动态的影响

树木年轮不仅记录了树木自身的年龄,而且还记录着树木生长过程中所经历的气候和环境等因子的变化过程。近 20 年来,随着对气候变化及其影响的关注和研究技术手段的改进,树木年轮学的研究得到了更广泛的开展,在气候变化研究中日益显示出其强大的作用(侯爱敏等,2003)。

森林群落结构、组成和分布格局是在其发展历史过程中受诸多因素(如气候、干扰、树间竞争等)影响而产生的结果。

在豫西丘陵山区对刺槐生长与气候关系的研究发现,刺槐增长率与林龄和年积温呈反比,与年日照时数和冬春季降雨量呈正比。在气象因子中,积温对刺槐生长率影响最大,日照时数次之,干旱期降雨量影响相对较小。但由于降雨量年度间变化较大,因此其对年生长率也具有非常重要的影响(张江涛等,2009)。在豫西山区,对影响日本落叶松人工林生长的气候因子的研究结果显示(宋贤明等,1994),影响日本落叶松生长的主要气候因子是春季(4—5月)平均气温和夏季(6—7月)降水量 在豫西地区日本落叶杜生长期为4—9月,此期间树高生长期略大于胸径生长期,6—7月生长最迅速。

根据树木年轮气候学和树木年轮生态学的理论和方法,结合过去50多年的气候数据(温度、降雨等),采用相关函数分析的方法来揭示过去气候变化对华中地区秦巴山地森林树木个体生长的影响以及对种群和群落发展动态的影响(党海山,2007)。结果表明,在秦岭地区,不同海拔梯度上巴山冷杉生长对气候响应有所不同,在巴山冷杉分布的中海拔和低海拔地段,其生长主要受春、夏季温度的影响,与降雨的关系不显著;在高海拔地段,巴山冷杉的生长主要受夏季降雨的影响,温度的限制作用不显著(Dang et al., 2007)。在神农架地区,降雨对巴山冷杉生长的限制作用随海拔的升高而减弱;温度对巴山冷杉生长的影响则随海拔高度的升高而增强;在中海拔和低海拔地段,巴山冷杉的生长受温度和降雨因素的共同影响,而在高海拔地段,巴山冷杉的生长主要受温度的影响;并且在神农架地区,巴山冷杉生长还受到上一年生长季气候条件的显著影响。

雷静品等(2009)利用树木年轮生态学进行分析的方法,对湖北省三峡库区秭归县马尾松在不同海拔高度处的径向生长与气候变化关系的分析结果表明,在正常的气候条件下,海拔300 m处马尾松生长受上年6和10月份降雨量和湿润指数的影响,与当年气候因子的关系不显著;海拔600 m处马尾松生长与上年6月份温度呈显著相关,还受当年7月份的月平均降雨量和湿润指数的影响;海拔900 m处马尾松生长不仅与当年2月份温度呈显著相关,还受当年12月份月平均降雨量和湿润指数的影响。

党海山(2007)对华中地区的秦巴山地巴山冷杉在不同分布海拔地带的分布格局研究结果显示,巴山冷杉种群的分布格局在巴山冷杉林的下限和中间海拔的典型分布区都呈随机分布,而在巴山冷杉林的上限,巴山冷杉种群呈聚集分布的特点。根据"聚集有利于个体生存"的观点,巴山冷杉沿海拔梯度的这种分布格局也是巴山冷杉对区域气候变化的一种响应方式。结果还表明,高海拔地带巴山冷杉群落发展的起始时间要晚于低海拔地带群落发展的起始时间,而且,高海拔地带的巴山冷杉林群落在20世纪的70年代以前有大量的巴山冷杉个体产生,而低海拔地带巴山冷杉林群落在20世纪则很少有巴山冷杉个体的形成。这是因为20世纪气候的变暖导致了高海拔地带亚高山林线处的群落中巴山冷杉个体数量的增加。

10.2.5　对森林火灾的影响

气候是林火动态变化的主导因素。气温升高、极端天气/气候事件增加和气候变率增大,会增加干旱区的火险,防火期将延长,火灾频度加大。气候变化导致有些植物将因不能适应新的环境而死亡,从而导致大量可燃物的累积;在极端气候事件(如强降水、飓风、干旱和冰冻灾害等)发生过程中会导致大量林木折断和植被死亡,使发生林火的危险性大大增加。气候变化还影响人类的活动区域,并影响到火源的分布。另外干旱频率及程度、病虫害爆发以及其他因素等也会影响林火的程度和频率。同时由于物种组成和分布发生了改变,森林的易燃性和燃烧性也会发生相应的变化(赵凤君等,2009)。

当前发生的以气候变暖为主要特征的气候变化对林火动态已产生重要影响。统计显示,河南发生在干旱强风气候条件下的森林火灾,占全年总数的 90％以上。近年来,由于受到全球气候异常的影响,高温、干旱、大风天气增多,河南省森林火灾近年来有逐年增多的趋势(郭其乐等,2009),根据 2003—2008 年春、冬季卫星遥感监测到的林区火灾统计分析,河南省大部分林区在不同年份的防火期内均发生过火灾。从年际变化来看,近年来河南省森林火灾发生频次总体上呈上升趋势,特别是 2008 年初,百年一遇的低温雨雪冰冻灾害,导致林木大批折断,地表可燃物猛增 2～10 倍,造成火灾频发。

湖北省是森林火灾多发区。陈正洪(1992,1994)对湖北省过去几十年森林火灾的特征与地形、气候关系的分析结果显示,鄂西山区森林火灾具有地域差异性和邻近相似性,从北到南火险由高到低,其中神农架高山林区为低火险区,1600～2000 m 左右火灾发生最多,向上或向下均减少;而且湖北省森林火灾年际变化显著,1951—1965 年 l5 年间火灾频发,年均 928 次,过火面积 60661 hm²,尤其是 1953—1958 年及 1961 年最严重;而 1971—1989 年 19 年间发火频次剧降,年均 285 次,火场大大缩小,年均 6128 hm²,分别为前 15 年的 1/3 和 1/10。对于湖北省森林火灾发生的原因,赵升平和李传华(2001)研究认为是气候变化所呈现出的高温干旱导致了可燃物的急剧增加以及火源多、管理难度大等。近年来,湖南省森林火灾发生次数明显增多。

10.2.6 对森林病虫害的影响

气候变化造成我国森林病虫害的发生区域变化且发生范围扩大。冬季暖冬增多使得松毛虫等食叶害虫的越冬虫口基数较大,最终造成森林病虫害的大发生(高发祥和闵水发,2002)。由于气候变化、人工纯林面积增加、生物多样性差、外来林业有害生物入侵增多等原因,森林病虫害的发生数量、强度、频率明显增加。另外,气温升高、持续干旱和极端灾害性天气使多种不产生危害的次级害虫变为危害严重的主要害虫,森林病虫害的暴发周期相应缩短。

气候变化对森林病虫害的种类、发生、分布、危害程度等的影响已显现出来,并且形势十分严峻。据国家林业局统计,2000—2007 年,我国年均森林病虫害发生面积为 829.9 万 hm²,约占全国森林面积的 4.7％。在诸多造成我国森林病虫害普遍发生和严重危害的因素中,气候变暖是重要的原因之一。丁文广(2010)的研究显示,历史上松毛虫 10a 左右暴发 1 次,但近 20 年来,缩短到每 5a 左右暴发 1 次。20 世纪 70 年代全国松毛虫发生面积年均 133.3～200 万 hm²,目前年均发生面积约达 400 万 hm²。同期,我国森林病虫害发生频次增多、面积扩大、危害损失居高不下,并继续呈明显的上升态势。暖冬有利于病虫害越冬、滋生和蔓延,会使病虫害发生期提前,世代数相应增加,群落数量增大,对森林的威胁增大,危害期延长,危害程度加重。

我国大面积人工林的单作、高度纯化、多为针叶树种等暴露出其生态脆弱性,在气候变化背景下森林病虫的危害日益加剧。近年杨树食叶害虫在河南和江苏大面积暴发成灾。仅 1999 年河南全省 4 亿株杨树就被害 2 亿株,造成直接经济损失达 3 亿多元(叶建仁,2000)。

随着造林绿化步伐加快,湖北省人工纯林的面积迅速增加,全省森林病虫的发生和危害呈明显上升趋势(高发祥和闵水发,2002)。1993 年森林病虫害发生面积为 25.24 万 hm²,

1996 年上升到了 27.29 万 hm²，到 1997 年发生面积达到 33.33 万 hm²。三峡坝区有害生物普查（田开清等，2007）结果显示，1990 年森林病虫害发生面积为 2180 hm²，2000 年上升到 5640 hm²，2005 年高达 9260 hm²。

根据湖南新宁县林业局的调查（王昶和龙彪，2008），近 10 年的数据统计结果显示，年均发生林业有害生物灾害面积为 6100 hm²，占有林地面积的 3.3%。仅 2006 年全县不同程度的危害面积就达 6000 hm² 之多。

10.2.7 极端气候事件对森林的影响

2008 年 1—2 月，我国南方 16 个省市大面积遭受百年不遇的冰灾，直接损失达 1000 多亿元人民币（民政部，2008），其中林业直接损失达 573 亿元人民币（国家林业局，2008），占民政部公布损失总额的一半以上。灾后对河南省森林资源的调查发现（刘铁军等，2008），林分受灾面积 8.64 万 hm²，占全省林分面积的 3.34%。灾前每公顷蓄积量 49.5 m³，灾后每公顷蓄积量 32.8 m³，蓄积量减少 16.7 m³。共损失蓄积量 195 万 m³，生长量损失 16.3 万 m³。全省受灾前森林覆盖率 16.19%，受灾后森林覆盖率 16.10%，森林覆盖率下降了 0.09%。据湖北省林业局不完全调查统计（李东升等，2008），全省林业受灾面积 154 万 hm²，压断林木 4.27 亿株。受灾情严重。从总体情况来看，湖北省林木受灾面积大，涉及树种多，受灾程度重，受灾林分表现出的特点是人工林比天然林严重，纯林比混交林严重，幼龄林比成熟林严重。

对湖南森林资源影响评估显示（谭著明等，2008；彭险峰和何友军，2008；王明玉等，2008），桉树、湿地松、楠竹等大面积人工林毁损；部分地区马尾松、杉木、阔叶树天然次生林机械折损量大；多种绿化大苗、柑橘等经济林树种商品价值丧失殆尽；多数树种因树冠冰晶负荷过重导致机械损伤，桉树、柑橘等少数树种既具机械损伤，又兼有明显的生理损害。桉树人工林遭受了生理和机械折断双重损害，毁损率约 98%。楠竹林破杆、倒伏的也达 60% 左右。当地多种阔叶树如甜槠、香樟、少花桂、拟赤杨等断梢、折干现象甚为普遍。虽然同一地段不同树种因力学性质或生理抗冻能力不同，受损程度有些许差异，但受害的普遍性是显而易见的。各类森林毁损特别严重，几乎都是树枝、树干不堪冰凌累积导致的机械折损，生理损害较小（刘晓红等，2008）。

10.3 未来气候变化对森林生态系统的可能影响

10.3.1 对森林物候的可能影响

郑有飞等（2007）根据植物春季物候期的回归模型，对未来郑州春季物候变化趋势进行了模拟估计。假设未来郑州地区仍将继续增温，根据春季物候与年平均气温的显著相关性，预测未来郑州地区年平均气温每升高 1℃，春季物候期将提前 1.6～13.7 天。郑景云等（2002）认为春季主要物候期随纬度变化的幅度变小。如果这样，未来气候将对那些在早春完成其生活史的林下植物直接产生不利影响,甚至有可能使其无法完成生命周期而灭亡,从而导致森林生态系统物种组成发生改变。另外,物候期的南北差异变小,也将导致森林物种多样性降低。

10.3.2 对森林生产力的可能影响

初步估计未来 30～50 年,气候变化对我国森林初级生产力地理分布格局不会发生显著影响,但会使森林生产力增加 1%～10%,并从东南向西北增加量递增(林而达等,2006)。

根据刘世荣(1998)的预测,到 2030 年气候变化并没有改变中国森林第一性生产力的地理分布格局,即从东南向西北森林生产力递减趋势不变,但不同地域的森林生产力有不同程度的增加。洪霞和余卫东(2007)依据未来 20～100 年气候变化预测结果,通过模拟 2020、2050 和 2100 年的商丘市植被净第一性生产力的结果显示,与 1990 年相比,NPP 将分别增加 3.9%～6%、7.9%～11.0% 和 14.9%～22.3%。

10.3.3 对森林分布的可能影响

大多数有关气候变化对森林类型分布影响的预测都是根据模拟所预测的未来气候情形下,森林类型分布图与现有气候条件下森林分布图的比较而得到,其结果都认为各森林类型将发生大范围的转移(Smith *et al.*,1995;李霞等,1994)。

未来气候有可能向暖湿变化,造成从南向北分布的各种类型森林带向北推进,水平分布范围扩展,山地森林垂直带谱向上移动。Layser(1980)认为气候变化影响树种的分布界限,若年均温度升高 1℃,则每一植被带可能向北移 200 km 或向高海拔地区移动 180 m。但是气候变暖与森林分布范围的扩大并不同步,后者具有长达几十年的滞后期。

倪增等(1997)预测在 CO_2 倍增,气温分别升高 2℃ 和 4℃,降水增加 20% 的条件下,亚热带常绿阔叶林优势种及常见种的分布范围发生变化。气温升高 2℃,纬向北扩 3°,经向西扩 3°左右;气温升高 4℃,纬向北扩近 6°,经向有的种扩大,有的种缩小。分布范围窄的优势种和常见种,在气候变暖后其分布区变得更窄,而那些分布范围较宽的种,则分布区越来越大。

气候变暖后,各种植物的分布界限都要发生迁移。定居能力取决于物种本身的迁移能力、适应能力、可供迁移的适宜地距离、迁移过程中的障碍等。张清华等(2000)认为到 2030 年珙桐适宜分布面积比当前气候条件下约减少 20%。还有许多树种将难以适应如温度、降水量及其分布等气候要素的变化,因此未来气候变化有可能使生物多样性减少。

郭泉水等(1997)预测 2030 年的气候变化使马尾松的适宜分布面积皆减少 9%,杉木则减少 2%。减少幅度因树种而异,由于濒危树种在生物学和形态学上的复杂特性,气候变化对其影响更大。未来 60 年内,在平均气温升高 2～3℃,年降水量增加 5% 的条件下,杉木分布区的北限将向北推移 2.8 个纬度,海拔下限上升 110 m。

10.3.4 对森林树种个体生长及群落发展动态的可能影响

森林群落对气候变化敏感。温度水分是影响森林群落最大的气候因素,降水减少将造成群落中的原树种生物量降低。如果全球气候变化增量超过基准气候变率,不但影响种群个体的生长,而且群落的生态位将发生改变(居辉等,2000)。

在未来气候变化的预测中,平均气温将升高,尤其是冬季低温的升高,这对于一些嗜冷物种来说无疑是一个灾害,因为这种变化打破了它们原有的休眠节律,使其生长受到抑制;但对于嗜温性物种来说则非常有利,温度升高不仅使它们本身无需忍受漫长而寒冷的冬季,而且有利于其种子的萌发,使它们演替更新的速度加快,同时它们的竞争能力也将得到提高。

10.3.5 对森林火灾的可能影响

气候变暖导致的气温升高、干旱期延长、空气湿度下降会导致火险期的提前和延长、林火频率和过火面积的增加及林火强度的增大。气温日较差大,可能使森林火险长期维持在一个较高水平,增加了引燃的可能性和扑救的难度;降水的年际和区域差异加大,使干旱年份和干旱地区发生森林火灾的可能性增大;气候变暖背景下极端气候事件发生频率增大、强度增加,会导致大量植被受损和死亡,地表易燃可燃物猛增,加大干旱地区火灾频发及发生重、特大森林火灾的可能性。

预期气候变暖情景下的模拟结果显示,由于未来 20~100 年,气温将持续上升,且极端气候事件出现的频率也将增加,全球大部分区域的林火天气状况会更加严峻,林火数量将比当前状况更多,林火强度更大,未来的森林火险发展趋势不容乐观。

10.3.6 对森林病虫害的可能影响

未来气候变暖将使病虫害发育速度增加,繁殖代数增加,森林病虫害提前发生,且发生的范围和危害程度加大;改变病虫害的分布和危害范围,使害虫越冬代北移,迁飞范围增加,分布区系扩大;连续多年的暖冬,以及异常气温频繁出现,会增加森林生态系统的扰动,使生物相的均衡局面发生变动。气候变化引起森林植被分布格局改变,使一些气候带边缘的树种生长力和抗性减弱,加上引起的极端气温天气逐渐增加,还将严重影响苗木生长和保存率,林木抗病力下降,增加了森林病虫害突发成灾的频率(赵凤君等,2009)。

10.3.7 极端气候事件对森林的可能影响

相对其他生态系统,森林对水热等条件的小幅度波动具有较强的缓冲和适应能力。但是,气候变化导致干旱、洪涝、冰雪等极端气候事件增多及气候的波动更加明显,会增加森林灾害发生的频率和强度。例如,夏季的高温和干旱条件使火灾发生的可能性增加,高温和高湿则将有利于一些有害昆虫的生长繁育。极端高温和低温事件可能对森林结构及其景观等生态服务功能造成严重威胁。

10.4 适应气候变化的政策和措施选择

10.4.1 增加森林面积

在大别山、秦巴南麓、三峡库区等生态敏感区实施退耕还林;选择地带性树种或有潜在适应力的适地树种,或选育耐旱、抗病虫害树种,实施人工造林,增加绿化覆盖率;营造混交林,考虑不同的林中组成,优化人工林结构,提高物种在气候适应和迁移过程中的竞争和对变化环境的适应能力。

10.4.2 加强天然次生林和原始林保护

扩大自然保护区的数量和面积;对生物多样性敏感区,选择合适地区建立森林分布变迁缓冲区及物种南北向迁移通道,协助树种随气候增暖向北迁移;减少森林碎化,保持不同保护区之间的连通性可以使物种自然迁移到更适合的气候带地区。

10.4.3 设计合理的森林经营方案

加大对生态公益林经营管理的投入,允许适度经营生态公益林;研究适应气候变化的间伐和轮伐经营对策,保持合理的林分密度。

10.4.4 加强林业基础设施建设,降低森林脆弱性

加密建设森林病虫害及火灾监测站,配备现代化监测防御设备;加强森林病虫害及火灾的监测、预报;加强树木检疫,推行林业生态防治和生物防治。

10.4.5 建设国家级原始森林公园

建设国家级原始森林公园,形成以神农架生物多样性为主的科考、科研基地。

第 11 章   气候变化对重大工程的影响与适应

气候变化使三峡工程上游流域年降水量、年径流量呈显著下降趋势,枯水期降水减少,汛期降水增加。汛期上游与中下游极端降水都呈现出向 6 月份集中的共同趋势,流域产生遭遇性洪水的可能性增大,长江三峡工程的防洪压力进一步加大。同时汛期发生洪涝以及枯水期发生干旱的频率可能加大,强降水、强对流天气等极端事件增加,增加了水库调度和管理难度以及影响蓄水发电效益。南水北调中线工程水源区汉江上游地区气温总体呈现波动上升趋势,降水量、径流量在波动中呈减少趋势。

预计 2050 年以前三峡水库年降水量呈小幅减少趋势,气候变化将使长江流域上游地区干旱趋势有所减缓。汛期长江洪涝发生的频率增加,尤以中游汛期洪涝频发的可能性较大,而枯水期干旱发生的频率可能加大。同时,极端气候事件出现的概率将加大,为水库的调度运行以及蓄水发电等效益的发挥增加难度。未来三峡工程秋季无发电风险,冬季风险较大。未来三峡库区强降水的增加,可能增加库区地质灾害的发生。未来气候变化对南水北调中线工程可调水量的影响很小,中线南北丰枯遭遇频率变化趋势需进一步研究,如果南北同枯的年份增加,对中线调水将十分不利。

11.1   三峡工程、南水北调中线工程概况

三峡工程于 1993 年进入施工准备阶段,1994 年正式开工,1997 年大江截流成功,2003年开始通航发电,至 2009 年全部竣工,总工期为 17 年。长江三峡水利枢纽工程主要由大坝、水电站和通航建筑物等三大部分组成。工程建成后,上游将形成库容为 393 亿 m³ 的河道型水库,可调节防洪库容达 221.5 亿 m³,能有效地拦截宜昌以上来的洪水,大大削减洪峰流量,使荆江地区的防洪标准由原来的 10 年一遇提高到 100 年一遇。三峡水电站总装机1820 万 kW,年发电量 846.8 亿 kWh,相当于每年减少开采煤炭 5000 万 t 及相应的铁路运输能力。

南水北调工程是从长江向北方缺水地区输水的工程,由东线、中线、西线三条调水输水线路组成。南水北调中线工程由汉江中上游的丹江口水库引水,重点解决北京、天津、石家庄、郑州等沿线 20 多座大中城市的缺水问题,并兼顾沿线生态环境和农业用水,干渠总长达1277 km。中线工程分二期实施,第一期工程建设主要目标:丹江口大坝加高后,从丹江口水库自流引水,到北京、天津、河北、河南四省市。中线一期工程平均每年可调水 95 亿 m³。同时为减少中线从丹江口水库调水后对汉江中下游的影响,修建湖北引江济汉等四项生态建设工程。

11.2　观测到气候变化对长江上游流域与汉江上游水资源的影响

11.2.1　气候变化对三峡工程上游水资源的影响

11.2.1.1　百年降水变化趋势

陈家其(2006)研究指出长江全流域经历了1890年代的少雨期,1900—1920年的多雨期,1920—1980年的少雨阶段及1990年后的多雨期。在1990年代长江流域相继发生了1991年中下游大洪水、1995年中下游梅雨期大洪水、1996年中游大洪水、1998年全流域大洪水及1999年区域性大洪水。

20世纪90年代降水增加主要发生在夏季,由于气温升高,空气持水能力加大,夏季强降水出现的几率增加且强度增大,汛期降水量、暴雨平均日数和日最大降水量呈明显增加趋势,洪涝加剧。长江上游年径流呈减小趋势,宜昌站1881—1970年多年平均流量为14430 m³/s,1971—2001年为13680 m³/s,后者较前者少750 m³/s,减小了5.2%(Jiang *et al.*, 2007)。

11.2.1.2　近50年降水、径流变化趋势

长江三峡以上流域1960—2007年多年平均降水量为931.4 mm,年平均降水量随时间波动特征明显,并显示出缓慢的下降趋势,降水距平百分率(相对于1960—2000年平均值)平均减小4.3 mm/10a,并在20世纪70年代初和90年代末发生两次较为明显的波动(姜彤,2005)。空间上,长江三峡以上流域各个地区降水量的变化趋势也不尽相同,金沙江流域大部地区降水量呈增加趋势,部分地区增加趋势显著,长江干流地区降水显示出微弱的减小趋势,而长江源头地区及其他子流域,降水量均呈减小趋势,尤以四川盆地西部地区,减小趋势非常显著。

与降水特征相对应,长江三峡以上流域径流量变化也成波动减小的特征(图11.1)。通过对宜昌站年径流量距平(相对于1960—2000年平均值)百分率变化过程曲线的分析,年径

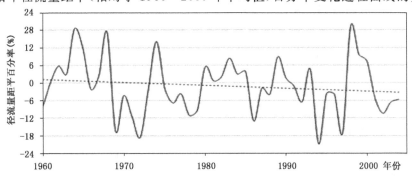

图11.1　长江三峡以上流域径流量变化趋势(姜彤,2005)

流量也在 20 世纪 70 年代和 90 年代发生两次较为明显的波动,且总体呈现下降趋势。宜昌站逐月径流量部分月份呈增加趋势,部分月份呈减小趋势,且呈增加、减少的月份数量大致相当;夏季 7 月份月径流量呈现显著的正趋势。宜昌站年最大流量发生在 6 月份,年最大洪峰流量呈现波动性。

11.2.1.3 旱涝演变

近些年,长江流域旱灾频次增加,且旱灾损失大于洪灾。例如 2006 年重庆地区,以及 2007 年长江中游及两湖地区相继发生了的严重干旱。长江三峡以上流域近 50 年的气象站和水文站观测表明,春秋两季降水和径流呈显著减少趋势,意味着未来干旱发生频率可能会增加。翟建青等(2009)分析长江三峡以上流域各个气象观测站点 SPI 值线性倾向率,得出近 50 年的旱涝变化趋势的空间格局。三峡大坝上游干旱化趋势明显,旱涝特征的空间不均匀特性更加显著。

11.2.1.4 极端降水变化

1960—2004 年间,上游地区年极端降水量呈微弱下降趋势,上游中部嘉陵江水系、岷沱江水系及干流区间下降趋势显著,而金沙江水系极端降水呈显著增加趋势(表 11.1)。长江三峡以上流域日最大降水有不断增加的趋势,1980 年以后增加趋势最为明显。通常,长江三峡以上流域极端降水出现在 5—9 月的频率为 86%(见表 11.1),且强降水集中期略迟于中下游。但近年极端强降水事件年内分布格局发生了改变,上游与中下游极端降水都呈现出向 6 月份集中的共同趋势,表明流域产生遭遇性洪水的可能性正在增大,长江三峡工程的防洪压力进一步加大(苏布达等,2006)。

表 11.1　长江流域极端强降水年内发生频率(%)(苏布达等,2006)

区域	月份											
	1	2	3	4	5	6	7	8	9	10	11	12
上游	0.16	0.23	1.06	4.65	10.9	18.6	22.4	19.7	14.9	5.77	1.45	0.19
中下游	1.60	2.72	6.38	11.6	14.6	17.2	14.5	11.9	8.33	6.15	3.84	1.14
全流域	0.93	1.56	3.89	8.35	12.9	17.9	18.2	15.6	11.4	5.97	2.72	0.69

11.2.2　气候变化对汉江上游水资源的影响

11.2.2.1 气温变化

汉江上游地区 1961—2005 年气温波动较大,总体呈现上升趋势,其线性增长率为 0.07℃/10a。20 世纪 70 年代末以前气温在多年平均值附近摆动,80 年代至 90 年代初为负距平,以后出现显著正距平。从 5a 滑动平均曲线可以看出,80 年代以前区域平均气温基本在多年平均值附近摆动,无明显的变化趋势,80 年代初出现明显的下降趋势,1985 年前后出现转折,气温开始攀升,90 年代中后期持续增温,1998 年达到极大值(蔡新玲等,2008)。

11.2.2.2 降水量变化

降水量年际变化较大,且在波动中呈减少趋势。20 世纪 60 年代降水量基本在多年平均值以上,70 年代在多年平均值附近摆动,80 年代降水偏多,90 年代明显偏少。5 年滑动平均曲线显示,近 45 年汉江上游年降水量呈现出"多—少—多—少"的阶段性变化,其中以 1981—1990 年降水量偏多最为显著,而 20 世纪 90 年代则严重偏少,只有 1998 和 2000 年的降水量较常年偏多(蔡新玲等,2008)。

11.2.2.3 径流量变化

近 45 年汉江上游的天然径流量呈下降趋势(图 11.2),特别是 1991—2002 年显著偏小,1997 年达到最小值,年径流量仅为 256.08 m^3/s,而 1983 年最大,径流量达 1231.62 m^3/s,是 1997 年的 4.8 倍。从 5 年滑动平均曲线可以看出,汉江上游的径流量变化具有较明显的阶段性,1961—1968 和 1980—1990 年两个丰水段平均径流量分别为 678.2 和 688.0 m^3/s,较多年平均偏多 20% 左右;而 1969—1979 年和 1991—2005 年两个枯水段平均径流只有 507.4 和 458.7 m^3/s,较多年平均偏少 15%。

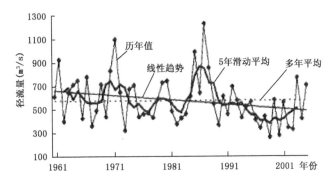

图 11.2 汉江上游流域年径流量变化曲线(蔡新玲等,2008)

11.2.3 气候变化对中线工程南水北调工程运行的影响

Guoyu REN 等(2011)研究认为,从 1956 年到 2004 年,黄河和海河流域年降水量显著减少,而长江中下游的年降水量则明显增加。在 100 年降水量序列中,南北间的年降水量在空间分布上呈现出跷跷板型差异:长江—淮河流域的丰水年(枯水年)通常伴随着黄河和海河流域的枯水年(丰水年)情况。多年代际的降水波动表明北部约为 60 年的周期而南部约为 40 年的周期。

对 1951—2010 年 60 年中线工程南北中线调水区和沿线降水丰枯情况分析(表 11.2、图 11.3),出现南北同丰概率为 12%,出现南北同枯概率为 8%。南部降水偏丰而北部降水偏枯或正常、南部降水正常而北部偏枯或正常、南北降水都比较正常的情况下,对中线调水有利,这种概率大致为 62%;南枯北丰、南北同丰情况下,北部不需要调水或对调水需求不大,这种概率约为 30%;而南北同枯,北部需水但源区无水可调的概率仅为 8%。若综合考虑南水北调水源区丹江口水库上游降水及入库流量、调水线路支流及径流,能更客观地评估降水变化对南水北调中线工程运行的影响。

表 12.2 南水北调中线南北降水同丰枯概率

南部降水丰枯	年次数	北部降水丰枯	年次数	概率(%)
南丰	21	北枯	13	22
		北丰	6	10
		北正常	1	2
南正常	23	北枯	14	23
		北丰	3	5
		北正常	6	10
南枯	16	北枯	5	8
		北丰	11	18
		北正常	0	0

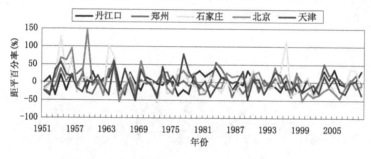

图 11.3 中线工程沿线 1951—2010 年降水逐年变化

11.3 预计的气候变化对三峡工程、南水北调中线工程的可能影响

11.3.1 气候变化对三峡工程的可能影响

11.3.1.1 气候变化影响三峡水库运行的问题

三峡工程的规划、设计是以过去的历史资料和现代的观测资料为依据,对未来由于温室效应增强而导致的气候、水文变化并未考虑。如果由于温室效应的影响,使得未来长江流域的降水量及降水集中区,暴雨强度和暴雨中心与现在有较大变化,将会使以现代资料为依据的大坝设计、水库调整、发电计划以及泄洪与防洪标准,很难符合未来的情况(陈育峰和刘逸农,1992)。气候变化对三峡水库运行风险的影响问题包括(气候变化国家评估报告,2007):

(1)气候均值的变化引起入库水量的增加,尤其是当入库水量超出原库容设计标准及相应的正常蓄水位时,将产生的水库运行风险。

(2)气候变异加大以及极端水文气候事件频次增加、强度加大,引发超标准洪水产生,造成水库防洪调度运行的风险。例如,由于气候变化,千年一遇变为千年以下甚至百年一遇,则将对三峡水库运行带来极大的风险。

(3)暴雨强度和暴雨次数增多,引发地质灾害加大对三峡大坝造成的影响。

11.3.1.2　气候变化对三峡水库运行的可能影响

三峡水库建成后,水库运行方式具有两个截然不同的阶段,其管理目标也是不同的,即汛期(4—9 月)以控制长江上游来水为主要目标,重点防洪防汛;枯水期(10 月至次年 3 月)则以蓄水发电为主要目标,保证上游航运和华中、华东地区的电力供应。汛期暴雨和降水量偏多则增加洪水风险,给防洪带来威胁;枯水期降水量偏少、入库流量小将影响到水库的正常发电和维持较高水位。就水库调度而言,降水量的变化造成入库径流的不确定性是影响水库运行安全和发电效益的最重要因素之一,而降水变率加大也会增加水库调度和管理的难度、增加风险(蔡庆华、刘敏,2010)。

不同的气候模型对长江流域给出的未来气候情景,无论在季节上还是在上、中、下游地区的分布上都有所不同。归结起来,其共同点是气候变化将使长江流域上游地区干旱趋势有所减缓,汛期长江洪涝发生的频率增加,尤以中游汛期洪涝频发的可能性较大,而枯水期干旱发生的频率可能加大(气候变化国家评估报告,2007)。

三峡库区降水变化的模拟较为复杂,不同情景下未来降水变化存在一定差异。在 SRES A2 和 SRES A1B 情景下,三峡库区年降水量整体呈小幅减少趋势,2001—2050 年的减少趋势分别为 0.72 mm/10a 和 1.11 mm/10a,而在 SRES B1 情景下,三峡库区年降水量整体呈增加趋势,2001—2050 年的增加趋势为 3.32 mm/10a(蔡庆华、刘敏等,2010)。

气候变化对三峡水库运行风险的可能影响问题,目前还仅限于对气候风险的影响研究。张建敏等(2000 年)用 DKRZ OPYC 海气耦合模式,研究 CO_2 加倍时三峡水库以上约 40 万 km^2 的面积各月降水量相对基准气候的变化(表 11.2)。

表 11.2　CO_2 倍增时三峡地区各月降水量相对(1961—1990)的变化(张建敏等,2000)

月份	1	2	3	4	5	6	7	8	9	10	11	12
均值变化/%	6.19	16.71	22.82	23.25	16.73	7.05	0.53	−1.65	−2.08	−0.04	5.17	14.23

张建敏(2000)等通过研究给出了气候变化对洪涝干旱气候风险的可能影响。主要研究结果:(1)当 CO_2 加倍时,三峡水库春季和冬季月降水量有明显增加,以春季最为显著,平均增加 20% 左右,夏季和秋季平均而言略有增加,但各月增减幅度有差异。(2)未来气候情景下干旱对三峡水库运行造成的威胁将有所减小,洪涝风险加大。在未来气候情景下,由于枯水期降水增加(10 月份除外),干旱风险指数除 1 月份与基准气候持平外,各月均减小,洪涝发生的气候风险加大。汛期除 8 月和 9 月外,洪涝风险指数值均较基准气候下有明显增加。(3)极端气候事件出现的概率将加大。根据月降水量变异系数变化分析,在未来气候情景下,1—2 月和 5—8 月的变异系数较基准气候有所增加,为水库的调度运用以及蓄水发电等效益的发挥,增加难度。

强降水的增加,可能增加库区地质灾害的发生。突发的滑坡、泥石流灾害,有可能使三峡水库形成巨大的冲浪,从而危害大坝的安全及诱发地震(气候变化国家评估报告,2007)。

就水库调度而言,入库径流的随机性是构成水库运行效益风险最重要的自然因素。根据水库不同时段的管理目标,径流的改变可以产生不同的事件,如枯水期降水偏少可能使入库径流减少,水库蓄水减少,因蓄水量少于最低库容而发生缺水事件的风险随之增加;而汛期降水量偏少使防洪风险减小,入流超过水库最高水位而产生弃水事件相应减少等(张建敏等,2001)。

表 11.3 三峡水库枯水期运行风险指标(张建敏等,2001)

月份		10	11	12	1	2	3	4
月发电风险	A	0.01	0.02	0.08	0.22	0.90	0.76	0.18
	B	0.00	0.01	0.09	0.43	0.88	0.72	0.06
月发电量期望值	A	70.9	69.2	66.0	50.6	27.0	31.6	46.1
(10 kW·h)	B	71.0	70.6	63.0	37.3	28.8	31.8	54.3
月发电损失率	A	1.7	2.9	8.5	22.1	56.0	54.1	33.0
期望值(%)	B	0.5	0.2	11.8	42.0	52.0	53.9	23.2

注:A 表示基准气候,B 表示未来气候情景

枯水期三峡水库运行的风险是降水量减少引起发电量的减少(表 11.3)。在当前气候背景下,秋季基本无发电风险,冬季发电风险较大。在 CO_2 加倍情景下,秋季无发电风险,冬季风险较大,春季风险减小。

枯水期三峡水库运行的另一个风险,就是中下游航道过低,对长江航运产生不利影响。

11.3.2 气候变化对南水北调中线工程的可能影响

11.3.2.1 气候变化对南水北调中线工程的影响问题

气候变化对南水北调中线工程的影响问题主要有(气候变化国家评估报告,2007):气候变化能否对调水系统的功能与结构的稳定性带来不利的影响,即气候均值,气候变异以及气候极端事件的可能变化是否会使可调水总量减少,其年内分配是否会改变、最大与最小流量的年际变化是否会加大,暴雨洪涝等气象灾害及由此造成的滑坡泥石流次生灾害的增加是否会危及调水系统的抗御能力和输水通道的安全性等。对于中线工程,气候变化是否会加大南北同枯遭遇的概率。

11.3.2.2 气候变化对受水区(华北地区)水资源的影响

对于华北地区,很多气候模型给出 2050 年,甚至 2100 年降水都将增加,但由于气温升高幅度大,蒸发量的加大使得径流的增加不显著。径流量的增加能否抵消人口增长和经济社会发展对水需求的增长,取决于对未来需水量的预测(柯礼聘,2003)。预测随着科学技术发展,用水效率不断提高,用水量将向零增长过渡,按这种看法,气候变化可能在一定程度上缓解华北地区水的供需矛盾。另一种看法则认为,人口增长、生活水平的提高和工业、生态用水量的增加将使需水量继续增长,未来径流量的增长不足以抵消需水量的增加,北方缺水的局面仍不能得到缓解。

11.3.2.3 气候变化对中线调水区水资源的影响

气候变化对中线调水的影响需要考虑对汉江可调水量的影响、对南北水系丰枯遭遇的

影响、对总干渠沿线的暴雨区内暴雨洪水极端事件发生频率与强度的影响。利用月水量平衡模型及 7 个 GCMs 模型给出的温室气体加倍时的气候情景输出值(陈剑池等,1999),模拟计算了铁锁关、后会、白岩、蜀河及丹江口以上年径流对不同气候情景的响应以及对丹江口可调水量的影响。结果表明,丹江口以上年径流皆减少,最大减幅为-7.7%。多年平均可调水量减少的幅度不大,最多减-8.6%。7 个模型平均减少 2.2%,年调水量减少 4.8~5.0亿 m³。气候变化对可调水量的影响很小,可忽略不计。陈德亮等(2003)研究了气候变化对汉江径流的影响,结果表明汉江径流增加,不同时段增加量不同。在 ECHAM4 情景下,2021—2050 年的年径流增加 10%,大于 2051—2080 年的增量 2%;在 HadCM2 情景下,2051—2080 年的增量为 15%,大于 2021—2050 年的 10%。对于汉江流域,由不同的气候情景,得到的了完全不同的径流变化。

采用 IPCC SRES A2 和 A1B 情景数据,得出两种情景下 2011—2050 年径流量总体趋势一致,较基准年都呈现出随时间增加的趋势,分别平均增加了 4.3% 和 1.2%。A2 情景下各年代的波动变化相对 A1B 情景更大。A2 情景下 21 世纪 20 年代径流量较基准期减少,减幅为 3.9%,而其他 3 个年代相对基准期则是增加的,其中 21 世纪 30 年代径流量增幅最大,为 14.6%。A1B 情景下 21 世纪 30 年代径流量较基准期减少,减幅为 3.9%,而其他 3个年代相对基准期则是增加的,其中 21 世纪 40 年代径流量增幅最大,为 7.5%。两种情景下未来 40 年水源区径流量较基准期都呈现随时间增加趋势,但其增幅小于降水量的变化,A2 情景下径流量变化幅度相对 A1B 情景较大。未来气候变化对南水北调中线工程水源区的径流变化不大,水源区各年代的可调水量较多年平均变化幅度为-3.9%~14.6%,总体看来有利于南水北调中线工程的调水(张利平等,2010)。

根据丹江口现状及未来可能的气候变化范围(翟家齐等,2010),分析气候变化对丹江口入库径流的影响。温度升高 1℃,径流流量平均减少 2% 左右;温度升高 2℃,径流量平均减少 5% 左右。降水增加 10%,径流量平均增加 22% 左右;降水增加 20%,径流量平均增加45% 左右;若降水分别减少 10%、20%,则径流量依次减少 20%、38%。可见,降水对径流大小有着决定性的影响,且随着降水的增加,径流增加的趋势更加明显。

气候变化将增加汛期长江下游径流量,但其年内分配可能变化,当三峡水库蓄水和南水北调同时运行时,要防止枯水年对下游航运及生态环境的制约,以及入海径流的锐减可能导致的海水入侵与风暴潮灾害的加剧。另外,气温升高对调水水质的影响,尤其在枯水年,是不可忽略的(陈星等,2005)。

11.4　适应气候变化的政策和措施选择

11.4.1　健全长江流域水资源联合调度机制

强降水增加,库区突发的泥石流、滑坡等地质灾害发生概率可能增大,对水库管理、大坝安全以及防洪和抗洪等产生不利影响;枯水期的干旱,将影响水库的蓄水、发电、航运以及水环境,这给三峡水库的调度运行和蓄水发电等效益的发挥带来严峻考验。建立健全三峡水库与上中游干支流水库和中下游分蓄洪区的联合调度机制,实行流域水资源的动态管理,合理地调度流域水资源,实现风险的分担,从而降低三峡工程及其运行对气候变化的脆弱性,保障三峡水库的安全、正常运行。

11.4.2 制定实施水资源发展规划

根据未来长江流域气候变化趋势,有针对性地制定并实施长江流域水资源发展规划,进一步规范流域水资源管理,有计划地开展整个流域在防洪、抗旱、供水等方面的基础设施建设,通过提升整个流域适应气候变化的能力,带动和强化三峡工程在气候变化背景下适应能力的提升,增强工程本身及其运行对各种气候事件的能力。

11.4.3 制定南水北调工程风险应急预案体系

在未来气候条件下,南北丰枯遭遇频率的变化仍存在很大的不确定性,如果南北同枯的年份增加,对中线调水将是十分不利的。因此,必须在南水北调运行管理中,充分考虑有可能发生极端天气气候事件造成的严重影响,制定跨区域、跨部门的具有较强针对性和可操作性的水文风险应急预案体系,提升南水北调工程运行过程中突发事件的有效应对能力,同时也增强了南水北调工程适应气候变化的能力。

第12章 气候变化对人体健康的影响与适应

华中区域夏季高温热浪频率和强度的增加,导致夏季中暑人数大幅提升,引发心脑血管、呼吸系统等其他疾病或死亡。如1988年7月武汉中暑1436人,是历史上中暑人数最多的一年。2003年8月1日武汉市高温中暑人数多达131人。华中区域降水的不均匀增加,导致暴雨洪涝和干旱灾害增多,暴雨洪涝导致急性血吸虫病的大量发生,同时增加了疟疾、乙脑、红眼病等传染性疾病的传播和发病率。华中区域的湖南、湖北省是血吸虫病的流行区,气候变暖有利于钉螺越冬,减少死亡率,缩短冬眠期,提高钉螺密度,还造成钉螺从长江以南向北迁移扩散,传播区域北移。三峡库区历史上为血吸虫非流行区,但三峡建坝后库区生态环境变化,水流变缓,温度和湿度等向有利于钉螺滋生的方向转化,三峡库区已成为血吸虫病的潜在流行区。

华中地区未来气候可能向暖湿变化,对传染性虫媒繁殖与侵袭力的加强十分有利,增加这类疾病的发病感染率。气候变暖,高温日数增加,可能会进一步增加华中区域尤其是城市居民的中暑死亡率及心脑血管疾病死亡率。暖冬在一定程度上降低了冬季心脑血管疾病的发病率,对心脑血管疾病患者较有利,而夏季高温热浪的增多提高人们心脑血管疾病发生概率。气候继续增温变暖,血吸虫病疫情极有可能出现扩大和北移的趋势。预估2050年湖南、湖北血吸虫病传播指数明显上升,以洞庭湖周围和长江沿线区域上升最为明显。

12.1 气候变化与人体健康研究概况

WHO(世界卫生组织)对"健康"的定义是在精神上、身体上和社会交往上保持健全的状态,即并不仅仅是不得病,还应包括心理健康以及社会交往方面的健康。要保证人体的健康状态,人类赖以生存的环境起着关键的作用。若全球气候变暖引起生态环境的急剧变化,必然影响到人类的健康状况。气候变化对人类健康的影响研究始于20世纪80年代末和90年代初。1999年,WMO(世界气象组织)将"天气、气候与健康"列为世界气象日的主题。

气候变化对人类健康的影响是多方面的,而且预计其消极影响将会大大超过其积极影响。气候变化对人体健康的影响可分为直接影响和间接影响两种,以间接影响为主。直接影响是高温热浪等极端气候事件的强度和频率的改变导致人类的直接伤亡和心理异常的增加等方面;间接影响更加错综复杂,主要包括:(1)媒介疾病包括带菌生物体的地理分布范围和季节扩展可能造成传染病(如疟疾、血吸虫病,以及一些病毒性脑炎)和自然疫源性疾病的增加和流行区域的扩展;(2)气候变化通过影响地面水源的分布和质量,引起消化系统疾病(如痢疾)和某些其他疾病(如霍乱)经水传播疾病的流行;(3)由于大气中CO_2增加而造成的气候变暖,对农作物的光合作用和病虫害等发生影响,因而影响人类的营养水平,间接影响人的体质。(4)气候变暖会影响大气污染而影响人体健康。高温会加速大气化学过程,使光化学烟雾浓度增加,气候变暖使花粉孢子增多,增加过敏疾病如干草热和哮喘的发病率。

目前气候变化对人体健康的影响在不同方面已很明显。和以前相比,有更多的人死于酷热;媒介传播性疾病发生率正在改变,气候敏感疾病高度流行;这些影响过多地威胁到脆弱群体,其中包括幼儿、老人、体弱者、贫困和偏僻地区人口。预计气候变化为华中区域人体健康带来的危害趋于多样,危害包括从极端天气事件危险增高到传染性疾病动态的改变,许多主要高死亡率疾病对于气候条件都很敏感,它们的发生和传播可能与气候变化有关。

12.2 气候变化对人体健康已经产生的影响

12.2.1 高温热浪的影响

气候变化对人类健康最直接的影响是极端高温产生的热效应,未来的气候变化情景表明这一效应将变得更加频繁、更加广泛。随着全球气候变化,夏季高温日数会明显增多,高温热浪的频率和强度随之增加,特别是伴随而来的高湿度和高浓度空气污染事件的增加,进一步加剧了夏季极端高温对人类健康的影响和危害,导致相关疾病的发病率增加和死亡率的升高(李永红,2005)。

12.2.1.1 高温与中暑

高温热浪对人体健康最直接的影响是中暑发病率和死亡率的升高。例如:1988 年 7 月 18—19 日我国长江流域多处最高气温超过 40℃,武汉中暑 1436 人,是历史上中暑人数最多的一年,是典型的极端天气和气候对人体健康影响事件;2006 年夏季共发生五次高温热浪,与此相对应,中暑高发期也分为五个阶段。根据武汉市职业病防治院统计,6 月 16 日—9 月 5 日期间,全市共有 150～160 人因高温而中暑。7 月份一般是中暑发生的关键期,而 6 月份、9 月份中暑频繁与气候变化导致的夏热提前、后延有着密切关系(陈正洪等,2002;陈正洪等,2008)。

研究表明,最高气温与最多死亡在时间上存在着一个 1～3 周的"错过期",即高温的持续升高比一次突然的气温变化对死亡的影响更大。此外中暑也与辐射热和环境中的相对湿度有关。资料表明,热辐射 62.8～836.8 kJ/h 时,可以给心脏 10%～15% 的附加热,而相对湿度大,以及风速小,不利于人体散热更易发生中暑。华中区域夏季高温主要以"闷热型"高温天气为主,空气相对湿度较大,风速小,昼夜温差小,中暑现象也较为严重。例如武汉 2003 年 7 月 21 日—8 月 3 日,日最高气温大部分时间维持在 38℃ 以上,8 月 1 日最高气温达 39.6℃,日平均相对湿度均在 50% 以上,风速接近静风,引起中暑和中暑死亡集中发生,其中中暑人数高达 131 人。

12.2.1.2 高温与心脑血管疾病

高温还将导致人类出现以心脏、呼吸系统为主的疾病或死亡。由武汉市 1998—2008 年心脑血管疾病死亡人数资料的分析表明,武汉市心脑血管死亡率逐年升高,且心脑血管死亡率的年际变化特征大致相同,大多数年份为冬季最高,夏季最低,在分布曲线上大致呈 U 型(图 12.1),这与天气变化有密切关系,即寒冷天气会使血压升高引致心脏增加负荷,同时寒冷会启动机体一系列的改变,使血液易于浓缩容易凝块而引发心脑血管疾病。武汉市 2003 年心脑血管死亡人数呈现特殊的季节特征,其同样在冬季出现高峰,但 7 月份出现了明显的次高峰,分布曲线转变为 W 型(图 12.2),2003 年夏季的持续高温有极大关系(谈建国等,2009)。当出现连续高温时,人体的血压最容易波动,血流冲击血管内已经形成的动脉硬化斑块,破裂后形成的血栓堵塞住了供应心脏或大脑的血管,就会引发心肌梗死、脑梗塞等急性事件,导致心脑血管疾病死亡率突增。

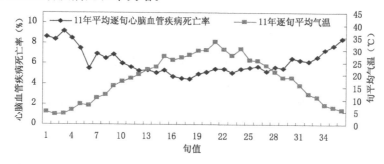

图 12.1　1998—2008 年平均逐旬心脑血管疾病总死亡人数与气温分布图

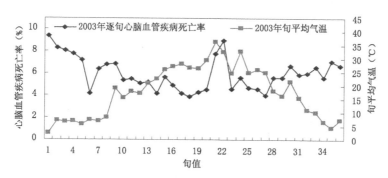

图 12.2　2003 年逐旬心脑血管疾病总死亡人数与气温分布图

高温酷热还直接影响人们的心理和情绪,容易使人疲劳、烦躁和发怒,各类事故相对增多,甚至犯罪率也有上升。气温高、气压低时,人的大脑组织和心肌对此最为敏感,容易出现头晕、急躁、易激动等,以致发生一些心理问题。

12.2.2　洪涝灾害的影响

洪涝灾害对于人们健康的威胁除直接伤亡外,还具有持续性与滞后性。由于洪水的冲刷污染生活环境,易给人体的健康带来危害,特别是容易发生肠道传染病的暴发流行。洪涝灾害时易发生的传染病主要有:消化道传染病(霍乱、甲肝、戊肝、痢疾、伤寒、感染性腹泻、肠炎等),呼吸道传染病(流脑、麻疹、流感、感冒等),自然疫源性疾病(鼠疫、血吸虫病、钩体病、出血热等),虫媒传染病(乙脑、疟疾等),皮肤病(湿疹、皮肤真菌感染等),红眼病等。例如 1998 年,我国的长江流域发生特大洪灾,湖北是受灾比较严重的省份之一,灾后的传染病监测资料表明,水灾地区传染病发病以肠道传染病为主,虫媒与自然疫源性疾病也有不同程度地上升。

在洪涝灾后众多易发传染性疾病中以消化道传染病、钩端螺旋体病更为突出。例如1991—1997年湖北省肠道传染病发病占传染病总数的66.04%~80.97%。1991年全国遭受特大洪涝灾害,湖南省钩体病例数有所增加。如湖南省岳阳县5月下旬到7月中旬连降暴雨,降雨量为669.5 mm,洞庭湖水猛涨,湖满沟溢,钩体发病率为1945.06/10万,并死亡10人;程均福(2005)对湖北省水灾年份的钩体发病率资料与平均气降雨量资料进行相关分析发现仙桃市8月份降雨量与钩体病发病率呈显著性相关。

12.2.3 干旱灾害的影响

据余兰英(2008)研究表明,干旱期间发病率明显上升的病种有:饮水困难及营养不良,流感、哮喘、肺炎等呼吸系统疾病,心脑血管疾病,霍乱、痢疾及甲型肝炎等肠道疾病,心理疾病,皮肤病等。干旱期间发病率下降幅度最大的病种为动物虫媒传染病,例如乙脑、出血热等。同时研究发现麻疹、性病、乙肝等疾病干旱期间发病率变化不大,除乙肝外的其他肝炎发病略有上升。

12.2.4 低温冰冻灾害的影响

低温雨雪冰冻灾害对人体健康的影响是多方面的,包括生理、心理、传染病、慢性病以及意外伤害等。据卫生服务调查分析报告显示,低温雨雪冰冻期间居前5位的疾病系统是循环系统、呼吸系统、消化系统、肌肉骨骼结缔组织和内分泌营养免疫,居前10位的疾病是高血压、感冒、慢性胃炎、心脏病、慢性支气管炎、糖尿病、关节炎、胆囊炎、颈椎病和腰椎间盘突出,有加重趋势的慢性病主要是肌肉骨骼结缔组织、呼吸系统和循环系统,易发的急性病主要是感冒。这些疾病的发作或加强与气温和气压的骤降有明显关系(徐荣,2009)。

2008年1月12日—2月3日,湖北、湖南省出现了一次严重的低温、雨雪、冰冻天气气候事件,行人意外摔倒引起的人身伤害事故明显增加,交通事故、建筑物倒塌损毁对人员造成的伤害加大,低温造成人员冻伤和其他次生伤害。截至2月5日,湖北省急救2.6万多人,其中摔伤1.5万多人,冻伤7000多人,因灾直接死亡13人。因天气寒冷和煤气使用不当,全省CO中毒事件194起,中毒472人,死亡20人。武汉市120急救呼救量和急救出车量骤增,急救呼救量均2300次,增长21%;日急救出车量骤增到日均182次,增长30%。最高日急救出车达213次,创历史新高,主要以车祸、摔伤、心脑血管疾病等为主。由于天气寒冷,前往献血的人数也锐减。1月15日、20日和2月3日,武汉血液中心分别发出血液库存预警消息(陈正洪等,2008)。

12.2.5 浓雾及空气污染的影响

浓雾中污染物刺激呼吸道,直接危害人体健康。由于许多传染病,如百日咳、流感、水痘、麻疹等就是靠空气中的飞沫传染的,因此雾成为许多传染病的媒介。有关研究表明,浓雾对许多慢性病病人,均有不良影响。

在全球变暖的背景下,由于异常天气的出现,如夏季高温、冬季变暖、干旱等,往往会造成局地空气质量下降。特别是在人口密集的大城市,城市热岛的存在,导致大气污染物不易扩散,造成严重的污染。大城市的污染物质进入人体后,会引起人体感官和生理机能的不适反应,产生亚临床和病理的改变,出现临床特征或存在潜在的遗传效应,发生急、慢性中毒或死亡等。当大气污染物的浓度在短期内急剧增加,使周围人群吸入大量污染物而导致健康损害。当大气污染物瞬间排污超过一次最高容许浓度时,其对健康的影响就可能超过日均浓度(董胜璋,1999)

由于大气污染物主要经呼吸道、消化道、皮肤进入人体、长期刺激作用使这些部位产生炎症,增强了人群对外来感染性疾病的易感性(安爱萍等,2005)

大气污染对人体健康短期效应主要表现在呼吸系统,尤其是对儿童危害性更大。河南省流行病学调查证实,呼吸系统疾病的增加与空气污染密切相关,哮喘的住院人数与 PM_{10} 的污染程度关系密切(王海荣等,2011)。

12.2.6 对传染性疾病的影响

近年来,新的传染病(古称瘟疫)正在不断出现,如曾让全球如临大敌的非典型肺炎,以及各国目前仍在高度警惕的禽流感;而过去曾一度得到控制的一些传染病也卷土重来,如登革热、疟疾等。事实上,近年来的传染病的产生速度超过了历史上任何时候。据世界卫生组织统计,现在有近 40 种传染病是上一代人所没有的。而在最近 5 年内,全球范围内经世界卫生组织确认的传染病暴发案例超过了 1100 起。全球气候的变化(平均气温和降雨量的变化)对传染性疾病尤其是虫媒疾病的发病率和分布产生明显影响。以下阐述了华中地区几种主要传染病是如何受气候变化的影响而扩散或加剧的。

12.2.6.1 对血吸虫病的影响

血吸虫病是影响华中区域经济发展和人民身体健康最严重的寄生虫病之一,2004 年全国第 3 次血吸虫病流行病学调查结果显示,湖南、湖北是我国血吸虫病流行最为严重的省份之一。据研究,在全球气候变暖的大趋势下,再加上目前我国正实施南水北调工程的背景下,血吸虫病的唯一中间宿主钉螺有可能有从长江以南向北迁移扩散(彭文祥等,2006)。

(1)冬季气温变暖对血吸虫病的影响

冬季温度对钉螺能否生存起决定作用,冬季气温变暖有利于钉螺越冬,减少死亡率,缩短冬眠期,从而提高钉螺密度。相关研究表明(周晓农,2002;彭文祥,2006;俞善贤,2004;梁幼生等,1996;聂国祥等,1999)温度和水是决定钉螺分布范围的主要因素之一,其中温度为控制因素之一。一般认为 1 月平均气温>0℃与 1 月平均最低气温>-4℃,或年平均气温>14℃、1 月平均气温>0℃的地区,或最冷月月平均气温≥0℃,在 1 年内月平均气温≥12℃的时间能持续 6 个月以上的地方才可能有钉螺生存。用以上指标来评估气候变暖对血吸虫病的影响。气候变暖可使原流行区的钉螺感染率增高、感染季节相对延长。华中区域内三峡库区历史上为血吸虫非流行区,但三峡建坝后库区生态环境变化,水流变缓,温度和湿度等将向有利于钉螺滋生的方向转化。

俞善贤等(2004)选用1月平均气温(Tt)>0℃与1月平均最低气温(T1)>−4℃两指标来评估1986年前后冬季气温的变暖对血吸虫传播可能造成的影响气候变暖对血吸虫病的影响,对比两种北界指标所确定的等值线变化(图12.3),可见1986年后Tt的0℃和T1的−4℃等值线向北移动了1~2个纬度,表示a、b两线间的区域已基本具备钉螺安全越冬的气候条件,这一研究结果与血吸虫病发病人数逐年增多的趋势(图12.4)相吻合。

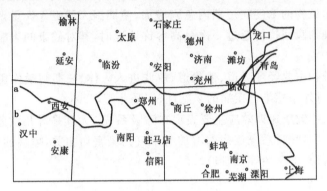

图12.3(1) 1986年前(b)后(a)Tt=0℃平面等值线对比图(俞善贤等,2004)

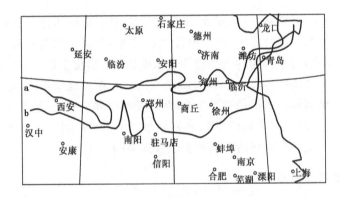

图12.3(2) 1986年前(b)后(a)T1=−4℃平面等值线对比图(俞善贤等,2004)

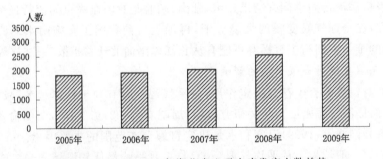

图12.4 2005—2009年湖北省血吸虫病发病人数趋势

(2)夏季高温对血吸虫病的影响

赵宗群等(2000)研究了湖北四湖地区1976—1989年月平均降雨量、月平均气温和该地区范围血吸虫病发生率的关系,研究发现7月份平均降雨量与血吸虫病发生率呈正相关,而气温与其呈负相关。这是由于随着温度的升高,钉螺的活动加剧。但当环境温度升高到 32℃ 以上时,钉螺的活动逐渐受到抑制。温度升高至 38℃ 时,86.51% 钉螺的活动受到抑制。虽然高温对钉螺活动的抑制较明显,但钉螺表现为夏蛰的状态则不十分明显。当温度升高至 38℃ 时,仅有 6.74% 的钉螺表现为夏蛰状态。即使温度上升至 40℃,也仅有 27.8% 的钉螺表现出夏蛰状态,而当温度再进一步升高时,钉螺则迅速死亡(洪青标等,2003)。

(3)洪水对血吸虫病的影响

由于气候变暖,降雨量增加,长江流域发生洪水的概率明显增加。特别是 20 世纪 90 年代以后,流域内洪涝频发,高水位时间长,水淹面积大,江滩钉螺潜在孳生面积逐年增加。在 1998 年特大洪水后,应用地理信息系统(GIS)和遥感(RS)技术对江滩钉螺孳生地进行了监测,结果显示在发生特大洪水 1~3 年后,钉螺面积有不同程度的扩散。1998 年特大洪水对当年血吸虫病流行影响不大,而常被忽视,但对其 3~5 年后的钉螺扩散分布影响较大,导致钉螺面积增加、血吸虫病流行区扩大(周晓农,2002)。

12.2.6.2 对流行性感冒的影响

流感一年四季均有发生,北方流行季节为冬末春初,南方地区为春末夏初(徐红,2003),武汉在夏季也流行过多次。流感主要爆发于天气变化较剧烈的情形下,气候变暖使华中地区在春末夏初气温不稳定,气温变幅大,夏季时而受副高控制,烈日炎炎,时而处于副高边缘,多阵性降水,冷暖变化不均匀,容易诱发流感。

12.2.6.3 对疟疾的影响

疟疾是全球流行最广的虫媒疾病,每年导致 100 万~200 万人死亡。疟疾在有些地区原已被消灭或控制,但近年来呈复发之势,高春玉等(2003)统计得出近十年来湖北、河南等中南部地区疟疾发病率相对较高。特别是近年来,湖北的大洪山区和河南南部地区疟疾流行较严重,防治措施稍有放松即可出现疟疾回升,发生点状暴发。温度和湿度是疾病传播最重要的因素,疟疾流行的月平均气温临界值为 16℃,气温在 20~27℃ 间时,疟原虫的体外潜伏期明显缩短。随月降水量的增加,疟疾的流行强度也相应增强(董美阶,2001)。气候变暖使全年更多时间气温处于有利于疟疾流行的范围之内,使疟原虫的接种率增加,也使疟蚊的繁殖速度加快,是疟疾在非地方性流行区发生爆发的最重要原因。

12.2.6.4 对流行性脑膜炎和流行性乙型脑炎的影响

冬春季节是流行性脑膜炎高发期,发病高峰一般出现在 3—4 月份。春季气温回升快但不稳定,变幅大,日夜温差大,使人体鼻咽部黏膜的滤过功能降低,从而促使脑膜炎双球菌容易侵入呼吸道并进入血液和脑膜。

流行性乙型脑炎流行于夏秋季,有严格的季节性,乙脑发病的月平均气温临界值为 21.2℃(董美阶,2001),任先平等(1991)对湖北省的流行性乙型脑炎流行特征进行了分析得出 7、8 月为高峰季节。流行性脑炎的暴发与高于 30℃ 气温的时间长短有极强的相关性,前期高温和多雨适于蚊子和病毒的发育。

12.2.6.5　对细菌性痢疾的影响

细菌性痢疾全年各月均发病,5月份病例开始增多,6—9月为发病高峰。10月份发病开始下降,翌年2月份发病数最低(柳曙光,2003),有明显的夏秋季节性。洪水期、雨水期易引发细菌性痢疾的大流行,尤其是发洪水时特别容易造成水源的严重污染,饮食卫生条件恶化及居住条件较差,容易造成菌痢的传播。夏季降水增多、强降水过程增多造成水灾增多,暴发细菌性痢疾的可能性增加。

12.2.6.6　对钩体病的影响

钩体病是人畜共患的自然疫源性疾病,该病的流行受洪涝灾害期间传染源的带菌率、易感人群接触洪水频度和时间等诸多因素的影响。分析1991—2000年湖北省调查点钩体病疫情资料,8月份钩体病例数占总发病数的75.74%,由于6—9月平均气温适合钩体的生存,4—9月平均降雨量较高,雨水较多、形成内涝的地区容易发生钩体病流行。对水灾年份的平均气温、降雨量资料进行相关分析,发现仅仙桃市8月份降雨量与钩体病发病率呈显著性相关(程均福,2005)。

12.3　未来气候变化对人体健康的可能影响

华中区域气候变暖有可能改变传染病的流行强度、范围和传播种类,从而导致人群患病风险加重,空气污染等造成心肺系统疾病的增多对脆弱人群健康的影响更为突出;极端气候事件增多可能导致人体发病率和死亡率以及意外伤害事件增加。

在未来很长一段时间内,心脑血管疾病在华中地区的多发月份仍为10月至次年4月,高峰期在12月至次年2月。暖冬在一定程度上降低了冬季心脑血管疾病的发病率,对心脑血管疾病患者较有利,而夏季高温热浪的增多提高了人们体内的血液黏稠度,致使心脑血管疾病高发期出现向夏季转变的趋势;春秋季节冷暖交替时期依然是心脑血管疾病的多发期。

气候变暖一方面为昆虫传播媒介提供了适宜的气候条件,不仅会增加昆虫的活动范围,而且也会加快昆虫的繁殖速度,扩大疾病的流行程度和范围。在华中区域最为典型的就是血吸虫病,血吸虫病的流行范围与温度、海拔、雨量等因素密切相关,气温升高、洪水泛滥、南水北调、三峡工程等都为血吸虫病的流行及迁移提供了极为有利的条件,若全球气候继续增温变暖,血吸虫病疫情极有可能出现扩大和北移的趋势。

随着气候变暖,存在钉螺继续北移的风险。周晓农等(2004)研究表明,随着全球气候变暖以及南水北调工程的实施,2030年血吸虫病潜在分布地区出现了北移,华中区域的湖南、湖北及河南大部地区均成为适合血吸虫病的潜在风险区域,仅河南西部的三门峡市等地不在风险区内,而2050年将进一步北移,华中区域的湖南、湖北、河南三省地区全部囊括在内(图12.5),成为适合血吸虫病的潜在传播区域。同时,当受气候变化影响,降雨量增加,水域面积增多或地表积水面积增加,而哺乳动物接触疫水机会也相应增多,原血吸虫病流行区的流行范围和流行程度也将相应扩大和加重(杨坤等,2006)。

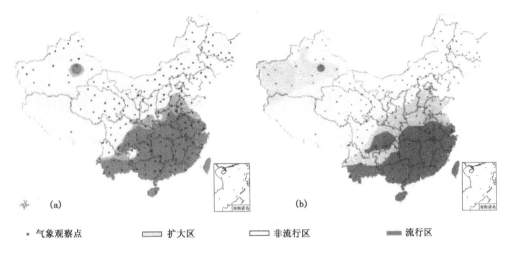

● 气象观察点　　□ 扩大区　　□ 非流行区　　■ 流行区

图 12.5　2030 年(a)与 2050 年(b)血吸虫病传播空间分布预测图(周晓农等,2006)

12.4　适应气候变化的政策和措施选择

12.4.1　加强湘鄂地区血吸虫疾病普查,实施消灭钉螺工程,防范于未然

有计划地、自南向北逐步开展普查血吸虫疾病普查,加强病发区医疗设施建设,开展血吸虫病防范科普教育,有规模组织实施消灭钉螺工程,防治血吸虫发生流行。

12.4.2　加强极端气候事件对人体健康的影响研究,建立疾病气象监测和潜势预警报系统

加强气候变化对不同群体健康和疾病传播的影响,特别是高温热浪、暴雨洪涝、风暴、沙尘暴、干旱、霾等极端天气气候事件对敏感疾病发生率的影响,建立疾病气象条件监测和潜势预报预警系统,开展医疗气象预报服务。

12.4.3　开展气候变化对人体健康影响的科普宣传与培训

通过电视、广播、报纸和网络等媒体广泛宣传气候变化对人体健康的影响,提高社会各界对气候变化对人体健康影响应对工作的重视,提高公众应对气候变化、自我保护的意识。

第13章 气候变化对能源的影响与适应

气候变暖使华中区域冬季供暖能源消耗减少,夏季制冷能源消耗增加。过去近50年冬季取暖度日总体呈下降的趋势,下降速率为17.5℃·d/10a。下降趋势自北向南逐渐减小,河南最大,湖南最小;西部下降趋势大于东部地区。降温度日呈现"减—缓—增"的变化趋势,从20世纪60年代到90年代呈现下降趋势,90年代后期以来逐步上升。夏季1℃能源效应量是冬季的2倍左右,夏季制冷能源消耗的增加大于冬季采暖能源消耗的减少,造成总体能源消耗增加。气温对用电量的影响明显大于降雨量对用电量的影响,气温与用电量在夏半年为正相关,冬半年为负相关。

21世纪未来90年华中区域冬、夏两季均表现为增温,增温幅度分别在2.4~3.4℃、2.3~3.5℃,取暖季缩短,降温季延长,使采暖能耗进一步减少、降温耗能将继续增大。高温日数增多,高温热浪等极端事件频发且强度增大,区域气候变化将进一步加剧夏季大、中城市空调制冷电力消费的增长趋势,对电力供应的保障带来更大的压力。

13.1 华中区域能源消耗现状

随着经济的快速增长和工业化进程的加快,河南省的能源消耗总量逐年增加,2006年、2007年和2008年能源消耗总量分别上升11%、9.9%、5.3%,与国内同期的能源消耗总量相比,增长速度较快。在能源消费结构中,河南省的煤炭消耗占能源消耗总量的比重比国内平均值高约20%,化石燃料的消耗占能源消耗总量的比重比国内平均值高约5%,导致2020年实现单位GDP二氧化碳排放降低约50%的目标任务更加严峻。河南省能源利用效率与国内平均值相比约低5%~10%,工业的能源利用水平更低,是国内平均水平的1.5倍左右。

20世纪90年代以来,湖北经济保持了较快增长,伴随着工业化、城市化进程的加快以及人民生活水平的提高,湖北能源消费需求也在逐年增加。2007年湖北能源消费总量达到11040.86万t标煤,能源消费规模是1990年的2.76倍,净增加7038.47万t标煤,18年间年均增幅6.2%。湖北能源消费结构正在逐步优化,由以原煤为主的污染型能源结构逐步向以电力、油品、燃气等优质能源为主的清洁、高效能源转变。2007年湖北能源终端消费总量中煤、电、油消费比重从1990年的57%、12%、11%变为2007年的36%、30%、20%。18年间煤的消费比重下降21%,电和油的消费比重分别上升18%和9%(张利阳和吴庆华,2008)。

2007年湖南省能源消费总量为10796.51万t标准煤,同比增长9.29%。但随着全民节能行动逐渐开展和能源综合利用水平的提升,增长幅度回落较大。2007年湖南省居民生活用能总量为1143.58万t标煤,比2006年增长7.96%,增幅同比下降2.97%。城镇居民生活消费能源 433.69 万 t 标煤,比上年增长 15.69%,高于乡村居民生活消费 11.96%。居民生活用能占全省能源消耗总量的 10.59%,比 2006 年下降 0.13%(王书华等,2009)。

13.2　气候变化对能源消耗影响的观测事实

13.2.1　对华中区域降温、采暖耗能的影响

基础温度采用冬季日平均气温 $Tb=5℃$,夏季日平均气温 $Tb=26℃$ 标准。将年取暖度日(HDD)定义为年内 1—4 月和 10—12 月 HDD 之和。年降温度日(CDD)则定义为年内 5—9 月 CDD 之和(任永建和陈正洪,2010a)。

13.2.1.1　取暖度日的时间变化

取暖度日(HDD)总体呈显著下降的趋势(图 13.1 左),下降速率为 17.5℃ · d/10a。1961—2007 年间区域 HDD 平均为 174℃ · d,1969 年的 HDD 最大,达到 346℃ · d;次大值出现在 1984 年(300℃ · d)。最小值出现在 2007 年,HDD 仅为 77℃ · d,次小值为 84℃ · d (1999 年)。HDD 在 20 世纪 60 年代中期为上升期,进入 80 年代后转为下降趋势。HDD 值大表明取暖季节温度低,消耗的能源多;相反 HDD 值小表明取暖季节温度高,消耗的能源就少。

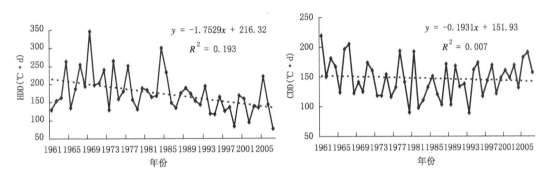

图 13.1　1961—2007 年华中区域 HDD(左)、CDD(右)逐年变化曲线

1961—2007 年华中区域 CDD 总体上呈不显著的下降趋势,区域下降速率为 1.9℃ · d/10a。华中区域 1961—2007 年间 CDD 平均值为 147℃ · d。1961 年的 CDD 最大,达到 220℃ · d,次大值出现在 1967 年(205℃ · d)。最小值出现在 1993 年,CDD 仅为 89℃ · d,次小值为 90℃ · d(1980 年)。CDD 值大表明降温季节气温高,制冷需要消耗的能源就多。20 世纪 60 年代以来,区域 CDD 呈现波动变化:60 年代为相对高值期,而 80 年代、90 年代前期为相对的低值期;90 年代后期,CDD 呈逐步上升的趋势,进入 21 世纪后,上升趋势显著(图 13.1 右)。

13.2.1.2 降温度日的空间变化

HDD 空间分布特征基本上呈现自北向南递减趋势。河南、湖北 HDD 纬向分布明显,湖南分布比较均匀。受地形的影响明显,湖南东部的等值线较西部密集。河南 HDD 基本在 250~400℃·d,其中河南西部出现高值区,年均达 450℃·d;河南 HDD 减小趋势最显著,变化速率在 −22.7~−35.9℃·d/10a。湖北 HDD 基本在 100~200℃·d,其中西南部出现相对高值区,年均 HDD 150~250℃·d,该区域减小速率高出周围地区 15.0℃·d/10a。湖南的 HDD 相对最小,大部地区年均 HDD 在 50~100℃·d,但东部较大,年均值达到 120~200℃·d,与该区域海拔较高有关,同时湖南 HDD 减少趋势最小,变化速率在 −9.9~−17.0℃·d/10a。

区域 CDD 基本上呈与 HDD 相反的变化特征,由河南向湖南呈递增趋势,区域内 CDD 东部高于中西部地区;纬向分布的特征不显著,受地形的影响明显,各省局部出现低值。河南北部多年平均 CDD 在 100~120℃·d,呈减少趋势,变化速率在 6.3~19.5℃·d/10a;而河南中部以及湖北西部 CDD 呈增加趋势,变化速率在 3.9~22.8℃·d/10a。湖北和湖南两省的中、东部地区 CDD 较大,在 170~220℃·d 之间,但这一区域的 CDD 呈减少趋势,减小速率在 2.3~13.9℃·d/10a;湖南东南部出现一个大值区,CDD 达到 250℃·d,与该区域海拔较高有关,该区域 CDD 呈增加趋势,变化幅度在 2.0~10.1℃·d/10a。

13.2.1.3 取暖度日、降温度日年代际变化特征

(1)HDD、CDD 与平均气温的关系

气候变暖背景下,HDD 与冷季平均气温的相关系数为 −0.81,CDD 与暖季平均气温相关系数 0.74,相关性均较高。表明 HDD 与冷季平均气温具有明显的反位相变化,而 CDD 与暖季平均气温具有明显的同位相变化,这一结论与谢庄等(2007)研究结论一致。年 HDD 最大值出现在 1969 年,正好对应华中区域冷季的最冷年,该年平均气温仅为 7.2℃;CDD 最小值出现在 1993 年,正好对应华中区域暖季的最冷年,该年平均气温仅为 22.8℃。

(2)年代际 HDD、CDD 与平均气温的关系

20 世纪 80s 以后华中区域的平均气温明显升高,冬季的平均气温从 8.2℃ 升高到 9.4℃,夏季的平均气温从 23.0℃ 升高到 23.6℃,增暖趋势均显著。HDD 呈现明显的下降趋势,分别从 187.6℃·d 下降到 138.9℃·d,而 CDD 从 135.2℃·d 上升到 163.1℃·d。因此,HDD 与冷季平均气温年代际变化呈反位相,而 CDD 与暖季平均气温呈同位相年代际变化;表明 HDD、CDD 与平均气温年代际变化同 HDD、CDD 与平均气温逐年变化特征一致(图 13.2)。

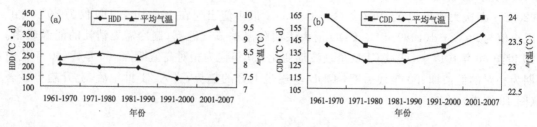

图 13.2 1961—2007 年平均 HDD(a),CDD(b)年代际变化趋势

综上所述,华中区域年际、年代际的 HDD 与对应时段的平均气温呈反位相变化,随着气候变暖,尤其是冬季(任永建和陈正洪,2010b),华中区域 HDD 将变小,即冷季用于供暖的能源将减少;年际、年代际的 CDD 与对应时段的平均气温具有同位相变化,自 90 年代之后暖季空调制冷等所需的能源消耗迅速增加,这种增加趋势抵消了冬季降温度日的减小趋势,使得华中区域冬季取暖和夏季降温需要消费的能源(HDD 与 CDD 之和)仍然呈增加的趋势。

13.2.2 气候变化对典型城市能源消费的影响

能源消耗与气候条件及气候变化密切相关,由于经济发展及人民生活水平提高,武汉市 1980—2003 年的能源消耗总量(折标准煤)呈现明显的增加趋势(图 13.3)。

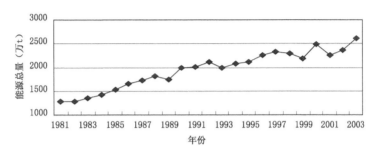

图 13.3 1980—2003 年武汉市能源消耗总量逐年变化图

能源消耗波动值与 1 月平均气温距平呈显著负相关,与 7 月平均气温距平呈显著的正相关。虽然与年平均气温、最高气温及最低气温距平呈正相关,但不显著。影响能源消耗波动变化的主要气象因子是 1 月平均气温和 7 月平均气温,1 月平均气温降低或 7 月平均气温升高,预示能源消耗可能增加,反之则可能减少。

当 7 月气温比平均值高 0~1℃时,能源波动变化不明显,一旦距平超过 1℃,能源消耗显著上升。当 1 月气温比平均值低 0~1℃时,能源波动变化较小,一旦偏低 1℃以上,能源消耗显著增加。

冬季气温升高将降低室内升温所需的能耗,而夏季气温升高将显著增加室内降温制冷所需的能耗,夏季的 1℃能源效应量是冬季的 2 倍左右。

13.2.3 气候变化对华中区域用电量的影响

13.2.3.1 华中区域气候变化与用电量的关系

华中地区 1986—1994 年四季气候特征比之前有明显的调整,如冬季强变暖、夏凉、春弱凉及秋季长江以北两省略升,长江以南两省略降,全年平均变化微弱,其中除河南有 −0.03℃的弱降外,余 3 省均弱升。与此同时降雨量在冬夏春 3 季普遍增多。这种气候变化格局对冬夏季节约用电是有利的(陈正洪等,1998)

根据华中电网 4 省 1991、1993、1995 年逐月的日用电量与日平均、最高、最低气温的线性相关分析发现：①日用电量与日平均气温在夏半年(5—9月)呈显著正相关,冬半年(10—4月)相关不显著,且正、负相关月数各半;② 夏半年各月日用电量的1℃效应量逐年增加,以又热又干的月份最大;③夏半年日用电量与日平均气温的时间变化曲线较一致,二者相关系数0.89)(陈正洪等,2000)。

13.2.3.2 华中区域电力负荷与夏季高温的关系

华中地区气温对用电量的影响明显大于降雨量对用电量的影响,气温与用电量在夏半年为正相关,冬半年为负相关;1℃电力效应量冬季为负,夏季为正,夏季效应量远大于冬季,盛夏效应量远大于初夏。对河南、湖北、湖南2004—2006年夏季的日电力负荷分析表明,三个省每年在夏季都会出现电负荷峰值,河南更明显,这主要是由于夏季高温而制冷用电负荷剧增引起。以湖北为例,每次电负荷出现正距平时,均会对应一段全省大范围的高温过程(平均气温≥30℃),而当温度低于30℃时,电负荷值也会降下来,主要表现为负距平值,这说明气象条件起着决定性的作用(郭广芬等,2009)。

平均气温≥30℃的台站数和用电负荷有很好的对应关系,电负荷的变化和温度的变化表现出很好的一致性。日用电负荷和平均气温≥30℃站数、日最高气温、日最低气温和日最高气温均有很好的相关性,并且以与日平均气温的相关系数最高(郭广芬等,2009):

表13.1 用电负荷与气象要素相关系数表(郭广芬等,2009)

年份	平均气温≥30℃站数	最高气温	最低气温	平均气温
2004 年	0.839	0.856	0.87	0.902
2005 年	0.867	0.797	0.895	0.876
2006 年	0.875	0.828	0.833	0.892

13.3 气候变化对华中区域能源消耗预计可能的影响

13.3.1 冬季采暖耗能减少、夏季降温耗能增大

根据第一编第5章5.3节有关研究结论,A1B情景下未来30年(2011—2040年)华中区域冬、夏两季均表现为增温,增温幅度分别1.0℃、0.9℃。冬季变暖对采暖的节能是有利的,而夏季升温、夏季延长则导致降温耗能的增加。21世纪华中区域的气候变暖趋势有可能进一步加剧,带来的影响则使采暖能耗进一步减少,而降温耗能将继续增大,由于夏季的1℃能源效应量是冬季的2倍左右,总体上需要消耗的能源是增加的。

13.3.2 对城市居民用电及电力负荷的影响

IPCC SRES三种情景下,21世纪未来90年平均气温均呈增加的趋势。有研究表明,武汉市电力指标在夏半年与气温呈正相关,冬半年与气温呈负相关。因此,武汉市居民生活用

电将出现不同程度的增加,增加的幅度依据未来经济发展程度及人口增加等因素。

随着社会经济的发展以及人们的生活水平不断提高,城市电力负荷呈逐渐加大的趋势。在全球变暖的背景下,21 世纪华中区域可能会出现持续增暖、高温日数增多,高温热浪等极端事件频发且强度增大,区域气候变化将进一步加剧夏季大、中城市空调制冷电力消费的增长趋势,对电力供应的保障带来更大的压力。

13.3.3 对能源需求的影响

根据湖北省 2000—2004 年的经济增长速度,可以假设 GDP 增速有三种方案,低速 9%、中速 10%、高速 11%,预测 2005—2020 年的能源需求量及能源强度(周倩等,2007)。到 2015 年,湖北省能源需求量在 21784 万~26727 万 t 标准煤,对应能源强度为 0.705~0.779 t 煤/万元 GDP;到 2020 年则增加至 33843 万~45566 万 t 标准煤,对应能源强度为 0.543~0.628 t 煤/万元 GDP。

王铮等(2010)预计 2010—2004 年河南省能源消耗量先增后降。预测的河南省能源消费量和碳排放量呈先上升而后下降的趋势,能源消耗量在 2036 年、碳排放量在 2034 年分别达到峰值点后开始逐渐回落。两曲线之间距离逐渐拉大,说明能源消费结构中高碳排放能源比重逐渐降低,而低碳排放量能源比重逐渐升高,使得碳排放上升速度低于能源消费量。

13.4 适应气候变化的政策与措施选择

13.4.1 把气候变化影响纳入能源发展规划

在未来能源发展规划中,充分考虑气候变化的影响,对工业、农业、建筑等不同行业的能源需求进行评估,为能源供应系统的设计、开发和管理提供科学依据。

13.4.2 大力发展清洁能源

加大太阳能、风能、水能、生物能等清洁能源和可再生能源开发利用力度,实现多种能源互补,减轻对煤、石油等化石能源的依赖度。

13.4.3 强化能源安全气象保障

针对能源工程实施,开展气候可行性论证,加强气象灾害监测、预报预警及评估,实现气象部门与能源部门的协同机制。针对可能影响能源安全、存储、生产以及供需的气象灾害,制定相应的气象服务应急预案。

第三编　分省评估报告

第14章　河南省气候变化事实、影响与适应

近50年河南省年平均、春季、秋季和冬季气温呈现增加趋势,其中春季、冬季气温上升明显,秋季气温上升略缓慢,夏季气温呈现缓慢的下降趋势;极端最高气温呈下降趋势,极端最低气温为上升趋势。近50年河南省年降水量年际变化明显,但年与四季的降水均无明显的增减趋势;降水日数随时间呈下降趋势。年日照时数呈极显著的减少趋势,年平均风速也呈极显著的减小趋势,年雷电日数减少趋势明显,而雾日数则呈现增加趋势,2000年后增加明显。气候变化使得20世纪80年代后,极端低温事件减少明显,近10年来极端高温事件增加明显。暴雨洪涝、干旱事件的变化趋势不显著。近50年河南省入春和入冬的时间提前,入秋时间推迟,使得春、夏季有所延长,而秋、冬季节有所缩短。

在气候变暖的背景下,气候变化导致河南省农业气象灾害加剧,作物种植制度、品种等发生变化,病虫害有增加趋势。近50年降水资源量丰水年份多于枯水年份,水资源总量的枯水年和丰水年相当;水资源总量的年际变化大于降水资源量的年际变化。

未来90年,河南省年平均气温呈现增加的趋势,南北向温度差在3~4℃左右,高温区主要位于豫东南一带。未来降水以增加为主,从南向北增加的趋势,沿黄及其以北的区域降水增加明显,降水增加主要集中在21世纪中后期。

14.1　河南省概况

河南位于中国中东部、黄河中下游,因大部分地区位于黄河以南,故称河南。河南界于$31°23'\sim36°22'$N,$110°21'\sim116°39'$E之间,东接安徽、山东,北界河北、山西,西连陕西,南临湖北,呈望北向南、承东启西之势。地势西高东低,北、西、南三面由太行山、伏牛山、桐柏山、大别山沿省界呈半环形分布;中、东部为黄淮海冲积平原;西南部为南阳盆地。平原和盆地、山地、丘陵分别占总面积的55.7%、26.6%、17.7%。灵宝市境内的老鸦岔为全省最高峰,海拔2413.8 m;海拔最低处在固始县淮河出省处,仅23.2 m。

河南省地处我国中东部的中纬度内陆地区,受太阳辐射、东亚季风环流、地理条件等因

素的综合影响,气候存在着自南向北由北亚热带向暖温带过渡、自东向西由平原向丘陵山地气候过渡的两个过渡性特征(程炳岩和庞天荷,1994),具有四季分明、雨热同期、复杂多样、气候灾害频繁的基本气候特点。春季干旱多风、夏季炎热多雨、秋季晴朗日照长、冬季寒冷少雨雪;各地年内气温和降水的季节性变化趋势一致,这种气候特点比较有利于农业生产,提高气候水热资源的利用率。气象灾害类型多、发生频率大也是河南气候的基本特点。在历史文献中,有大量关于河南气象灾害灾情的记载,旱、涝、冰雹、大风、霜冻等都是河南经常出现的气象灾害,每年因气象灾害造成的损失多达数亿元(王记芳等,2007)。

河南是农业大省,粮棉油等主要农产品产量均居全国前列。是我国重要的小麦商品粮生产基地,无论种植面积还是总产量,均居全国第一位;是产棉大省之一,从 60 年代开始,棉花产量占全国总产量的比重有逐年升高的趋势;同时也是全国重要的畜产品生产基地。

河南地跨淮河、黄河、海河、长江四大流域,省内河流大多发源于西部、西北部和东南部山区,流域面积 100hm² 以上的河流有 493 条。全省多年平均水资源总量 405 亿 m³,居全国第 19 位。全省现有林业用地 7053.03 万亩,森林覆盖率 17.32%,林木覆盖率 23.77%。全省建立各类自然保护区 35 个,总面积 1135.4 万亩。湿地面积 1663 万亩,占全省总面积的 6.6%。

14.2 河南省气候变化的观测事实

14.2.1 气温

14.2.1.1 平均气温

1961—2010 年河南平均气温为 14.6℃,1961 年为历年最高达 15.5℃,1984 年为历年最低,为 13.6℃。河南年平均气温呈显著上升趋势(图 14.1),上升速率为 0.12℃/10a,20 世纪 90 年代中期前多为偏低,1997 年以来只有 2003 年气温低于常年值。

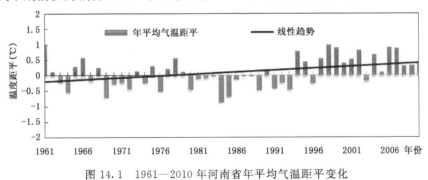

图 14.1　1961—2010 年河南省年平均气温距平变化

14.2.1.2 极端最高气温

1961—2010 年河南省平均年极端高温值为 37.8℃,1966 年为历年最高,达 38.2℃,1987 年为历年最低,为 36.1℃。年极端最高气温呈较显著下降趋势(图 14.2),下降速率为

−0.26℃/10a。年极端最高气温在 20 世纪 60 年代最高,70 年代初后开始下降。

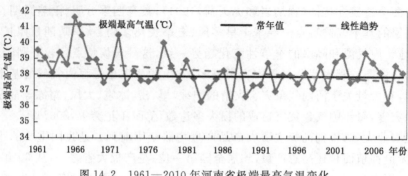

图 14.2 1961—2010 年河南省极端最高气温变化

14.2.1.3 极端最低气温

1961—2010 年河南省平均年极端低温值为−10.6℃,2007 年为历年最高,达−6.8℃,1969 年为历年最低,为−16.1℃。年极端最低气温总体呈极显著上升趋势(图 14.3),上升速率为 0.47℃/10a。20 世纪 60 年代和 90 年代初期年极端最低气温多在平均值以下,80 年代中后期为上升趋势,90 年代中期以后多为偏高。

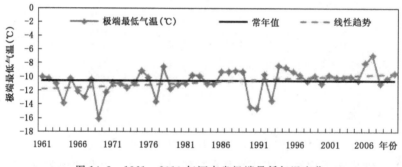

图 14.3 1961—2010 年河南省极端最低气温变化

14.2.1.4 气温日较差

1961—2010 年河南省平均气温日较差为 10.3℃,1966 年为历年最高,达 11.9℃;1964 年为最低值,为 8.7℃。日较差有显著的下降趋势,下降速率为−0.17℃/10a。20 世纪 60 年代与 70 年代中后期年气温日较差偏高较多,其他时段以偏低为主(图 14.4)。

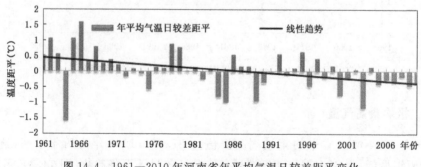

图 14.4 1961—2010 年河南省年平均气温日较差距平变化

14.2.2 降水

14.2.2.1 年降水量

1961—2010 年河南省平均年降水量为 750.1 mm,2003 年为历年最多,为 1077.3 mm; 1966 年为历年最少,为 461.6 mm。近 50 年,河南省年降水量无明显的增减趋势,降水偏多年和偏少年交替出现,2006 年以来降水量比常年值偏少,幅度不大(图 14.5)。

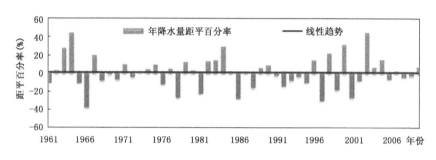

图 14.5 1961—2010 年河南省平均年降水量距平百分率变化

14.2.2.2 降水日数

1961—2010 年河南省平均年降水日数为 89.5 d,1964 年为历年最多,为 −131.3 d; 1995 年为历年最少,为 72.8 d。河南省年降水日数呈较显著的减少趋势,减少速率为 1.9 d/10a。年际特征为 20 世纪 60、70 年代偏多,近 20 年多为偏少年份(图 14.6)。

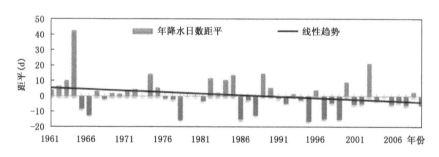

图 14.6 1961—2010 年河南省平均年降水日数距平变化

14.2.3 日照时数

河南省年日照时数呈现极显著减少趋势(图 14.7),减少速率为 −97.9h/10a,且具有明显的年际特征,20 世纪 60、70 年代为偏多期,80 年代后为偏少期,近十年偏少最明显。

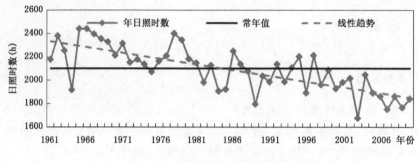

图 14.7 1961—2010 年河南省平均年日照时数变化

14.2.4 风速

河南省年平均风速呈现极显著减小趋势(图 14.8),减小速率为$-0.3(\text{m/s})/10\text{a}$。年平均风速变化可分为三段,20 世纪 60、70 年代风速相对较大,80 年代平均值与常年值持平,90 年代至今风速持续偏小。

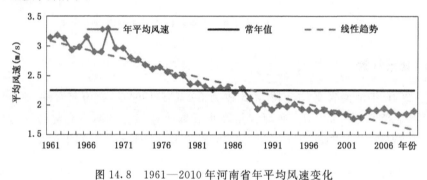

图 14.8 1961—2010 年河南省年平均风速变化

14.2.5 极端天气气候事件变化事实

14.2.5.1 极端高温

(1)极端高温事件

近 50 年,河南省平均每年出现极端高温事件 18.1 站次,最多为 298 站次(1964 年),有 12 年未出现极端高温事件。极端高温事件在 20 世纪 60 年代—70 年代中期较多,70 年代后期—90 年代较少,进入 21 世纪后极端高温事件又有增加趋势(图 14.9)。

(2)高温日数

近 50 年,河南省平均每站出现日最高气温$\geqslant 35℃$日数为 15.5 d,最多为 36.9 d(1967 年),最少为 4.5 d(2008 年),总体上呈不显著减少趋势(图 14.10),减少速率为-2.0 d/10a,60 年代最多,之后减少,至 80 年代最少,80 年代后期又出现最多的趋势。日最高气温$\geqslant 40℃$的日数为 0.34 d,最多为 3.99 d(1966 年),有 11 年没有出现,20 世纪 60 年代、70 年代

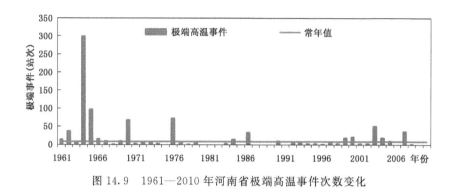

图 14.9 1961—2010 年河南省极端高温事件次数变化

较多,80 年代、90 年代相对较少,进入 2001 年来有增多的趋势。

近 50 年,河南省平均每站出现日平均气温≥30℃且日最低气温≥27℃的日数为 1.8 d,最多为 6.2 d(2010 年),最少为 3 d(1982 年)。20 世纪 70 年代、80 年代最少,平均不到 2 d,80 年代后期以来出现增多的趋势(图 14.11)。

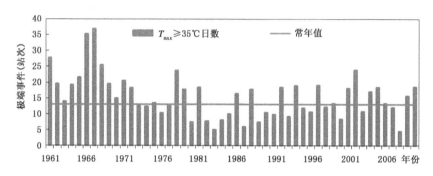

图 14.10 1961—2010 年河南省平均日最高气温≥35℃日数变化

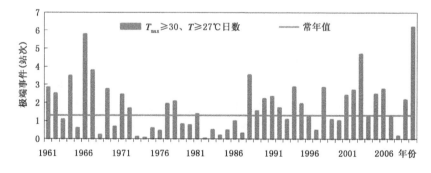

图 14.11 1961—2010 年河南省平均日最高气温≥30℃且日平均气温≥27℃日数变化

14.2.5.2 极端低温

(1)极端低温事件

近 50 年,河南省共有 19 年出现极端低温事件共 402 站次,其中 1967 年出现最多,为 108 站次,其次为 1988 年,出现 69 站次。近 20 年中只有 1991 年出现 91 站次和 1996 出现 2 站次。20 世纪 80 年代后期以来,极端低温事件减少趋势明显(图 14.12)。

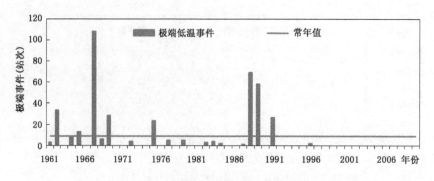

图 14.12　1961—2010 年河南省极端低温事件次数变化

（2）低温日数

1961—2010 年河南省平均最低气温≤0℃平均日数为 78.2 d，总体上呈减少的趋势（图 14.13）。1969 年最多，为 105.1 d；2007 年最少，为 53.1 d。日最低气温≤-5℃、≤-7℃总体为减少趋势。1969 年为历年最多，2007 年最少。20 世纪 60 年代最多，90 年代后相对最少。

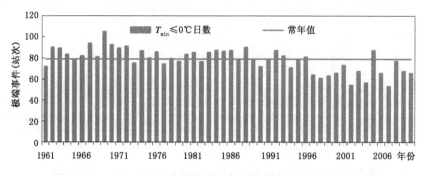

图 14.13　1961—2010 年河南省历年日最低气温≤0℃出现日数

14.2.5.3　极端降水事件

（1）暴雨、大暴雨及以上极端事件

1961—2010 年河南省平均年暴雨日数为 183.1 站次，2003 年为历年最多，为 298 站次；1966 年为历年最少，为 72 站次。近 50 年河南省年暴雨日数总的变化趋势不明显（图 14.14）。年际变化上，20 世纪 60 年代中期到 70 年代、80 年代中期到 90 年代中期偏少，近十年暴雨日数增多。

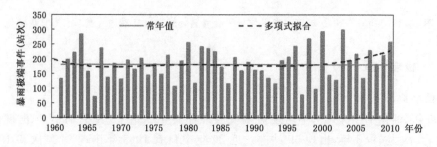

图 14.14　1961—2010 年河南省暴雨站次变化

1961—2010 年河南省平均年大暴雨及其以上日数为 36.3 站次,2000 年为历年最多,为 119 站次;1986 年为历年最少,为 9 站次。近 50 年河南省年大暴雨及其以上日数无明显变化趋势,近十年比较多(图 14.15)。

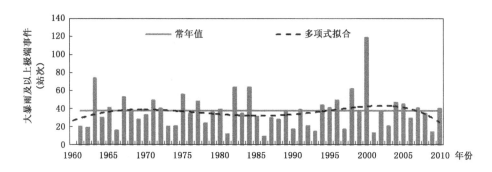

图 14.15 1961—2010 年河南省大暴雨及以上站次变化

(2)日降水量、3 日降水量极端事件

1961—2010 年河南省平均日降水量极端事件为 8.7 站次,2000 年为历年最多,为 36 站次;1993 年没有发生。近 50 年河南省日降水量极端事件无明显增减趋势。年际变化上,20 世纪 80 年代前期、90 年代后期高于常年值,近十年为各年代最低,其中 2001—2004 年连续 4 年明显偏少(图 14.16)。

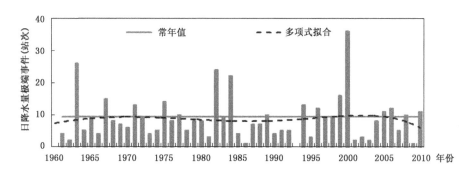

图 14.16 1961—2010 年河南省单日降水量极端事件站次变化

1961—2010 年河南省平均年 3 日降水量极端事件为 10.9 站次,2000 年为历年最多,为 69 站次;1981、1990、1993 和 2001 年没有发生。近 50 年河南省 3 日降水量极端事件无明显的增减趋势(图 14.17)。年际变化上,20 世纪 60 年代、80 年代前期和 90 年代后期较多,70 年代、80 年代后期到 90 年代前期较少,最近 10 年 3 日降水量极端事件较为频繁。

(3)连续无雨日数极端事件

1961—2010 年河南省平均连续无雨日数极端事件为 8.2 站次,1973 年为历年最多,为 65 站次,且近一半的年份没有发生连续无雨日数极端事件。近 50 年,河南省连续无雨日数极端事件无明显的增减趋势。年际变化上,只有 20 世纪 70 年代平均值高于常年值,年均 13.1 站次,近十年年均 2.6 站次为各年代最低(图 14.18)。

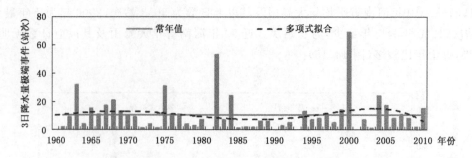

图 14.17 1961—2010 年河南省 3 日降水量极端事件站次变化

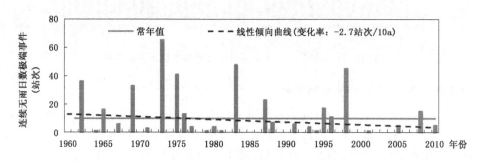

图 14.18 1961—2010 年河南省连续无雨日数极端事件站次变化

14.2.5.4 极端干旱事件

近 50 年,河南省 3—10 月极端干旱 55.3 站次,2001 年最多,为 223 站次;60、90 年代及近十年平均值高于常年值,其中近十年年均 68.2 站次为各年代最高,70、80 年代平均值低于常年值,其中 80 年代最低,年均 46 站次(图 14.19)。

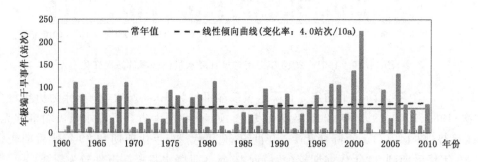

图 14.19 1961—2010 年河南省极端干旱事件站次变化

近 50 年,河南省春季极端干旱平均 19 站次,2001 年最多,为 133 站次;除 20 世纪 80 年代,其他年代平均值均高于常年值,其中近十年最高,年均 30.1 站次。春季极端干旱增多。

夏季极端干旱平均 13 站次,1989 年最多,为 72 站次;20 世纪 60、80 年代平均值均高于常年值,其中 60 年代最高,年均 19.1 站次,70、90 年代及近十年的平均值低于常年值,其中近十年最低,年均 8.1 站次。夏季极端干旱减少。

秋季极端干旱平均 38 站次,1999 年最多,为 72 站次;秋季极端干旱站次呈较显著上升趋势;20 世纪 90 年代、近十年平均值均高于常年值,其中近十年最高,年均 54.6 站次,60 至 80 年代平均值低于常年值,其中 60 年代最低,年均 29.7 站次。秋季极端干旱增多。

冬季极端干旱平均 71 站次,2000 年最多,为 232 站次;20 世纪 60、90 年代年平均值均高于常年值,其中 20 世纪 90 年代最高,年均 76.5 站次,70、80 年代和近十年平均值低于常年值,其中近十年最低,年均 56.4 站次。冬季极端干旱减少。

14.2.5.5 极端洪涝事件

(1)年极端洪涝事件

近 50 年,河南省 19 年没有出现极端洪涝事件,出现站数最多在 1963 年,为 32 站次;20 世纪 60、70 年代年平均值均高于常年值,其中 60 年代最高,年均 5.6 站次,80、90 年代、近十年平均值低于常年值,其中近十年年均 1.5 站次为各年代最低。极端洪涝事件呈减少的趋势(图 14.20)。

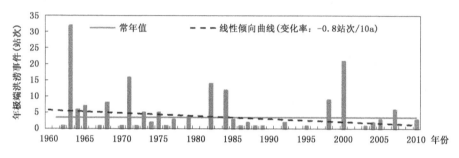

图 14.20 1961—2010 年河南省年极端洪涝事件站次变化

(2)汛期极端洪涝事件

近 50 年,河南省共 11 年汛期极端洪涝站次高于常年值,共 19 年没有出现极端洪涝事件;20 世纪 60、80 年代年平均值均高于常年值,其中 60 年代最高,年均 5.2 站次,90 年代平均值与常年持平,70 年代、近十年平均值低于常年值,其中近十年最低,年均 1.5 站次。汛期极端洪涝事件呈减少的趋势(图 14.21)。

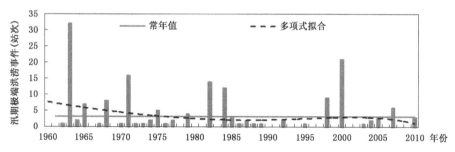

图 14.21 1961—2010 年河南省汛期(5—9 月)极端洪涝事件站次变化

(3)主汛期极端洪涝事件

近 50 年,河南省有 10 年主汛期极端洪涝站次高于常年值,22 年没有出现极端洪涝事件;20 世纪 60、70 及 90 年代平均值高于常年值,其中 60 年代最高,年均 4.2 站次,80 年代、近十年平均值低于常年值,其中近十年年均 1.4 站次为各年代最低(图 14.22)。

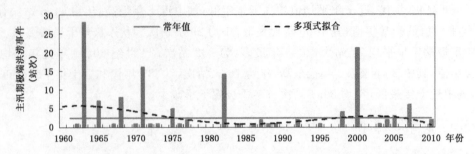

图 14.22　1961—2010 年河南省主汛期(6—8 月)极端洪涝事件站次变化

14.2.5.6　雷电日数

1961—2010 年河南省平均各站年雷电日数为 24.1 d,1963 年为历年最多,为 36.7 d;1989 年为历年最少,为 15.7 d。近 50 年河南省年雷电日数呈极显著减少趋势,减少速率为 −2.1 d/10a(图 14.23)。

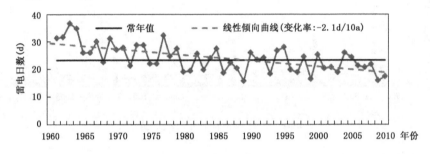

图 14.23　1961—2010 年河南省雷电日数年变化

14.2.5.7　大雾日数

1961—2010 年河南省平均各站年雾日数为 20.2 d,1993 年为历年最多,为 31.2 d;1967 年为历年最少,为 8.5 d。河南省雾日数总体上呈显著增多趋势,增多速率为 1.6 d/10a。20 世纪 60 年代—90 年代初增加趋势,90 年代后呈现减少的趋势。年际变化上,80、90 年代平均值均高于常年值,60、70 年代及近 10 年低于平均值,60 年代为各年代最低(图 14.24)。

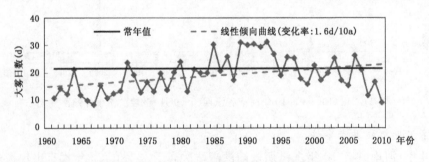

图 14.24　1961—2010 年河南省大雾日数年变化

14.2.6 季节变化

河南省入春日期提前、入秋推迟,入夏日期变化不明显,入冬略有提前(常军等,2011)。河南省平均入春日期为3月29日,最早为3月10日(2002年),最晚为4月13日(1963年)。入春时间有较明显的提前趋势,提前速率1.8 d/10a;平均入夏日期为5月26日,变化趋势不明显;平均入秋日期为9月14日,最早为8月28日(1972年),最晚为10月5日(1987年),入秋有推迟趋势,线性变化趋势分别为0.6 d/10a;平均入冬日期为11月13日,最早为11月3日(1981年),最晚为11月30日(1968年),入冬有略微提前趋势。

河南省春、夏季有延长的趋势,而秋冬季有缩短的趋势。春季平均长度为59 d,最长为83 d(2004年),最短为32 d(1994年),春季持续日数显著延长,线性变化趋势为2.1 d/10a;夏季平均长度为110 d,最长为127 d(2001年),最短为89 d(1972年),夏季延长线性变化趋势为0.3 d/10a,没有春季延长趋势明显;秋季平均长度为60 d,最长为78 d(1972年),最短为45 d(1987年),秋季有缩短趋势,变化趋势为−0.9 d/10a;冬季平均长度为136 d,最长为151 d(1971年),最短为113 d(1999年),冬季长度有缩短趋势,线性变化趋势为−1.5 d/10a,冬季缩短的趋势大于秋季。

14.3 河南省气候变化的影响事实

14.3.1 对水资源的影响

14.3.1.1 对水资源量的影响

河南省水资源总量居全国第19位,人均水资源占有量和耕地亩均水资源占有量分别是全国平均的1/5和1/6,正常年份全省约缺水50亿 m³,是水资源比较贫乏的省份(顾万龙等,2010)。

河南省水资源在空间、时程分布上不均衡。南部水资源多于北部地区、山区多于平原,且自西向东递减,汛期(6—9月)雨量丰沛,占全年总径流量的60%~80%,且常集中在几次大的暴雨洪水过程。但河南省入、过境河流丰富,入境河流有洛河、沁丹河及史河,过境河流有黄河、漳河及丹江。多年平均实测入过境水量475亿 m³,相当于本省地表水资源总量的1.5倍(何亚丽等,2004)。

在全球气候变化的大背景下,河南省水资源量变化既有其一致性,也存在特殊性。降水是水资源的主要来源,气候变化对水资源有明显影响。1956—2007年河南省降水资源量呈不明显的减少趋势,减少速率为−2.32亿 m³/10a。豫北、豫西和豫中呈减少趋势,其中豫北和豫西减少较明显;豫东、豫西南和豫南呈增加趋势,以豫南增加较明显。

河南省水资源量总体呈纬向分布,自北向南逐渐增大(常军等,2010),信阳水资源量较丰富,安阳、鹤壁和三门峡水资源较匮乏。1956—2007年河南省水资源总量呈减少趋势,减

少速率为 -10.9 亿 $m^3/10a$,远远大于降水资源量的减少速率;各个区域单位面积上的水资源量均呈弱减少趋势,其中以豫北和豫西减少较明显。境内黄河、海河、长江流域大部分地区水资源呈减少趋势,而淮河流域有部分地区水资源量呈增加趋势。全省水资源量的年代际变化特点是:20 世纪 50 年代后期和 60 年代最多,2001 年以来次之,80 年代居中,70 年代次之,而 90 年代最少。全省水资源量的最多值出现在 1964 年,最少值出现在 1966 年。在统计的 52 年中,降水资源量丰水年份多于枯水年份;水资源总量的枯水年和丰水年相当,但异常丰水年多于异常枯水年。水资源总量的年际变化大于降水资源量的年际变化(顾万龙等,2010)。

14.3.1.2　对大型水库的影响

河南境内共有大中小型水库 2400 座,其中大型水库 19 座,中型水库 110 座。故县水库、陆浑水库、南湾水库、宿鸭湖水库和鸭河口水库是河南境内有代表性的大型水库。其中鸭河口水库属于长江流域,宿鸭湖水库、南湾水库属于淮河流域,故县水库、陆浑水库属于黄河流域。

5 个大型水库所在地的水资源量的变化,除宿鸭湖水库所在地的水资源量是在增加外,其他 4 个水库所在地的水资源量均在减少,下降速度在 $1.28\sim2.97$ 亿 $m^3/10a$ 之间,其中,故县水库和陆浑水库所在的洛阳地区,水资源量呈显著下降趋势,下降速度达 2.97 亿 $m^3/10a$。

5 个大型水库上游流域的年降水量在 $664\sim1680.6$ mm 之间,南湾水库的年平均降水量最大,夏季降水占年总降水量的比例最大,在 $47\%\sim58.9\%$ 之间,其次是春、秋两季,冬季占的比例最少。5 个水库年降水相对变率在 $15.8\%\sim23.9\%$ 之间,其中,宿鸭湖年降水相对变率最大,为 23.9%;年最大降水量在 $1127.4\sim2317.5$ mm 之间。从历史演变来看,位于黄河流域的故县水库、陆浑水库,其年降水量在下降,变化速率分别是 -18.1 mm/10a,-9.5 mm/10a;位于长江流域的鸭河口水库和位于淮河流域的宿鸭湖水库、南湾水库年降水量呈不显著增加,变化速率分别是 14.1 mm/10a、8.8 mm/10a、19.2 mm/10a。从四季降水变化来看,春、秋两季降水均呈一致的减少趋势,而冬、夏两季降水在增加(除故县水库夏季降水略降),这说明降水越来越趋于集中在夏季,同时表明春、秋两季干旱发生的概率在增加。

5 个水库上游流域雨强在 $6.0\sim10.5$ mm/d 之间,呈一致增加的趋势,其变化速度在 $0.9\sim4.1$ mm/(d·10 a)之间,特别是鸭河口水库上升速度达 4.1 mm/(d·10 a)。降水强度增加显著,反映极端降水事件发生的概率有增加的可能。

5 个水库年平均暴雨日数在 $0.9\sim5.5$ d 之间,暴雨日数变化各水库之间差异较大,黄河流域的两个水库上游流域暴雨日数有趋于减少的趋势,其他三个水库上游流域暴雨日数有趋于增多的趋势。

5 个水库上游流域可能蒸散量在 $792.9\sim916.7$ mm 之间,均呈下降趋势,下降速度在 $0.9\sim35.5$ mm/10a 之间,特别是故县水库和鸭河口水库年蒸发量呈显著下降趋势。四季中春季为上升趋势(鸭河口除外),其他三个季节均为下降趋势,尤其夏季下降趋势更显著。水库上游流域在春季升温显著的气候背景下,其蒸发也在增加,这样更易导致土壤失墒加快,从而加大春旱发生的概率,而夏季在变凉的气候背景下,其降水在增加,蒸发在减少,反映极端降水事件发生的概率在增加。5 个水库年降水量 10 年一遇降水出现的次数在 1~4

次之间,50 年一遇出现的次数为 1～2 次。极端降水事件多出现在 20 世纪 60 年代、80 年代和 2000 年以来,特别是 60 年代有 3 个水库出现 50 年一遇以上降水,70 年代极端降水事件最少,仅南湾水库出现过一次 10 年一遇的降水。

14.3.1.3 对干旱灾害的影响

近 50 多年以来,河南干旱面积呈增加趋势,洪涝面积呈减少趋势,这与年降水量的变化趋势基本一致。20 世纪 50 年代全省旱灾面积最小,水灾面积最大;60 年代既有 1963—1964年的特大洪涝,又有 1961、1965—1966 年的大旱,干旱的矛盾逐渐突出;70 年代偏旱,干旱面积比 60 年代略有增加,但洪涝面积最少;80 年代不仅出现了 1981 年大旱及 1985—1988 年连续 4 年的大旱(1986、1988 年为特大干旱),又出现了 1982 年的暴雨洪涝和 1984 年的连阴雨灾害,致使旱灾面积和洪涝面积均有大幅度增加,尤以干旱面积增加最多;90 年代主要是以干旱为主。1990 年旱灾面积最大,洪涝面积有所下降,为 70 年代以来的最少。这说明近50 年来,随着降水量减少,河南干旱面积增加,洪涝面积减少,且干旱面积的增加幅度远远超过洪涝面积的减少幅度,尤其是 80 年代中期以来,河南干旱化程度加重,水资源短缺已成为影响工农业生产和国民经济发展的主要限制因子(王记芳等,2005)。

14.3.2 对农业的影响

气候变化对农业的影响是多方面的,包括作物的生长、产量、品质等,但气候变化对农业的影响可以在农作物产量的变化上得到直接的反映。气候变化(包括气候变量和极端气候事件)对作物生产造成的不利影响的程度,决定于作物对气候变化的敏感程度及其造成气候变化的综合能力(孙芳,2005)。

河南大部分地区位于气候带界线附近,气候过渡性和灾害多发性十分明显,旱涝灾害频繁,不仅会造成作物适宜区、种植制度、品种类型和栽培技术的变动,也会引起产量的显著波动。

气候变化对河南农业的影响既存在着有利的一面,也存在着不利的一面。气候变化造成部分农作物生育期提前、作物产量、农作物气象灾害频发、病虫害范围扩大等影响。

14.3.2.1 对作物发育期的影响

气温稳定通过 17℃终日为冬小麦播种的界限温度。华中区域小麦适播期自北向南,大约在 9 月中旬—10 月下旬。在气候变化背景下,气温稳定通过 17℃终日出现推迟的趋势。1981—2008 年与 1961—1990 年相比,大都推迟了 2～6 d。据调查研究,近几年来,随着冬季气温的升高,特别是秋冬连暖现象的加剧,小麦适当晚播对提高产量较为有利,如 2001—2002 年度,河南驻马店的农业干旱造成晚播长达半月以上,避免了冬季旺长,春季温度迅速回升,小麦两极分化缩短,拔节期小麦密度合理,当年小麦产量创历史最高纪录(陈英慧,2005;邵庆炉等,2002 年)。因此,随着气候的逐渐增暖,特别是秋冬连暖现象的日益突出,以及冬小麦播种的适宜温度期逐渐推迟,必须打破传统的种植观念,适当晚播,才能有利于产量的进一步提高。

小麦对气候变暖温度升高的直接反应是生育期缩短(李艳等,2006)。河南省近 50 年来大部分地区冬小麦越冬期天数呈缩短趋势(李彤霄等,2008),但郑州、封丘、许昌一带略有延长的趋势;全省范围内越冬期≥0℃积温,总日照时数变化倾向率与冬小麦越冬期天数变化倾向率有较高的相关性,越冬期≥0℃积温增加,总日照时数减少会导致冬小麦越冬期天数缩短。余卫东(2008)在研究气候变化对河南省主要农作物生育期的影响时指出,河南省冬小麦从播种到越冬期天数在增加,越冬到拔节期生育期持续天数减少,拔节到乳熟期持续天数增加,乳熟到成熟持续天数显著减少,其中以拔节期提前最明显。

河南省冬小麦生育期长度呈缩短趋势,但播种—越冬天数平均每10a增加1.7 d(成林等,2010),开花到乳熟天数平均每10a增加2~4 d,返青后各生育期均表现不同程度的提前;水稻各生育期均有不同程度的提前,尤其是拔节期以前,分蘖前的生育期间隔天数以缩短为主,拔节后以延长为主。

在气候变化的背景下,夏玉米生育期都出现延迟的趋势,其中以成熟期延迟程度最大。在生育期间隔天数的变化方面:夏玉米播种到三叶、吐丝到成熟生育期间隔天数增加,三叶到吐丝的各生育间隔都存在减少的趋势,全生育期天数以2.1 d /10a速度增加。夏玉米各生育期与降水量都表现出负相关。6—9月总降水量的减少是导致生育期推迟以及全生育期延长的主要原因(余卫东等,2008)。

14.3.2.2 对农作物产量的影响

河南省粮食单产随时间变化总体呈现增加趋势,但气候单产的振荡加剧,气候单产的变化周期与河南历史旱涝的演变大体一致,存在2~4年和20年左右的周期变化特征(朱业玉等,2008)。

平均气温的升温变化趋势有利于小麦千粒重、有效茎数和单产的提高,但不利于穗粒数增加;降水的变化对争取粒重乃至最终增产不利,对其他产量构成要素影响不明显;日照的变化对产量及各构成要素无明显影响(朱业玉等,2008)。

随着技术进步冬小麦趋势产量的不断提高,气温对小麦单产的贡献率也在不断提高。20世纪80年代为一个相对冷期,气温对单产有2.3%的负影响;90年代以后气温大幅升高,1991—2000年冬小麦实际单产相对于1961—1981年增加了173.4%,其中增温引起的增产达到了400.2 kg/hm²,对单产的贡献率为15.6%;2001年以后,相对于基准时段增产753.9 kg/hm²,增温对冬小麦单产的贡献率达20.7%。

气候变化不仅可以引起棉花产量的显著波动,甚至还会造成棉花适宜区、种植制度、品种类型和栽培技术的变动。河南省从20世纪60年代开始,棉花产量占全国总产量的比重有逐年升高的趋势,产量变化中的波动非常明显,它对气候变化较敏感。降水量和春季低温是影响河南省棉花产量的主要因子,其中前者既可以通过旱涝灾害限制棉花的生长发育,还能通过限制光热资源量及其利用率而降低产量。春季—初夏和秋季少雨与盛夏多雨是绝大部分地区棉花生产的主要农业气候问题,因此水分调控是提高棉花产量的主要措施(千怀遂等,2008)。

14.3.2.3 对作物品种和布局的影响

一般河南省1月平均气温0℃等温线以北麦区以弱冬性品种为主,0℃等温线以南的麦区是春性和弱冬性品种的混杂区。受气候变暖影响,0℃等温线明显北移,弱春性品种可种植面积扩大(图 14.25、图 14.26),弱春性品种可种植面积扩大。如 20 世纪 50—60 年代濮阳种植的小麦品种多为冬性品种,70—90 年代则多为半冬性品种,90 年代后期种植的品种则多为半冬性或弱春性品种(王正旺等,2007),当地种植品种的冬性明显减弱,偏春性化趋势明显(王惠芳等,2010)。然而,气候变暖导致小麦发育进程加快,拔节期提前,但春季冷空气活动仍很频繁,小麦受冻害和晚霜冻的风险仍然较大,豫北和豫东地区不易盲目扩种春性、弱春性品种,应多保留偏冬性品种。

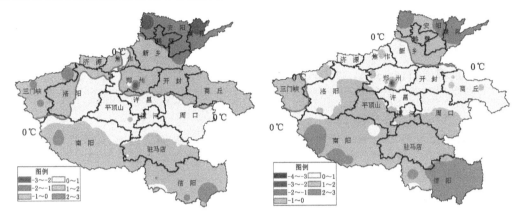

图 14.25　1961—1990 年 1 月平均气温(℃)　　　　图 14.26　1991—2008 年 1 月平均气温(℃)

14.3.2.4　对农业气象灾害和病虫害的影响

近 50 年来河南省绝大部分地区极端最低气温在增高,但豫中和豫西的局部地区极端最低气温有进一步降低的趋势,小麦苗期轻霜冻的平均发生天数为 2.7 d,1963 年、1967 年、1969 年、1971 年、1977 等几个年份的平均发生日数在 4 d 以上,发生天数表现为极显著的减少趋势,递减率为 0.54 d/10a。但 20 世纪 90 年代开始,最低气温变化幅度加剧,小麦越冬期冻害风险仍然存在。

旱涝灾害逐年增加,对河南粮食气候单产的影响逐步加大。近年来随着极端气候事件频繁发生,农业自然灾害日益加剧,同时由于农业基础设施相对薄弱,抗灾能力不强,河南粮食生产受灾害影响程度逐年加大。气候产量变化存在 2～4 年、20 年左右特征尺度的变化,其中以 2 年特征尺度变化为主。这种周期变化与河南历史旱涝的演变大体一致(刘荣花等,2007)。

河南省在 20 世纪 60 年代为重旱的第一个普遍发生期,70 年代为轻旱和中旱的普遍发生期,80 年中旱和重旱发生范围缩小,90 年代轻旱的发生比例进入谷值期。2000 年以后,轻、中、重干旱进入一个新的普遍发生期,使得当前农业生产的脆弱性增大。

近 50 年来,河南省干热风发生频率年际变化有先递减后又缓慢增加的趋势。20 世纪 80 年中期至 20 世纪末,干热风发生天数处于低谷期,而从 90 年代末期开始,干热风天数又有增加的趋势,但增幅不大。进入 2000 年后干热风发生范围扩大,冬小麦灌浆期农业生产脆弱性增加。

气象条件诱发的病虫害,也是影响农业生产的重要灾害之一。随着气候变暖和降水分配不均的现象日益突出,农作物病虫害的发生危害特点也产生一系列的影响。河南农业病虫害分布范围广、发生面积大。气候变暖情况下,可能造成病虫害危害的地理范围扩大,程度加剧。

河南省由病虫害引发的农作物受灾面积,在 20 世纪 80 年代末到 90 年代,病虫害呈现发展的趋势,因病虫害所造成的农作物受灾面积较以往有所增加。在 2000 年以后,受灾面积总体是减少,但逐年也有波动。

14.3.3　对水利工程的影响

河南境内共有大中小型水库 2400 座,其中大型水库 19 座,中型水库 110 座。气候变化使极值事件的强度和频次增加,进而影响大型水利工程的设计、运行(贺瑞敏等,2008)。

(1)气候变化引起流域降雨和径流的变化,将影响流域的设计暴雨和设计洪水,即影响到水利工程防洪的设计标准。

(2)气候变化可能加剧干旱发生的频率、范围和程度,进而影响到水利工程的供水保证率。

(3)气候变化和变异将可能加大极端水文气候事件发生的频次和强度,引发超标准洪水,进而影响水利工程运行规程的设计和编制。

14.3.4　对中原经济区的影响

在气候变化背景下,中部地区未来总体趋势为气温升高、降水增加和不确定性增强,干旱、洪涝灾害将日趋加重。中原城市群是中部地区产业的密集区,也是位居中原的人口密集区,气候变化对中部地区城市群的影响不容低估。

气候变化对中原城市群的影响主要是使干旱、洪涝灾害威胁严重。由于全球气候变暖,降水季节性分配将更不均衡,北方持续性干旱程度加重,出现重大旱灾的可能性加大。干旱造成水库和河流水位下降,影响城市供水。随着人口、产业向城市群集聚,城市供水日趋紧张。另外,中原城市群地处黄河中下游及淮河上游地段,汛期降水集中,洪涝灾害的威胁较大。而且黄河流域水土流失严重,大量泥沙汇入河道,使下游河床平均每年提高 0.1 m,削弱了河道的行洪能力,加大了洪水对城市群的危害。气候变化背景下,河流泛滥、水库决口造成的特大洪涝灾害对中原城市群的威胁增加。

目前,由于气候变化对城市区域的影响趋势相对缓慢而未能引起整个社会的足够重视。国内外在气候变化与城市区域关系的研究中,也主要聚焦于城市区域温室气体排放对气候变化的贡献和负面影响方面,而对气候变化对具体城市区域影响的综合研究较少。

以郑州为例,改革开放 30 年来,郑州城市化水平不断提高,市区人口由 100 多万人增加到 300 多万人,城区面积由不足 65 km² 增加到 294 km²。城市的快速发展使得郑州城市气候效应日趋明显。1961 年以来郑州年平均气温的城市化增温率为 0.064℃/10a,城市化增温对郑州城市气温增加的贡献率为 25%。20 世纪 80 年代末以来城市化增温率为 0.309℃/10a,城市化增温对郑州城市气温增加的贡献率为 38%。城市化对气温变化的影响越来越大。就季节来看城市化增温率及贡献率都以夏季最大。秋冬季节城市化增温对城市增温的影响不是很大,可能是由于大尺度环流作用或增强的温室效应影响是秋冬季节城市化增温的主要贡献因子,应注意防治夏季城市高温灾害。郑州1951年以来年平均气温的变化虽然主要受控于平均最低温的变化以及春冬季节气温的变化,但是1951年以来这些特征气温的变化还主要是受区域背景气候的影响,受城市化影响在夏季最明显(王丽娟等,2009)。

14.4 河南省未来气候变化趋势、可能影响

14.4.1 未来气候变化预估

21世纪的未来90年(2011—2099年),河南省年平均气温分布呈现出从东南向西北降低的趋势,南北向温度差在3~4℃左右,高值区主要位于豫东南一带,而低值区则分布在豫西山区;相对于模式资料1971—2000年平均值,全省气温均偏高,偏高2.16~2.26℃,整体上呈现一个从东南向西北增加的趋势;沿太行山一线气温升高最多,在2.2℃以上,而东部和南部则相对弱些,但整体上全省温度距平差别并不大,在0.1℃左右(潘攀等,2011)。

未来90年不同季节平均气温也呈增加趋势,但增温幅度不同。冬季升温明显,其次是夏季和秋季,春季的升温幅度略小。不同时期,气温增加的幅度和增温区域也不同。21世纪2011—2030年河南省降水量波动减少,之后降水呈现增加的趋势,总体增幅在17%左右。未来90年,河南省降水主要集中在豫南和豫西,呈现南多北少、西多东少的分布态。与1971—2000年相比,降水以增加为主,主要呈现从南向北增加的趋势,沿黄及其以北的区域降水增加明显,增幅在15%以上,豫南一带增幅在12%左右,降水增加主要集中在21世纪的中后期。

14.4.2 未来气候变化可能产生的影响

14.4.2.1 对气象灾害的可能影响

河南省气象灾害发生的类型多、频率高、范围广、危害严重,是全国气象灾害严重的省份之一,危害最为严重的是干旱、雨涝灾害。

根据未来30年气候变化趋势及极端气候事件变化趋势预估结论,河南省仍为升温趋势,极端高温日数将增加,降水则为减少的趋势,时空变异相对较大,极端降水变化的空间差异较大,极端天气气候事件呈现增多增强的趋势。干旱和局地洪涝,高温热浪和森林火险可能性均增加,但霜冻等灾害有所减少。

14.4.2.2 对水资源的可能影响

采用国家气候中心气候变化室SRES A1B情景下,对2011—2050年各水库上游气候变化趋势预估。2011—2050年5个水库上游流域年平均气温将持续升高,变化速度在1.97~2.04℃/50a之间;在气候变暖背景下,年降水量也将增加,5个水库上游流域年降水变化速度在29~76 mm/50a之间,增加最明显的是位于黄河流域的故县水库和陆浑水库,分别增

加 76 mm 和 73 mm,就 10 年平均来说,除南湾水库在 2031—2040 年间表现为减少,其他均为增加,2040 年以后表现为明显的增加。

14.4.2.3 对农业的可能影响

在现有作物品种、耕作制度、土壤状况等条件不变的情形下,与 1961—1990 年平均相比,预计河南省 2011—2050 年冬小麦全生育期平均缩短 4～7 d,其中豫西局部缩短天数最多,可能达 12 d 左右;未来 40 小麦光温生产潜力整体呈减产趋势,但豫北局部、豫东平原冬麦区光温生产潜力略增,其他大部分地区小麦产量减少 4%～8%;若按照传统的灌溉方式,预计 2011—2020 年,全省大部灌溉小麦产量略增,20 年代以后这种趋势逐渐减弱为减产,至 2050 年全省平均减产量 6%左右;受未来降水增多和热量条件改善的共同影响,河南省雨养麦区减产量很小,部分地区产量可能增加 5%左右;未来豫北地区雨养小麦产量波动进一步增大;对于灌溉小麦,在传统的灌溉方式及灌溉量不变的情况下,虽然产量有所降低,但未来 40 年间产量的变异系数减小。因此灌溉是应对气候变化、保障小麦稳产的有效措施之一。概括说,气候变暖整体上改变了河南冬小麦生长季内的热量条件,促进作物分蘖增加,群体增大,但也使作物后期面临高温热害、干热风、干旱等气象灾害的风险增加,从而影响产量穗粒数、千粒重等产量构成要素,影响产量年际间变幅。

14.5 河南省适应气候变化的政策和措施选择

14.5.1 加强极端天气气候事件监测预警,推进气象灾害风险评估和气候可行性论证

气候变暖使极端高温、强降水、强对流和雷电等灾害性天气增加,应该加强极端天气气候的监测预警能力,建立气象灾害应急指挥体系,减轻气象灾害带来的损失。加强应对气候变化措施研究,把防御极端天气气候事件作为防灾减灾的重点,在经济发展和城乡建设中着力推进气象灾害风险评估和气候可行性论证,以降低极端天气气候事件可能带来的风险。

14.5.2 加强气候变化规律、成因及预估研究

全球气候变化还有很多不确定性,气候变化规律、成因和未来变化趋势需要进一步研究。尤其要重点研究全球变暖背景下河南省极端天气气候事件与气象灾害发生规律的变化和趋势,认清气候变暖背景下河南省旱涝变化规律的趋势。

14.5.3 加强管理,开源节流,增加水资源供给

加强水利基础设施的规划和建设,增加对水资源的调控能力,最大限度地将夏季洪水转化成可用水资源。利用人工增雨技术,开发空中水资源;注重水资源的节约,重视水的循环

利用,开发和推广工农业生产和生活的节水技术和方法;兴修水利工程,优化水利设施。

14.5.4 采取多种应对措施,减轻气候变化对农业的不利影响

加强农业基础设施建设,建设以节水灌溉为中心的农业灌溉设施工程,完善灌排体系,大力发展节水农业;选育抗旱、抗涝、抗高温、抗病虫害等抗逆品种,尤其是适应暖冬、抗病虫害的优质小麦品种;合理布局农业,充分利用气候资源,不易盲目扩种弱春性品种,应多保留偏冬性品种。适当减小播种量,形成合理群体密度,提高单产。适当推迟小麦播种期可避免冬前旺长,提高小麦产量。

14.5.5 利用国家鼓励政策,积极发展新能源

河南省太阳能资源比较丰富,在部分地区也具有开发价值的风能资源,应采取积极措施鼓励和扶持风能、太阳能等的开发和利用。积极争取核电建设项目,改善河南省能源结构。

14.5.6 加强气候变化知识的宣传,提高公众应对气候变化意识

利用社会各界力量,宣传国家和省应对气候变化的各项方针政策,提高公众应对气候变化的意识。利用图书、报刊、音像等大众传播媒介,对社会各阶层公众进行气候变化方面的宣传活动,鼓励和倡导节约用电、用水和环境保护意识,倡导低碳生活。

第 15 章　湖北省气候变化事实、影响与适应

　　湖北是气候变化的敏感区域,在全球气候变暖的背景下,湖北省近 50 年平均气温和最低气温上升明显,气温日较差减小,夏季延长,冬季缩短,春秋季气候变率加剧,强降水发生频率增加。根据气候模式模拟结果,预估 21 世纪湖北省平均气温继续呈上升趋势,气象要素变率有增大趋势,暴雨、干旱、高温热浪、强风雹、强雷暴等极端天气气候事件发生频次和强度有增加的趋势,气候变化已经并将对湖北省粮食安全、生态安全、经济安全和人民生命财产安全产生深刻影响。

　　气候变化将对湖北省种植制度和作物布局产生明显影响。随着热量资源的增加,一年二熟,一年三熟的作物种植北界北移,有利于湖北省双季稻、柑橘等作物种植区域扩大,其他主要农作物的种植范围、产量、质量也将产生变化。但由于水分变化可能产生的不利影响,这些变化具有不确定性。气候变化将影响湖北省农作物的品质和产量。气温日较差减小可使农作物品质下降。气候变化将导致湖北省农业生产不稳定性增加。作物受低温冻害的概率减少,但受高温、干旱、洪涝、强风、春季低温等危害的概率将加大。气候变化将使湖北省病虫草害发生范围和危害程度加大。气温变暖可使病虫草害分布区扩大,发生期提前;可导致病虫害世代数增加,发生周期缩短。

　　气候变化将引起湖北省水资源的变化,湖北的径流呈增加趋势,极端水文气候事件出现的频次增加、强度加大,易引发超标准洪水产生,增加水库防洪调度的风险。长江上游降水增加的趋势可引发三峡库区滑坡和泥石流等地质灾害,增加水库运行风险。气候变化将使基因多样性、物种分布和生态系统多样性改变,自然保护区功能下降。气候变化和人类活动使湖北省湖泊湿地面积减少,湿地生物多样性降低,湖泊、水库富营养化程度增加。高温热浪可能使心脑血管疾病、中暑等发生的程度增加,钉螺越冬北界向北移,血吸虫疾病流行区范围扩大,湖北大部可能成为血吸虫病流行区。全球变暖将导致空调致冷的电力消耗持续增长,对保障电力供应带来更大压力。

15.1　湖北省概况

　　地理位置:湖北省地处华中,跨长江和汉江两大水系。地理位置介于 $29°05'$—$33°20'$N、$108°31'$—$116°10'$E 之间,东西长约 740 km,南北宽约 470 km,面积 18.59 万 km²,占全国总面积的 1.94%。

　　地形地貌:湖北省处于中国地势第二级阶梯向第三级阶梯过渡地带,山地、丘陵、岗地和平原湖区各占 55.5%、24.5% 和 20%。地势高低相差悬殊,西部的神农架最高峰海拔达 3105 m;东部平原的监利县谭家渊地面高程为零。全省西、北、东三面被武陵山、巫山、大巴

山、武当山、桐柏山、大别山、幕阜山等山地环绕,山前丘陵岗地广布,中南部为江汉平原,与湖南省洞庭湖平原连成一片。

气候概况:湖北省属北亚热带季风气候,具有从亚热带向暖温带过渡的特征。年平均气温 15~17℃,最高气温一般出现在 7—8 月,最低气温一般出现在 1—2 月,可低至 −18℃;≥10℃ 的年积温从北向南由 4800℃·d 递增到 5400℃·d;无霜期 200~260 天。全省各地年平均降水量在 800~1600 mm 之间。降水受季风环流的影响,年际和年内间变化大,导致洪涝旱灾频繁发生。

植被分布:湖北省植被具有南北过渡特征,既有大量北方种类的落叶阔叶树,也有多种南方种类的常绿阔叶树,同时又处在中国东西植物区系的过渡地区,是中国生物资源较丰富省份之一。全省种子植物 3700 多种,森林覆盖率为 30%,高于全国水平(18%)。以地处鄂西山地的神农架林区最为富集,森林覆盖率达 70% 左右,是中国重要的原始林区之一。

水资源分布:省内中小河流共有 1193 条,总长度达 3.5 万多 km。全省水资源总量 1036 亿 m³,人均水资源 1719 m³,低于全国平均水平(2630 m³),耕地亩均水资源占有量 2104 m³,略高于全国平均值 1800 m³,但低于长江流域平均值 2560 m³;过境客水资源丰富,多年平均入境客水量 6395 亿 m³,为省内自产水资源的 6.3 倍。

社会经济:湖北省共有 12 个省辖市,1 个自治州,1 个林区,3 个省直管市。2010 年全省总人口为 5720 万人,城镇化水平 44.4%,高出全国平均水平 1.4%。2009 年全省国民生产总值 12961 亿元,占全国的 3.9%。

15.2 湖北省气候变化的观测事实

15.2.1 气温变化

15.2.1.1 平均气温

1961—2010 年湖北省平均气温为 16.3℃,1961 年为历年最高,达 17.0℃,1984 年为历年最低,为 15.5℃。湖北年平均气温呈极显著上升趋势,上升速率为 0.18℃/10a,20 世纪 80 年代中期后尤其是 90 年代后气温上升趋势十分明显,1997 年以来连续 14 年气温偏高,1998、2006、2007 年平均气温为历史前 3 位(图 15.1)。

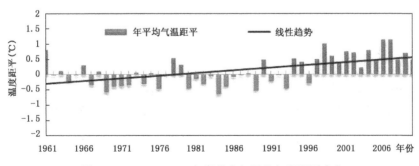

图 15.1　1961—2010 年湖北省年平均气温距平变化

15.2.1.2 年极端最高气温

1961—2010 年湖北省平均年极端最高气温为 37.7℃,1971 年为历年最高,达 39.2℃,1987 年为历年最低,为 35.5℃。年极端最高气温在 20 世纪 60 年代最高,到了 70 年代初略有下降,80 年代前期最低,80 年代后呈上升趋势(图 15.2)。

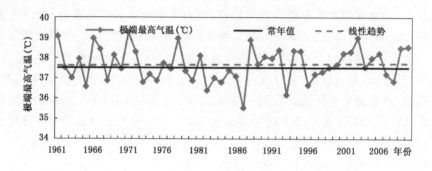

图 15.2 1961—2010 年湖北省极端最高气温变化

15.2.1.3 年极端最低气温

1961—2010 年湖北省平均年极端最低气温为 −5.5℃,2007 年为历年最高,为 −3.1℃,1977 年为历年最低 −13.2℃。年极端最低气温呈显著上升趋势,上升速率 0.62℃/10a,20世纪 60、70 年代年极端最低气温多在平均值以下,80 年代中后期大多年份年极端最低气温较 60、70 年代偏高,除 1991 年、2008 年都在多年平均值以上(图 15.3)。

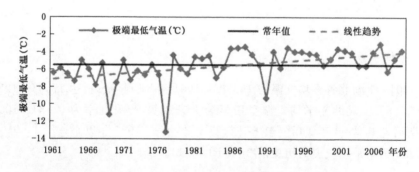

图 15.3 1961—2010 年湖北省极端最低气温变化

15.2.1.4 平均气温日较差

1961—2010 年湖北省年平均气温日较差为 8.6℃,最高值为 9.6℃(1962 年),最低值为7.5℃(1989 年)。20 世纪 60 年代、70 年代中后期、进入 21 世纪后日较差偏高,其他时段以偏低为主(图 15.4)。

图 15.4　1961—2010 年湖北省年平均气温日较差距平变化

15.2.2　降水变化

15.2.2.1　年降水量

　　1961—2010 年湖北省平均年降水量为 1189.4 mm,1983 年为历年最多,为 1635.7 mm;1966 年为历年最少,为 814.5 mm。近 50 年来年降水量无明显的增减趋势(图 15.5),1970—2000 年降水偏多、偏少年份交替出现,20 世纪 60 年代、21 世纪前 10 年多为偏少年份。近 10 年干旱年份较多。

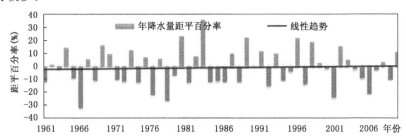

图 15.5　1961—2010 年湖北省平均年降水量距平百分率变化

15.2.2.2　年降水日数

　　1961—2010 年湖北省平均年降水日数为 128.8 d,1964 年为历年最多,为 152.8 d;1978 年为历年最少,为 110.6 d。湖北省年降水日数呈显著减少趋势,减少速率为 −1.9 d/10a。20 世纪 90 年代中后期以来偏少年份多,之前则偏多和偏少年份交替出现。2005 年以来连续 6 年雨日偏少(图 15.6)。

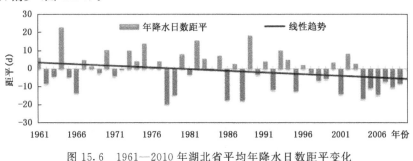

图 15.6　1961—2010 年湖北省平均年降水日数距平变化

15.2.3 日照时数变化

湖北省年日照时数呈极显著减少趋势(图 15.7),减少速率为－57.7 h/10a。且具有明显的年代际特征,20 世纪 60、70 年代为偏多期,80 年代至今为偏少期,近十年偏少突出。

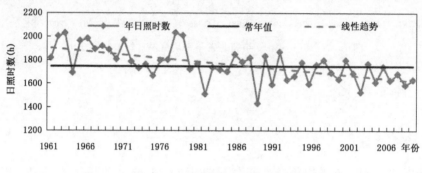

图 15.7 1961—2010 年湖北省平均年日照时数变化

15.2.4 风速变化事实

湖北省年平均风速呈极显著减小趋势,减小速率为－0.2(m/s)/10a。年平均风速变化可分为三段:20 世纪 70 年代中期以前呈现波动变化,风速相对较大;70 年代中期至 80 年代末呈现下降趋势;90 年代以来风速较小且稳定少变(图 15.8)。

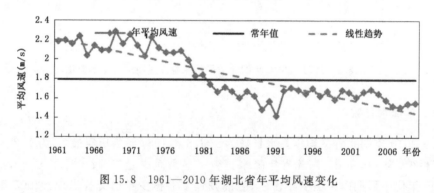

图 15.8 1961—2010 年湖北省年平均风速变化

15.2.5 极端天气气候事件

15.2.5.1 极端高温

(1)极端高温事件

近 50 年,湖北省平均每年出现极端高温事件 8.7 站次,1966 年为历年最高,达 66 站次,有 17 年没有出现。近 10 年极端高温事件有增多的趋势(图 15.9)。

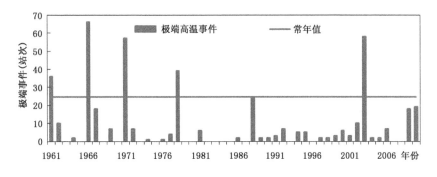

图 15.9 1961—2010 年湖北省极端高温事件次数变化

（2）高温日数

近 50 年,湖北省平均日最高气温≥35℃日数为 19.1 d,1978 年为历年最高,达 36.2 d,1987 年为历年最低,为 5.7 d(图 15.10)。日最高气温≥37℃、≥40℃的平均日数分别为 5.2 d、0.2 d;1966 年为历年最高,分别为 14.5 d、1.7 d。高温日数从 20 世纪 60 年代到 80 年代呈减少的趋势,80 年代后期最少,90 年代之后又出现增多的趋势,21 世纪前 10 年最多,说明高温热浪在最近 10 年呈增多的趋势。

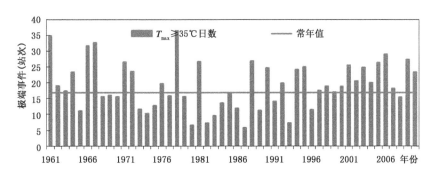

图 15.10 1961—2010 年湖北省平均日最高气温≥35℃日数变化

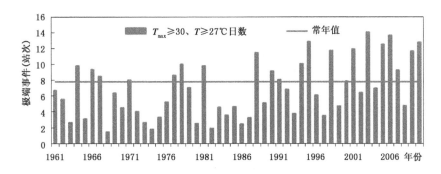

图 15.11 1961—2010 年湖北省平均日平均气温≥30℃且日最低气温≥27℃日数变化

平均日平均气温≥30℃且日最低气温≥27℃的日数为 7.9 d,2003 年为历年最高,达 14.0 d,1968 年为历年最少,为 2.7 d。最近的 20 年出现明显增多的趋势(图 15.11),1988

年以来的 22 年中有 13 年日平均气温≥30℃且日最低气温≥27℃的日数多于平均日数,而之前的 28 年中仅有 7 年多于平均日数。说明高温热浪事件在最近 10 年呈增多的趋势。

15.2.5.2 极端低温

(1)极端低温事件

近 50 年,湖北省共有 19 年出现最低气温极端偏低事件共 280 站次,其中 1969 年出现最多,为 79 站次,其次为 1977 年,出现 77 站次。极端低温事件总体上有减少的趋势,近 20 年中只有 1991 年出现 53 站次、2008 年出现 2 站次和 2010 年出现 6 站次(图 15.12)。

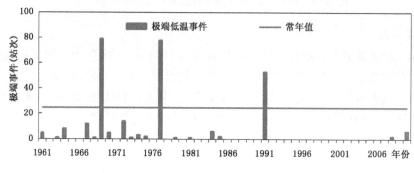

图 15.12 1961—2010 年湖北省极端低温事件次数变化

(2)低温日数

近 50 年湖北省日最低气温≤0℃日数为 34.4 d,1969 年为历年最多,达 62.3 d,2007 年为历年最少,为 15.4 d。呈显著的减少趋势(图 15.13),下降速率为 −4.4 d/10a。日最低气温≤−5℃日数平均为 2.7 d,1969 年为历年最多,达 11.8 d,1988 年为历年最少,为 0.2 d,下降速率为 −1.1 d/10a。近 25 年日最低气温≤−5℃日数不到 3 d,前 25 年中有 9 年超过 5 d,1963 年、1969 年、1977 年达到 8 d 以上。日最低气温≤−7℃天数 0.7 d,最多为 5.5 d(1969 年),有 9 年没有出现。日最低气温≤−9℃平均 0.2 d,1969 年出现最多,为 2.7 d,其次为 1977 年,有 18 年没有出现,下降速度为 −0.1 d/10a。各级低温日数总体上呈明显减少趋势,冬季寒冷事件趋于减少。

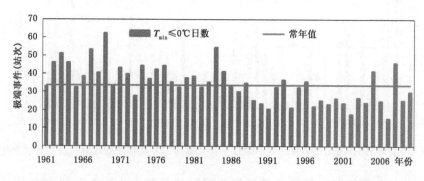

图 15.13 湖北省 1961—2010 年历年日最低气温≤0℃平均日数

15.2.5.3 极端降水事件

(1)暴雨、大暴雨及其以上极端事件

1961—2010 年湖北省平均年暴雨日数为 204.2 站次,1983 年为历年最多,为 369 站次;1966 年为历年最少,为 81 站次。近 50 年,湖北省年暴雨日数无明显的增减趋势。年际变化上,20 世纪 60、70 年代均低于常年值,80、90 年代为偏多期,近十年多为偏少年份(图15.14)。

1961—2010 年湖北省平均年大暴雨及以上日数为 37.9 站次,1969 年为历年最多,为 91站次;1978 年为历年最少,为 5 站次。近 50 年,湖北省年大暴雨及以上日数无明显的增减趋势。20 世纪 70 年代为偏少期,近 10 年与常年值持平(图 15.15)。

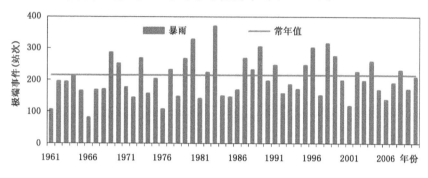

图 15.14 1961—2010 年湖北省暴雨站次变化

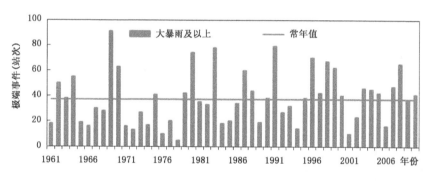

图 15.15 1961—2010 年湖北省大暴雨及以上站次变化

(2)日降水量、3 日降水量极端事件

1961—2010 年湖北省平均 1 日降水量极端事件为 6.8 站次,1969 年为历年最多,为 25站次;1978 年没有发生。近 50 年日降水量极端事件无明显的增减趋势。20 世纪 60、90 年代高于常年值,其中 60 年代最高,年均 9.3 站次,近 10 年年均 5.2 站次为各年代最低(图15.16)。

1961—2010 年湖北省平均 3 日降水量极端事件为 9.2 站次,1964 年为历年最多,为 36站次;1992、1993 和 2006 年没有发生。近 50 年 3 日降水量极端事件无明显的增减趋势。20世纪 60、90 年代和近 10 年高于常年值,其中 60 年代最高,年均 13.5 站次,70 年代年均 6.2站次为各年代最低(图 15.17)。

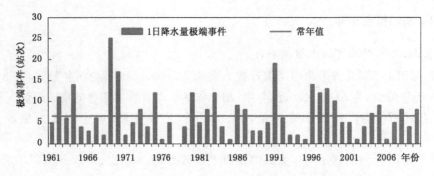

图 15.16　1961—2010 年湖北省 1 日降水量极端事件站次变化

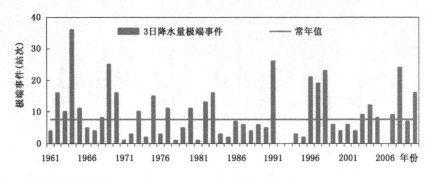

图 15.17　1961—2010 年湖北省 3 日降水量极端事件站次变化

（3）连续最长无雨日数极端事件

1961—2010 年湖北省平均连续无雨日数极端事件为 6.4 站次，1975 年为历年最多，为 38 站次。近 50 年连续无雨日数极端事件呈不显著减少趋势。70 年代高于常年值，年均 11.2 站次。近 10 年年均 4.7 站次，为各年代最低（图 15.18）。

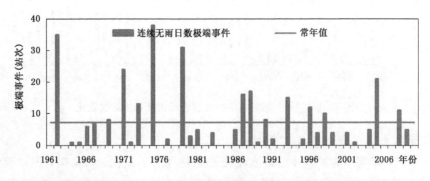

图 15.18　1961—2010 年湖北省连续无雨日数极端事件站次变化

15.2.5.4　极端干旱事件

近 50 年，湖北省 3—10 月极端干旱事件平均 23 站次，最多 1966 年为 92 站次；60、70、90 年代及近 10 年高于常年值，其中 60 年代最高，年均 30 站次，仅 80 年代低于常年值，为 14.1 站次。近 10 年略有增多（图 15.19）。

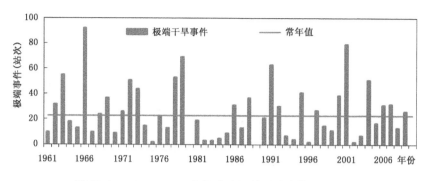

图 15.19　1961—2010 年湖北省极端干旱事件站次变化

近 50 年,湖北省春季发生极端干旱站次最多出现在 2000 年,为 33 站次,共 30 年没有出现极端干旱。夏季发生极端干旱站次最多出现在 1972 年,为 48 站次,有 12 年没有出现极端干旱,夏季极端干旱站次逐年呈显著下降趋势。60、70 年代均高于常年值,其中 70 年代最高,年均 15 站次,80、90 年代及近 10 年低于常年值,其中近 10 年年均 4.1 站次为各年代最低。秋季发生极端干旱站次最多出现在 1979 年,为 101 站次,有 13 年没有出现极端干旱;70、90 年代、近 10 年均高于常年值,其中 90 年代最高,年均 29.6 站次,60、80 年代低于常年值,其中 80 年代最低,为 83 站次。

15.2.5.5　极端洪涝事件

(1)年极端洪涝事件

近 50 年,湖北省年极端洪涝事件约间隔 5 年出现高值,共 25 年没有出现极端洪涝事件;70、90 年代均高于常年值,其中 90 年代最高,年均 3.6 站次,60、近 10 年均小于常年值,其中近 10 年最低,年均 2.9 站次(图 15.20)。

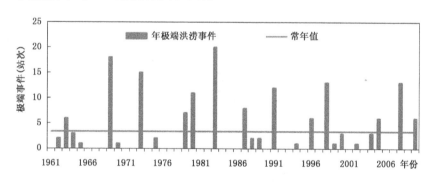

图 15.20　1961—2010 年湖北省年极端洪涝事件站次变化

(2)汛期极端洪涝事件

近 50 年,湖北省汛期(5—9 月)间隔性出现极端洪涝高值,共 26 年汛期没有出现极端洪涝事件;除 80 年代,其他年代均高于常年值,其中 90 年代最高,年均 3.6 站次,而 80 年代年均仅 1.3 站次(图 15.21)。

(3)主汛期极端洪涝事件

近 50 年,湖北省共 31 年主汛期(6—8 月)没有出现极端洪涝事件,事件次数最多出现在

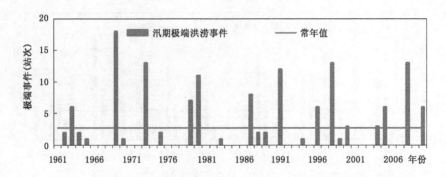

图 15.21 1961—2010 年湖北省汛期(5—9 月)极端洪涝事件站次变化

1969 年,为 18 站次;20 世纪 60、90 年代、近 10 年均高于常年值,其中 90 年代最高,年均 3.1 站次,70、80 年代低于常年值,其中 80 年代最低,仅 1.1 站次(图 15.22)。

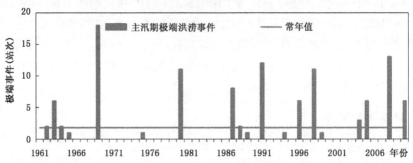

图 15.22 1961—2010 年湖北省主汛期(6—8 月)极端洪涝事件站次变化

15.2.5.6 雷电日数

1961—2010 年湖北省平均各站年雷电日数为 35.8 d,1963 年为历年最多,为 52.3 d;2001 年为历年最少,为 23.3 d。近 50 年,湖北省平均各站年雷电日数呈极显著减少趋势(图 15.23),减少速率为 −3.0 d/10a。60 年代为各年代最高,近 10 年最少。

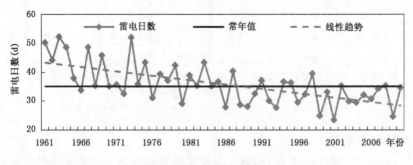

图 15.23 1961—2010 年湖北省平均年雷电日数变化

15.2.5.7 雾日数

1961—2010 年湖北省平均各站大雾日数为 22.4 d,1987 年为历年最多,为 35.6 d;2005

年为历年最少,为13.4 d。近50年,湖北省平均各站雾日数无明显增减趋势。70、80年代均高于常年值,近20年为偏少期(图15.24)。

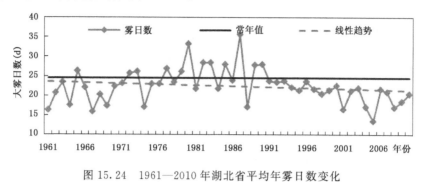

图15.24 1961—2010年湖北省平均年雾日数变化

15.2.6 季节变化

湖北省进入四季日期发生了明显变化,入春、入夏提前,入秋、入冬推迟,入春提前、入冬推迟的趋势显著。平均入春日期为3月21日,最早为3月3日(2008年),最晚为4月5日(1987年),入春日期有较明显的提前趋势,变化趋势为2.0 d/10a。平均入夏日期为5月25日,最早为5月12日(2007年),最晚为6月12日(1970年),入夏日期有不显著的提前趋势,变化趋势为1.1 d/10a。平均入秋日期为9月24日,最早为9月10日(1971年),最晚为10月7日(1987年),入秋有较显著推后趋势,变化趋势为1.2 d/10a。平均入冬日期为11月26日,最早为11月10日(1976年),最晚为12月11日(1968年),有显著推后的趋势,变化趋势为0.9 d/10a。湖北省各季持续时间也发生了的变化,冬季缩短、夏季延长的趋势显著,春季略有延长的趋势,秋季变化不大(表15.1)。

表15.1 湖北省四季持续日期及变化倾向率

季节	平均持续时间	最长	最短	变化趋势
春季	65天	87天(1981年)	52天(1976年)	1.0天/10a
夏季	121天	142天(2007年)	98天(1985年)	2.3天/10a
秋季	63天	86天(1994年)	45天(2009年)	−0.3天/10a
冬季	116天	135天(1986年)	91天(1980年)	−2.8天/10a

15.3 湖北省气候变化的影响事实

15.3.1 对农业的影响

15.3.1.1 对水稻的影响

稳定通过10℃和12℃分别是湖北省双季早稻地膜育秧和露天育秧的温度指标(农业灾害应急技术手册,2009)。稳定通过20℃、22℃终日决定了双季晚稻能否安全抽穗扬花(陈恩谦,2005)。近50年来,湖北省稳定通过10℃和12℃界限温度的初日均有不同程度提前,对早稻播种育秧有利。双季稻区稳定通过20℃和22℃终日普遍有所推迟,晚稻寒露风出现初日有推迟的趋势,晚稻种植风险有所降低,对晚稻安全齐穗有利,有利双季稻稳产高产。大部分双季稻区10℃初日20℃(22℃)终日持续日数、积温都有不同程度的增加,有利于双季稻区改种生长期较长、产量较高的中晚熟品种。水稻(双季早稻、一季中稻、双季晚稻)生长季活动积温都有较明显的增加趋势,其中湖北省江汉平原、鄂东南增加显著,有利于改善稻区的热量条件,部分地区双季稻"双抢"季节紧张的矛盾将可能会得到缓解。≥10℃活动积温绝大部分地区都有不同程度的增加,热量条件满足双季稻种植区域有所扩大,双季稻北界向北推移,相比1961—1990年,1991—2008年达到5100℃·d以上的区域明显增大,湖北省双季稻适宜种植区由鄂东南向西扩展到江汉平原,湖南北部的适宜种植区也大幅扩大,北界线向北移动了45 km。大部分地区早稻、中稻、晚稻抽穗—成熟期日较差呈减少的趋势,南部减少趋势小于北部,对水稻灌浆结实、增加千粒重及提高品质不利。双季早稻、晚稻、一季稻生长季降水量总体上没有明显的变化,东部地区有弱增加趋势,西部地区有弱的减少趋势;水稻生长季部分地区强暴雨量、暴雨日数有较明显增加的趋势。区域水稻生长季日照时数大多数地区呈减少的趋势,北部减少幅度大于南部,对水稻生产不利(气候变化对武汉区域主要粮食作物的影响评估课题组,2010年)。

早稻播种出苗期低温冷害日数有减少的趋势,有利于早稻出苗,春季烂种烂秧现象减少;早稻分蘖期"五月寒"总日数有减少的趋势,分蘖期气候条件趋好,有利于增加有效分蘖;早稻孕穗到乳熟期高温热害湖北产区大部呈明显增加趋势。中稻孕穗到乳熟期轻、中、重高温热害呈增加趋势,但严重高温热害呈减少趋势。有必要培育和选种耐高温品种,或推迟播种期,使抽穗开花期避过高温时段。中稻孕穗到开花期低温冷害部分地区趋于频繁和严重,不利于中稻抽穗开花,影响结实率。

湖北省大部地区播种至出苗的天数缩短,而出苗至三叶期的天数延长,分蘖至孕穗期的天数缩短,孕穗期、抽穗期、乳熟期、成熟期天数皆延长。全生育期天数江汉平原北部每10年缩短3.64 d,其他四个地区都有不同程度的延长。1981年以来除江汉平原北部外,其他地区营养生长天数都是延长,鄂西南、鄂东南变化不大,鄂东北延长2.13 d,鄂西北延长最多为4.87 d,相反江汉平原缩短了5.80 d。生殖生长天数则表现出统一的延长趋势。

鄂西北中稻产量主要受初夏旱影响最大,初夏(6月中下旬)降水日数以0.71℃/10a的速度减少,对中稻稳产不利。8月是鄂西南中稻孕穗至乳熟的关键时期,8月上中下旬日照时数分别以−6.42 h/10a、−9.87 h/10a、−1.73 h/10a的速度减少,对鄂西南中稻孕穗乳熟不利。1981年以来鄂西南8月上旬至9月上旬盛夏低温冷害次数为每10年增加0.14次,对中稻抽穗开花期不利,从而影响产量,导致产量不稳定。鄂东北4月中下旬是播种出苗期,4月下旬的温度以0.41℃/10a的速度升高,春季低温冷害减少,对的秧苗生长有利。鄂东部5月上旬至6月上旬降水以23.04 mm/10a增加,缓解了鄂东北的初夏旱,对中稻生长有利。鄂东北8月中旬、9月上旬平均气温都以−0.34℃/10a的速度下降,对中稻抽穗成熟不利。

7月上旬暴雨洪涝对鄂东南中稻产量影响很大。鄂东南7月上旬的雨量以−10.90 mm/10a的速度减少,对鄂东南水稻生产是有利的。7月中下旬正是鄂东南水稻的孕穗期,平均气温以0.60℃/10a增加,高温热害可能增多,对中稻孕穗不利。8月上旬是鄂东南中稻的抽穗开花期,8月上旬降水日数以 0.25 d/10a 的速率增多,雨日过多影响授粉受精,进而影响结实率对中稻生产是不利的。9月上旬正是水稻的乳熟成熟期,日照时数以−3.65 h/10a 的速度减少,不利于中稻提高千粒重。

5月下旬暴雨洪涝,9月气温、降水日数、日照时数是影响江汉平原中稻产量的主要因子。5月下旬江汉平原降水量以 11.2 mm/10a 的速度增加,从 2000 年至 2010 年中有 5 年 5月下旬出现大到暴雨,造成秧田冲毁等洪涝灾害,对江汉平原中稻影响不利。9月上旬江汉平原中稻处于灌浆乳熟期,日照充足,气温偏高对籽粒灌浆充实非常有利,对产量构成贡献较大。9月上旬平均气温、日照时数、降水日数分别以−0.03℃/10a、−2.82 h/10a、−0.46 d/10a 的速度降低或减少,对江汉平原中稻的影响有利有弊。

15.3.1.2　对小麦的影响

小麦全生育期气温有较明显的升高趋势,适宜播种期推迟,越冬停止生长期推迟,春季分蘖盛期有提前的趋势。湖北冬小麦生育期 0℃的活动积温南部大部在 2600~2800℃·d 之间,在全球气候变化背景下,湖北麦区≥0℃的活动积温增加速率为 70℃·d/10a 左右,增幅最大的地区为湖北中东部一带,达 70~100℃·d/10a。

在全球气候变化背景下,湖北省绝大部分地区小麦适播期(17℃终日)出现延迟的趋势,中部推迟趋势较显著。1981—2008 年与 1961—1990 年相比,中部推迟 2~6 天。冬初稳定通过 5℃时间推迟,进入抗寒锻炼时间晚;其推迟幅度大于稳定通过 0℃时间推迟时间,造成小麦抗寒锻炼时间缩短;导致越冬期小麦对低温的敏感性增加。冬末小麦进入分蘖盛期时间提前,容易遭受晚霜冻害。冬小麦生育期负积温逐渐减少,越冬期持续日数缩短,对冬小麦的安全越冬比较有利。在小麦品种熟性相对稳定的条件下,热量条件的逐步改善将缩短小麦生育期。小麦提前成熟收获,在一定程度上也避免了与下茬作物的争时、争地。另一方面,热量条件的增加是由于逐日气温的普遍升高,其结果也增加了由高温引起的气象灾害的风险,如小麦青枯和干热风等。

湖北省冬季≤0℃日数及持续天数、负积温减少,冬季平均最低气温有明显升高的趋势,虽然有利于小麦安全越冬,但也造成春化作用不充分。气温稳定通过 10℃初日为冬小麦开始旺盛生长的界限温度。湖北大部麦区通过 10℃初日呈显著提前趋势,整体上冬小麦旺盛生长日期显著提前,平均每 10a 提前 2~5 天。鄂西山区呈不明显提前的趋势。4—6月是冬小麦产量与品质形成的关键时期,鄂西山区呈显著的增加趋势,气候倾向率达 0.3~0.6℃/10a,对小麦灌浆和千粒重有利。

小麦全生育期降水量变化不明显,但年际波动较大;小麦产量关键期降水量有减少的趋势,冬春旱发生可能性增加。

全省大部地区小麦全生育期长度明显缩短,其中播种到冬前生长期变化不明显,但冬后生育期大部明显缩短。这与冬后温度回升明显提前有关,且由于气候变化导致全生育期气温呈增加趋势,因而生育期表现出明显的缩短趋势。

15.3.1.3　对柑橘的影响

气候变暖导致春季温度上升,对湖北柑橘的发育期产生较大影响。春季柑橘物候期提前,开花时间变短,尤其自 1988 年以来开花坐果期(4月下旬—5月上旬)频繁出现 2~3 天以上"干热风"或"酷热"天气，导致大量落花落果；秋季气温上升，导致柑橘生理落果和采前落果增加，成熟期提前，着色不良，落叶期延迟；冬季气温偏高，使柑橘花芽分化不良，休眠不足（万素琴等，2003）。

万素琴等（2003）分析气候变化对柑橘产量和品质的影响，主要结论：

三峡库区湖北段 20 世纪 90 年代中后期以来冬暖现象的增多和冻害的减少十分突出。冬季冻害频率和程度比之前大大降低。对柑橘而言，特别是抗冻能力较弱的橙类，冬季气温升高会更为有利。在冬季温度较高的同时，适当干旱利于花芽分化，20 世纪 80 年代后冬暖冬干年份较多，因此冬季气候条件对柑橘越冬生长比之前更为有利。

现蕾开花期至生理落果结束期（4—6月）是决定果实数量的关键期。此期高温天气引起花期异常缩短，并发生大量的落花落果，致使坐果率降低，严重影响产量。20 世纪 80 年代后春季高温出现频次和程度都明显增加。平均气温≥30℃、最高气温≥35℃日数和危害积温 20 世纪 80 年代中期以来均呈增加趋势，如 1988 年、1990 年等年份春季高温对结果数量构成严重威胁，是柑橘减产原因之一。

三峡地区果实膨大期降水量不稳定，变幅在 150～600 mm 之间。果实膨大速度主要取决于降水量的变化。由于时值盛夏，常会出现伏旱，蒸发量增大，直接抑制果实体积膨大，出现小果造成减产。7—8 月降水量≥300 mm，可充分满足果实生长膨大，250～300 mm 基本满足，＜250 mm 不能满足。降水量充足（≥250 mm）年份，果实生长快，果实大，商品性好，反之果小，商品性差。湖北西部长江河谷 20 世纪 70 年代 7—8 月份雨量比平均值少 20％～30％，伏旱严重。20 世纪 80 年代 7—8 月份雨量比平均值多 14％～22％，20 世纪 90 年代高于平均值 1％～5％。与 20 世纪 70 年代相比，20 世纪 80 年代到 90 年代 7—8 月雨量明显增加，气候趋势为 12～24 mm/10a。20 世纪 80 年代、90 年代除少数年份外，7—8 月雨量多在300 mm 以上。因此 20 世纪 80 年代中后期以来 7—8 月降水较之前能更好地满足果实生长膨大水分需求。

果实色泽是表示品质的一种常见指标。研究表明（万素琴等，2003），色泽指数与成熟期的天数成正比，与成熟期积温成反比。宽皮类柑橘成熟期为 9—11 月，而这 3 个月峡口、峡谷区平均气温呈上升趋势，特别是 11 月份气温升高趋势比较明显，致使果实内叶绿素转化为胡萝卜素速度下降，色泽变化慢。因此从外观看，采收期应推迟。

果实糖分的积累与果实成熟期气温日较差关系最密切。即日较差越大，果实含糖量越高。三峡河谷区、中低山区柑橘成熟期 9—11 月逐月平均日较差呈现增大趋势，因此对柑橘果实含糖量增加更为有利（万素琴等，2003）。

15.3.1.4　对农业气象灾害的影响

冯明（2007）研究认为：湖北省大部南部春季连阴雨呈增加趋势；春季连阴雨减少明显的区域主要是鄂西北，减幅在 −0.26 d/10a 左右；湖北省大部地区冬小麦赤霉病发生指数呈减少趋势，其中以鄂西北减少最明显，为 −4.7 次/10a。少部分地区呈增加趋势，主要是在鄂东南、江汉平原中南部和鄂西南局部，最大达 3.67 次/10a；近 50 年来，冬季日最低气温低于−5℃天数呈逐渐减少趋势，相应冬小麦在冬季发生冻害的几率减少；近 50 年来湖北省小麦干旱呈减少趋势，而双季早晚稻、一季中稻干旱均呈增加趋势，且鄂东增加幅度比鄂西的大，其中双季晚稻的干旱综合指数气候倾向率最大。

15.3.2　对水资源的影响

15.3.2.1　水资源概况

湖北省地处长江中游,长江、汉江贯穿其中,客水量大,境内水系发达,除长江以外,另有中小河流 1193 条,河流总长 3.5 万 km,湖泊星罗棋布,素有"洪水走廊,千湖之省"之称。湖北省水资源的特点:(1)总量丰富,但人均水资源量较少。(2)时空分布不均,年际变化也很大。(3)客水与地下水资源丰富。(4)水能资源优势突出(李泽红等,2004)。

15.3.2.2　对旱涝灾害的影响

湖北是易涝易旱的省份,面临着洪涝和干旱的双重威胁。新中国成立以来至 1989 年的 42 年间,全省发生较大或特大干旱年的概率为 21.4%,平均约 5a 一遇,进入 90 年代以来,全省发生较大或特大干旱的年份有 6 年,干旱周期明显缩短,出现的概率为 50%。特别是近几年来湖北省连续发生的 2000 年和 2001 年大旱,干旱灾害出现了三个新的特点,尤其应引起高度重视(虞志坚,2006)。

黄建武(2002)研究结果表明,1470—1979 年间,武汉有 7 次连续 3 年出现干旱,荆州有两次连续 8 年出现洪涝;连续两年为涝年或旱年的次数,武汉分别为 21 次、15 次,荆州分别为 17 次、14 次,宜昌分别为 14 次、15 次。1949 年至 2000 年,全省受灾面积大于 66.7×10⁴ hm² 的大旱大涝共发生 32 次,其中大涝 18 次。洪涝灾害年中,连续三年出现的有 1953—1955 年,1994—1996 年,连续两年出现的有 1963—1964、1969—1970、1991—1992 年,单发年只有 6 年;同期受灾面积大于 200×10⁴ hm² 的大旱年出现 13 次,其中连续出现的有 1959—1961 年、1994—1995 年。有不少年份,洪涝与干旱交替发生,如 1988 年是先旱后涝,1991 年是先涝后旱,1995 年是南涝北旱。旱涝灾害连续、交替发生,更加重了灾害的损失。

黄朝迎(1992)在分析了近 40 年长江流域旱涝灾害的特征后认为,湖北省的旱涝灾害是长江流域 7 省中最重的,而且旱灾面积 20 世纪 80 年代比 50 年代增加了 0.14 倍,水灾面积增加了 0.67 倍,90 年代湖北省大旱、大涝交替发生,特别是 1998 年发生在长江流域的特大洪涝,给湖北省造成的直接经济损失就达 500 亿元之多。旱涝灾害似有增多和加重的趋势。周月华(2003)对 1470—2000 年(531 年)旱涝变化特征分析发现,湖北省涝灾次数比旱灾多 8.8%,20 世纪是旱涝灾害次数最多的一个世纪,旱涝变化周期,主要有 20 年、10～11 年和 5～6 年。近年来更是频频遭遇旱灾,90 年代以来,湖北省发生较大或特大干旱的年份有 6 年,干旱周期明显缩短,出现的概率为 50%。

15.3.2.3　对汉江流域、长江干流湖北段降水的影响

陈华(2008)分析得出结论:汉江中下游大部分地区年和四季平均降水没有明显的趋势变化,只有冬季降水丹江老灌河流域有明显的下降趋势。

李才媛(2004)分析结果表明,汉江中下游面雨量年平均值为 1002.0 mm,年面雨量最大值为 1318.9 mm(1983 年),最小值为 763.7 mm(1978 年),1979—1990 年为面雨量高值期,

20 世纪 90 年代为低值期,由此推测出 2000 年后汉江中下游又进入到一个面雨量相对高值期,呈现 11 左右的年代际变化。

冯明(2006)分析结果表明,与全国平均年降水量呈减少趋势相反,长江干流湖北段年降水量呈增加趋势,倾向率为 17.4 mm/10a,东部呈增加趋势,西部呈减少趋势。但降水时间变率大,空间分布不均匀,使得东部洪涝和西部干旱现象越来越突出。

15.3.2.4　对汉江中下游、长江干流湖北段径流影响

陈华(2008)选用汉江中下游丹江口和皇庄水文站点 1951—2004 年水文资料,对季节及年径流变化趋势采用 Mann-Kendall 检验方法分析,结果表明,春季径流量丹江口站 1999—2003 年下降趋势显著,皇庄站 2002—2004 年下降趋势显著;夏季径流量丹江口 1970—1980 年下降趋势显著,皇庄 1968—1982 年及 1996—2004 年下降趋势显著,两站的趋势变化突变点均在 1991 年前后;秋季径流量丹江口站 2000—2003 年下降趋势显著,皇庄 1996—2004 年下降趋势显著,两站趋势变化的突变点均在 1989 年前后;冬季径流量丹江口站 1991—2003 年下降趋势显著,而皇庄 1973—2004 年上升趋势显著,两水文站点年径流量的趋势突变点均在 1991 年前后,这主要是由于降水和气温的变化引起的,降水的减少直接导致径流量的减少,气温的升高又增加了蒸发量,使得径流量进一步减少。

张建云(2008)通过对长江流域近百年来径流的分析,得出如下结论:① 近百年来长江流域径流没有呈现明显趋势变化,仅 20 世纪 90 年代以来年径流表现出了微弱增加趋势,增加趋势不明显且地区差异大。上、中游径流减少,下游地区径流增加。②20 世纪 90 年代汛期径流与其他年代同期径流比较,整体上呈轻微增加趋势,上游汛期径流减少,中下游汛期径流增加。汛期径流的增大进一步加大了长江流域紧张的防洪局面。③长江流域径流的季节变化明显,表现在春、秋季节径流减少,夏、冬季节径流增加,20 世纪 70 年代以来增加趋势更为突出。夏季径流的增加加大了防洪压力,而冬季径流的增加在一定程度上缓和了冬季缺水的紧张局面。④对月径流而言,1~4 和 7 月份径流呈增加趋势,又以 1 月和 7 月增加为甚,1 月和 7 月径流的增加可能是夏、冬季节径流增加的主要原因。5、10 和 11 月径流呈减少趋势,以 5 月和 11 月减少为主,这两月径流的减少可能也是导致春、秋季径流减少的主因。⑤20 世纪 90 年代以来长江流域径流量,尤其是汛期径流量的增加,最主要原因应归因于长江流域 90 年代以来降水量的增加,以及汛期大降水事件的增多。气候变暖,长江流域降水将进一步增加,必然导致径流也呈增加趋势,一定程度上加大了长江流域洪涝灾害发生的可能性。

15.3.3　对能源消费的影响

15.3.3.1　度日的时间变化

冬季取暖度日下降,表示冬季取暖需要消耗的能源减少,夏季降温度日上升表示夏季降温需要消耗的能源增加。任永建等(2010)研究表明:1961—2007 年湖北≤5℃的取暖度日总体呈显著下降的区域,下降速率分别为 −18.7℃·d/10a。1961—2007 年湖北≥26℃的降温度日(CDD)呈不明显上升趋势,阶段变化特点明显,60 年代到 90 年代呈下降趋势,对

能源消费减少有利,90 年代后呈显著增加趋势,能源需求增加。综合来看。自 90 年代以来,夏季降温能源消耗的增加抵消了冬季取暖能源需求的减少,能源需求总体上是增加的。

15.3.3.2　对武汉市能源消耗的影响

利用武汉市 1980—2003 年武汉市逐年能源总量(折标准煤)资料及相关气象资料对武汉市能源消耗与气温的关系进行分析,武汉市 1980—2003 年的能源消费总量(折标准煤)呈现明显的增加趋势。影响能源消耗波动变化的主要气象因子是 1 月平均气温和 7 月平均气温,1 月平均气温降低或 7 月平均气温升高,能源消耗可能增加,反之减少。冬季气温升高将减少冬季室内升温所需的能耗,而夏季气温升高将极大增加室内降温制冷所需的能耗,夏季降温 1℃能源消耗是冬季增温 1℃的 2 倍左右(杨宏青,陈正洪,2005)。

15.3.3.3　对湖北省清洁能源影响

(1)对湖北省风能资源的影响

从逐年平均风速看,风速有减小趋势。70 年代风速最大,但从 1981 年起,除 1984、1987 年外其他年平均风速均小于 3.0 m/s,90 年代是风速最小的时期。其原因可能有两个方面:一是在全球气候变暖背景下,高纬地区增温大于低纬地区,致使南北温差减小,南北气流交换减弱,导致地面风速相应减小,同时气候变暖使得冷空气活动频次减少,强度减弱,大风日数和强度下降;二是由于经济的发展,城市化现象加剧,城市高大建筑物对风的阻挡作用以及城市复杂的下垫面环境,对气象站风速影响较大(杨宏青等,2006)。

(2)对湖北太阳能资源的影响

武汉近 44 年太阳总辐射、日照时数、晴天日数呈下降趋势,阴天日数呈增加趋势。这与全球太阳总辐射下降的研究结论相一致。阴天过程次数呈增加趋势,但平均阴天过程持续的时间有缩短趋势,这一变化特征对于小功率光伏发电应用产品如太阳能照明灯、太阳能采暖设备等设备太阳能的利用有正面效果(刘可群等,2007)。

15.3.4　对湿地生态系统的影响

15.3.4.1　对湿地水质的影响

不同类型湿地对气候变化的响应强度不同,其中温度是最重要的因子,温度上升使水相平衡值提高,气温每升高 1℃,就要增加 20％的降水才能补偿因温度升高对湿地生态系统造成的不良影响。洪湖湿地区平均气温升高了 1.46℃,降水增加了 9.6％;不足以补偿温度升高对湿地生态系统的影响,造成湿地面积萎缩。湿地面积萎缩导致湿地水位下降使藻类更容易聚集,产生水华,水质恶化。以汉江流域 20 世纪 90 年代以来发生的水华为例,20 世纪 90 年代以来三次水华的发生时间都是 2—4 月(1992,1998,2000),流量、水位较小,发生时期都有气候晴暖、光照充足、气温偏高的特征,但光强比夏季弱,比较适合藻类的生长繁殖。据调查(窦明,2002),1992 年 2 月中下旬气温偏高,气候变暖满足了水华发生的气象条件,加上人类活动排放富氮磷污染物的影响,导致了汉江流域水华提早暴发。1992 年 2 月中下旬发生的水华延续至 3 月 7 日汉江中下游地区普降雨雪,气温骤降,水华很快消失。1998 年的水华爆发也有类似情况发生。

15.3.4.2 对湿地碳源碳汇功能的影响

温度升高,降雨减少或改变土地管理措施引起湿地土壤变化,碳库就会源源不断地向大气层释放大量的二氧化碳和其他温室气体,使湿地中有些原来不参与全球碳循环的碳也变得活跃起来,湿地将会变成二氧化碳的源。2002 年湖北省梁子湖水生植被生物量也比 1992 年降低了 71.8%,从而降低了湿地的碳汇功能(彭映辉,2005)。

用洪湖湿地植被 20 世纪 60 年代、80 年代、2000 年、2009 年各时间段平均单位面积生物量与相应年代平均气温作回归分析,结果显示:温度升高到一定程度会抑制湿地植被生物量的合成,降低了湿地的碳汇功能。原因是随着温度的升高,植物呼吸作用速率上升的速度超过了光合作用增加的速度,使植被净初级生产力降低。甲烷通量对温度变化响应适中,而对水分变化的响应敏感。气候变化还引起洪湖地区降雨量分配不均匀,枯水期湿地经过排水使土壤通气性得到改善,提高了植物残体的分解速率,而在湿地生态系统有机残体的分解过程中产生大量的甲烷和二氧化碳气体释放到大气中。同时温度升高影响微生物活性、水温和底泥的温度,可以增强甲烷细菌的活动强度,从而加速甲烷气体的释放,改变湿地的碳源碳汇功能。

15.3.4.3 对湿地生物群落演化的影响

近年来,在气候变化和人为活动的共同影响下,湿地生态环境、湿地类型发生了剧烈变化,严重威胁生物多样性。

湿地生物多样性变化。以湖北洪湖为例,20 世纪 60 年代以来,因为全球气候变化、围湖造田、兴修水利和大搞围网养殖,使洪湖湿地环境发生了剧烈的变化。这种湿地环境的改变不但减少了湿地生物的栖息地,而且对依赖湿地环境的其他野生动植物也造成了破坏,导致湿地生物结构和多样性的变化。20 世纪 80 年代初到 90 年代初,洪湖湿地浮游植物的种类减少了 16.3%,数量却在增加,最大生物量门类由硅藻门变成了蓝藻门,这是湖泊富营养化的标志。

湿地鸟类繁殖和迁徙。鸟类的繁殖和迁徙活动也受到气候变化的影响。据武汉市环保大使胡鸿兴专家多年考察研究发现,对于气候变暖非常敏感的水鸟,其生活规律悄悄发生了改变:一些水鸟的繁殖期大大提前;一些原来是候鸟,却逐渐成了湖北省"长住居民";还有一些水鸟的迁徙期变得非常混乱。水鸟的繁殖期在 5 月至 7 月,现在明显提前。如普通鸬鹚、小鷿鷈等湖北省常见的留鸟,原在 5 月至 7 月间繁殖,现在它们的繁殖期整整提前了 2～3 个月。灰头麦鸡是夏候鸟,正常情况下,应在 3 月下旬和 4 月上旬来到湖北省,然后在 9 月下旬和 10 月上旬飞走。但随着全球气候变暖,它的迁徙规律发生很大变化,2004 年的 1 月、2005 年 2 月、3 月、12 月,湖北省多处湖泊均可发现它们的身影。气温变暖还导致鸟类迁飞路线变化,分布区北移。

15.3.4.4 对湿地生态系统的可能影响

气候变化使湿地水分条件变差,植被向着物种组成结构简单、植株低矮和生产力低的方向发展,湿地生态系统功能退化,对水生生物的繁殖代谢和分布格局产生影响,使鸟类食物来源减少。

湿地水量的平缓增加和有规律的季节性涨退是有利的,许多生物的生活史和行为已经适应了这种变化。但水位频繁或不规则的变化对湿地系统是一种干扰。

气候变化引起的干旱使相连水域的联系被切断,造成生境的分离和湿地的退化,这将导致湿地动植物生长环境的改变和破坏,洄游性的鱼类洄游路线中断,其生长繁殖受到威胁,生物多样性降低。导致湿地鸟类食物减少,影响了候鸟的觅食。同时蓄水量减少导致水体自净能力降低。

15.3.5 对森林资源的影响

湖北省林业用地 862.85 万 hm^2,森林覆盖率 31.6%。森林主要分布在鄂西北和鄂西南山地,森林面积达 333.48 万 hm^2,森林覆盖率达 46.3%(袁传武等,2007)。过去气候的变化已经对湖北省的森林资源产生了一定程度的影响。

15.3.5.1 对森林物候的影响

湖北省区域气候近几十年来发生的变化,尤其是区域气温的升高,已使湖北省森林物候也正在发生变化,而且物候变化对气候变暖的响应最敏感。例如,陈正洪等(2008)对气候变暖背景下华中地区樱花的物候变化研究结果表明,从 20 世纪 40 年代以来,日本樱花始花期提前 11.72 天,落花期略有推迟,开花期间持续天数共增加 13.55 天,这些指标的年际变幅明显增大。2 月份和冬季平均气温每升高 1℃,始花期分别提前 1.66 天和 2.86 天。

15.3.5.2 对森林生产力的影响

湖北省区域气候的变化强烈地影响着该区森林的生产力,因为森林生产力的分布格局主要取决于气候环境的水热条件。对湖北省森林资源的调查结果显示(杨静,2001;刘俊明,2007;袁传武等,2007),1975—1999 年,全省林地面积由 436.4 万 hm^2 增长到 603.7 万 hm^2,增长 38.3%,森林覆盖率由 23.5% 增长到 31.6%,增长 8.1%,森林资源不断增加。

气候的变暖是鄂西山区森林发生动态变化的重要因素。鄂西三峡库区在一定海拔范围内,林地面积和积蓄量由山脚向山脊循序增加。但达到一定高度时(2000 m 左右)又趋减少(袁传武等,2008)。过去气候的变化将不可避免的导致了该区域的森林发生了诸如上述的动态变化(任瑾,1992;班继德,1995;徐德应等,1997)。

气候变化背景下,森林与大气中 CO_2 的关系也有着双重作用。一方面,森林可以吸收并固定大气中的 CO_2,是大气 CO_2 的吸收汇、储存库和缓冲器。森林面积和蓄积的增加,碳汇量也会不断增加。湖北省森林的总生物量为 12481 万 t,总碳贮量为 5616 万 t,碳汇总经济价值约为 59 亿元人民币(陈红林和何芳,2008)。瞿万学等(2009)研究结果表明,恩施土家族苗族自治州森林资源碳储量近年来持续增长,年均吸收固定 CO_2 约 247.04 万 t,而2006 年恩施化石能源消费过程中 CO_2 排放量为 162.1 万 t,表明恩施森林资源正在发挥着积极的碳汇作用,维持区域 CO_2 排放量和吸收量的平衡。

15.3.5.3 对森林分布及生长的影响

一般来说,气候变暖将导致区域最高温度和最低温度的增加,同时也会使生长季延长,从而导致这些树种分布的最低海拔线上升或树种向高海拔迁移(郝占庆等,2001)。可能导致某些森林群落的消失或脆弱化。在湖北省西部山区,气候变化可能使主要森林树种即向高海拔迁移。党海山(2007)研究结果表明,巴山冷杉的年龄表现出随海拔的升高而逐渐减小的趋势,并且在高海拔地段(林—草交错带)巴山冷杉的年龄显著的小于低海拔地段(针阔交错带)巴山冷杉的年龄,而且在高海拔巴山冷杉幼苗和幼树的数量显著多于低海拔地带巴山冷杉幼苗和幼树的数量。从景观的尺度水平上来讲,巴山冷杉年龄随海拔梯度的分布特点说明了过去气候的变暖导致了巴山冷杉分布范围向高海拔发生了一定程度的迁移,而且,随着未来气候的继续变暖,巴山冷杉林的这种沿海拔梯度向上迁移的趋势将会进一步加强,即巴山冷杉林将会分布于更高的海拔地带。

党海山(2007)研究揭示,湖北省西部的神农架地区,不同海拔梯度上巴山冷杉生长对气候响应有所不同。在巴山冷杉分布的中海拔和低海拔地段,其生长主要受春、夏季温度的影响,与降雨的关系不显著;在高海拔地段,巴山冷杉的生长主要受夏季降雨的影响,温度的限制作用不显著(Dang *et al.*,2007)。降雨对巴山冷杉生长的限制作用随海拔的升高而减弱;温度对巴山冷杉生长的影响则随海拔的升高而增强;在中海拔和低海拔地段,巴山冷杉的生长受温度和降雨因素的共同影响,而在高海拔地段,巴山冷杉的生长主要受温度的影响。

雷静品等(2009)分析结论,在正常的气候条件下,海拔 300 m 处马尾松生长受上年 6 和 10 月份降雨量和湿润指数的影响,与当年气候因子的关系不显著;海拔 600 m 处马尾松生长与上年 6 月份温度呈显著相关,还受当年 7 月份的月平均降雨量和湿润指数的影响;海拔 900 m 处马尾松生长不仅与当年 2 月份温度呈显著相关,还受当年 12 月份月平均降雨量和湿润指数的影响。

党海山(2007)研究结果显示,高海拔地带巴山冷杉群落发展的起始时间要晚于低海拔地带群落发展的起始时间,而且,高海拔地带的巴山冷杉林群落在 20 世纪的 70 年代以前有大量的巴山冷杉个体产生,而低海拔地带巴山冷杉林群落在 20 世纪则很少有巴山冷杉个体的形成。这是因为 20 世纪气候的变暖导致了高海拔地带亚高山林线处的群落中巴山冷杉个体数量的增加。

15.3.5.4 对森林病虫害、火灾的影响

气候变化导致干旱、洪涝、冰雪等极端气候事件增多及气候的波动更加明显,会增加森林灾害发生的频率和强度。例如,夏季的高温和干旱条件使火灾发生的可能性增加,高温和高湿则将有利于一些有害昆虫的生长繁育,海温的升高也为热带气旋的发生提供了有利的条件。据湖北省林业局不完全调查统计(李东升等,2008),湖北全省林业在 2008 年冰雪灾害中受灾面积 154 万 hm^2,压断林木 4.27 亿株,受灾情严重,直接经济损失约 6.4 亿元。

气候变暖不仅使湖北森林火险期提前到来,还会使火险期推迟结束,最终表现为整个火险期的延长;还导致林火频率、林火强度和过火面积增加。气候变暖背景下极端气候事件发生频率增大、强度增加,会导致大量植被受损和死亡,地表易燃可燃物猛增,林火发生的危险性增大。

气候变化对森林病虫害的种类、发生、分布、危害程度等的影响已显现出来,并且形势十分严峻。随着气候变暖,连续多年的暖冬,以及异常气温频繁出现,森林生态系统和生物相对均衡局面常发生变动,森林病虫害种类增多,种群变动频繁发生周期相应缩短,发生危害

面积一直居高不下。气候变化也加重了病虫害的发生程度,一些次要病虫相继成灾,促进了海拔较高地区的森林,尤其是人工林病虫害的大发生。气候变化引起的极端气温天气逐渐增加,严重影响苗木生长和保存率,林木抗病力下降,高海拔人工林表现得尤为明显,增加了森林病虫害突发成灾的频率。全省森林病虫的发生和危害呈明显上升趋势(高发祥和闵水发,2002)。

15.4 湖北省未来气候变化趋势、可能影响

15.4.1 未来气候变化情景

预计 21 世纪未来 90 年(2011—2100 年)湖北省气温将进一步升高(图 15.25),相对于1971—2000 年,A1B(中等排放)情景下 2011—2040 年湖北省年平均气温均将升高 1.3℃,A2(高排放情景)、A1B(中等排放情景)、B1(低排放情景)三种情景下的 2011—2040 年湖北省年平均气温均将分别升高 0.6℃、1.3℃、0.5℃;2041—2070 年全省年平均气温则将分别升高 2.0℃、2.6℃ 和 1.2℃;2071—2100 年全省年平均气温将分别升高 3.6℃、3.4℃和 1.6℃。

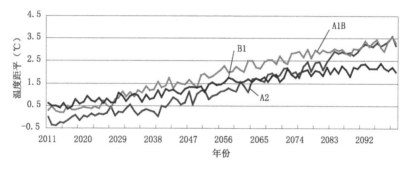

图 15.25　三种情景下湖北 2011—2100 年平均气温变化趋势

未来 90 年湖北年降水量总体呈现波动增加的趋势(图 15.26),降水在前 30 年变化不大,后 60 年震荡增多。A2、A1B、B1 三种情景下的 2011—2040 年全省平均年降水的变化速率分别为 16.1、−8.0、9.3 mm/10a;2041—2070 年全省平均年降水的变化速率分别为21.1、12.2、21.1 mm/10a;2071—2100 年全省年平均降水量的变化速率分别为 17.9、14.9、11.2 mm/10a。

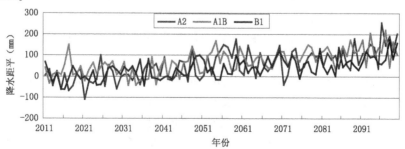

图 15.26　三种情景下湖北 2011—2100 年平均降水量变化趋势

15.4.2 未来气候变化的可能影响

15.4.2.1 对气象灾害的可能影响

根据未来气候变化情景预估和极端气候事件预估,21世纪湖北省气象要素变率有增大趋势,霜冻事件呈减少的趋势,高温热浪呈增多的趋势,夜温增加的趋势高于日温,日较差可能变小。21世纪湖北省平均日降水强度可能增加、大雨日数可能增加、极端降水贡献率很可能增加,连续无降水日数将增多,造成高温热浪、干旱、强降水等极端气候事件有增多的趋势。

15.4.2.2 对农业的可能影响

在未来气候情景下,不考虑CO_2肥效作用,湖北省水稻和小麦生育期均有所缩短,产量总体有下降趋势,稳产性降低;棉花以利方面为主,生育期有延长趋势,中迟熟品种种植面积北扩,产量有增加的趋势。

相比1961—1990年,在未来气温升高环境下且不考虑CO_2增肥效应,湖北省双季早稻生育期平均缩短6.4 d,晚稻生育期缩短7.5 d,这与作为双季稻主产区的鄂东及江汉平原的增温幅度相对较大有关,气候变暖加速了水稻的生育进程,大大缩短了水稻的生育期。由于生育期缩短,作物光合时间减少,光合产物生成量也减少,A2和B2情景下的水稻模拟产量均呈显著下降趋势,2011—2050年雨养条件下与灌溉条件下相比,湖北双季稻单产下降9%~21%,其中南部部分地区下降17%~21%;双季早稻单产下降3%~14%,南部下降9%~14%,双季晚稻单产下降20%以上。但在未来气候情景下,气候变暖导致湖北省双季稻适宜种植区域有扩大趋势,适宜种植区域可西扩或北扩,且增温也有利于海拔较高地区的水稻增产(杨沈斌等,2010)。中稻生育期同样大部有不同程度的缩短趋势,在A2情景下,以鄂西北、鄂西南山区缩短日数最多,为2~6 d,局部缩短7 d。西部山区的增温有效改善了当地水稻生长季的热量,对水稻生育期的影响也更加显著(杨沈斌等,2010)。

CO_2肥效作用在一定程度上能削弱增温的不利影响,因此对水稻模拟产量有一个提升的作用。在考虑CO_2肥效作用的前提下,A2情景下的双季稻平均产量较基准气候下的产量下降8.7%,在B2情景下,双季早稻减产5.9%,双季晚稻则有增产趋势。CO_2肥效对双季晚稻有较明显的正效应,这与晚稻生长中后期气温渐凉,有利于CO_2肥效作用的发挥有关(杨沈斌等,2010)。而一季中稻在不考虑CO_2肥效时,仅鄂西北地区中稻单产有略增趋势,而其他主产区均表现为不同程度的减产趋势。在A2和B2气候情景下,不考虑CO_2肥效,水稻产量年际变化率比1961—1990年(17%)分别增加9%和7%,分别达到26%和24%;考虑CO_2肥效则分别增加8%和7%,产量变率较不考虑肥效时略低,表明CO_2浓度升高在未来气候变化下有提高水稻稳产性的可能作用。

受未来降水增多和热量条件改善的共同影响,湖北省北部麦区减产量相对较大,未来40年冬小麦可能平均减产6%~8%,A2情景下的减产率较B2高2%左右。气候变化不仅仅使湖北省冬小麦产量有不同程度的减少,也使产量的年际间波动发生变化,稳产性降低。气候变暖整体上改变了冬小麦生长季内的热量条件,促进作物分蘖增加,群体增大,但也使作物后期面临高温热害、干热风、干旱等气象灾害的风险增加,从而影响产量穗粒数、千粒重等产量构成要素,从而影响产量年际间变幅。

根据未来百年华中区域气候变化预估结果,到 2070 年 CO_2 浓度倍增的情况下,湖北的年平均气温将上升 2.3～2.4℃,≥15℃活动积温将增加约 500～800℃·d,大部地区棉花适宜生长期将延长 15～25 d,目前麦(油)棉两熟制地区热量水平将显著提高,这将有利于棉花种植方式和品种熟性布局的优化。中熟或中晚熟品种的种植北界将向北推移 500 km 以上,而早熟品种的种植面积将大大缩小。品种熟性档次的提高,将使棉花增产 10% 以上(温民等,1994 年)。

15.4.2.3　对水资源的可能影响

刘波等利用 ECHAM5/MPI-OM 气候模式预估 2001—2050 年长江流域不同排放情景(SRES A2,A1B,B1)下径流深的变化,结果表明 3 种情景下多年平均水资源量的空间分布非常一致,但各情景预估的水资源量变化趋势却表现出不同的特征。A2 排放情景下,长江湖北干流段径流段呈一定的增加趋势,增加趋势通过显著性水平 0.10 检验。A1B 排放情景下,长江干流湖北段均呈减少趋势,通过显著性水平 0.10 检验。B1 排放情景下,地表水资源量都呈现增加趋势,其中,长江下游干流年径流深增加趋势通过了 0.01 显著性水平检验(刘波等,2008)。

基于 ECHAM5/MPI-OM 模式预估气候,对三种排放情景下流域平均年 SPI 指数进行 MK 非参数趋势检验,以了解不同流域未来旱涝变化趋势(翟建青等,2009;Zhai et al.,2010)。结果表明:湖北省旱涝趋势在不同排放情景下的变化并不一致。2050 年前,A2 情景下,呈微弱的干旱化趋势,但没有通过显著性检验,特别在 2011—2040 年干旱化趋势较大;A1B 情景下,呈湿润化趋势,且通过显著性水平 0.05 信度检验;B1 情景下,旱涝趋势呈微弱的湿润化趋势,但没有通过显著性检。

预估 SRES A2 气候情景下未来汉江流域径流变化表明,2100 年前汉江流域的径流量有增加趋势(郭靖等,2009)。

曾小凡等(2010)研究表明(表 15.2):三种排放情景下,相对于 1971—2000 年 ECHAM5 模式模拟均值,2011—2050 年长江干流上游控制站宜昌站和中游汉口站的径流变化趋势均不明显,变化幅度不超过 10%。

表 15.2　不同排放情景下湖北段长江干流径流变化预估(%)

水文站	排放情景	2010s	2020s	2030s	2040s
	A2	−5.2	−6.9	−1.1	−5.2
宜昌	A1B	−1.4	−1.2	−4.2	1.0
	B1	−1.3	−1.4	0.3	−2.5
	A2	−3.0	−6.8	0.1	−2.9
汉口	A1B	−0.7	0.2	−2.8	2.2
	B1	−0.6	−1.3	2.1	−1.3

15.4.2.4　对湿地生态系统的可能影响

随着湖北省冬春季气温升高,以及南水北调中线工程的实施,未来汉江流域水华的暴发时间将越来越早,汉江流域水华现象将有加重的趋势。

气候变化使湿地水分条件变差,植被向着物种组成、结构简单、植株低矮和生产力低的方向发展,湿地生态系统功能退化,对水生生物的繁殖代谢和分布格局产生影响,使鸟类食物来源减少。气温变暖还导致鸟类迁飞路线变化,分布区北移,使本区鸟类生物多样性降低。

气候变化引起的干旱使相连水域的联系被切断,造成生境的分离和湿地的退化,这将导致湿地动植物生长环境的改变和破坏,洄游性的鱼类洄游路线中断,其生长繁殖受到威胁,生物多样性降低。导致湿地鸟类食物减少,影响了候鸟的觅食。同时蓄水量减少导致水体自净能力降低。

武汉的湿地面积与城市化和城市热岛效应两个因素呈负相关关系。随着城市化进程的深入和未来气候变化的影响,武汉市热岛效应的更加明显,城市圈湿地面积在减少。

15.4.2.5 对湖北省森林资源的影响

未来气候变化通过改变森林的地理位置分布、提高生长速率,尤其是大气 CO_2 浓度升高所带来的正面效益,从而增加全球范围内的森林生产力,而且在未来气候变化条件下,由于 NPP 增加和森林向极地方向和高海拔地区迁移,大多数森林群落的生产力均会增加,同时森林在气候变化过程中会增加碳的贮存量。

未来气候变化将可能改变湖北省森林生态系统的结构和物种组成。相关研究表明,大气 CO_2 浓度倍增时所导致的气候变暖,将使主要植被类型过渡带在水平方向上向北移动 $100\sim300$ km,垂直高度向上移动 $150\sim300$ m,加上降水量及其时空分布的变化,将使森林生态系统面临前所未有的气候与环境的剧烈变化,有可能导致某些森林群落的消失或脆弱化,甚至导致某些森林生境将恶化或消失。

在未来气候变化的预测中,湖北省平均气温将升高,尤其是冬季低温的升高,这对于一些嗜冷物种来说无疑是一个灾害,因为这种变化打破了它们原有的休眠节律,使其生长受到抑制;但对于嗜温性物种来说则非常有利,有利于其种子的萌发,使它们演替更新的速度加快,竞争能力也将得到提高。

冬季和早春温度的升高还会使春季提前到来,从而影响到植物的物候,使它们提前开花放叶,这将对那些在早春完成其生活史的林下植物产生不利的影响,甚至有可能使其无法完成生命周期而导致灭亡,从而导致森林生态系统的结构和物种组成的改变。

总之,气候变化对森林生态系统的结构和物种组成的影响是各个因素综合作用的结果。它将使一些物种退出原有的森林生态系统中,而一些新的物种则入侵到原有的系统中,从而改变了原有森林生态系统的结构和物种组成这些影响对不同森林生态系统之间的过渡区域可能尤为严重。

15.5 湖北省适应气候变化的政策和措施选择

15.5.1 实施气候系统监测基础工程建设

建设区域大气本底观测站,强化温室气体在线监测分析,为湖北省控制大气污染、制定减排指标及效果检验、争取生存排放等提供科学依据。在全球气候观测系统(GCOS)和中国气候观测系统(CCOS)的框架下,通过整合、集成等手段,统筹气象、农业、林业、水利、环保、地震、国土资源、卫生、民航等部门的观测站网资源,在统一规范、统一标准的基础上实现资料共享,建立具有区域特色,反映大气圈、水圈、岩石圈和生物圈相互作用状况的气候系统综合观测系统。

15.5.2 增强农业等敏感行业适应气候变化的能力

加强气候变化对湖北省农业的综合影响评估,组织开展精细化农业气候区划,趋利避害,合理利用气候资源。推进农业结构和种植制度调整,改善作物耕作制度,优化作物和品种的布局,应适当扩大双季稻种植面积,将早熟品种改种生育期较长的中晚熟品种。培育和选用抗逆品种,提高作物产量。建设高产稳定基本农田,提高农业应变能力和防灾抗灾水平。研制适应气候变化的农业生产新工艺,开发自动化、智能化农业生产技术。改善农业基础设施,加强农田水利建设,优化农业资源的管理。

15.5.3 加强极端天气气候事件的防范和应对

完善多灾种的监测预警应急机制、多部门参与的决策协调机制。加强多灾种灾害监测预警网络建设,提高台风、暴雨洪涝、干旱、高温热浪、低温冰冻等极端气象灾害的综合监测预警能力、抵御能力和减灾能力。完善各类灾害的应急预案,建立突发极端天气气候事件灾前预防、灾中救援以及灾后重建应急机制,形成政府统一组织领导,多部门共同参与、分工明确的监测、预警、响应、处置和救助体系。建立突发公共事件预警信息综合发布平台,加强灾害预警信息等的传播。

15.5.4 利用国家鼓励政策,积极发展新能源

湖北省北部太阳能资源比较丰富,部分地区风能资源也较丰富,具有一定开发价值,应采取积极措施鼓励和扶持风能、太阳能等的开发和利用。积极争取核电建设项目,改善湖北省能源结构。

15.5.5 提高全社会参与应对气候变化的意识和能力

多部门相互配合,形成全社会共同关注气候变化的良好局面。制定应对气候变化培训教材,纳入各级党校和行政学院培训学习的主体课程,提高机关、企事业单位领导应对气候变化的决策水平。利用主流媒体普及气候变化科学知识和应对措施,提高公众应对气候变化的意识以及主动参与的紧迫性和自觉性。

第16章 湖南省气候变化事实、影响及适应

近50年湖南省年平均气温、年极端最低气温以及春季平均气温上升趋势极显著,冬、秋两季平均气温上升趋势显著,年极端最高气温、夏季平均气温和年平均气温日较差变化趋势不显著;年及四季降水量变化趋势均不显著,年降水日数呈极显著的减少趋势;年日照时数呈极显著的减少趋势,年平均风速也呈极显著的减小趋势。年极端高温事件、年高温日数略微增加,但增加趋势不显著;年极端低温事件和年低温日数减少;暴雨洪涝、干旱事件的变化趋势不显著;年雷电和大雾日数均呈极显著减少趋势;入春入夏时间提前,入秋入冬时间推迟。

气候变化已显现出的对湖南的影响主要有:导致农业气象灾害加剧、作物种植制度、品种和生长潜力发生变化、病虫害和动物疫害有新发和加剧趋势;水资源供需矛盾日益突出、水环境问题日趋严重、旱涝灾害加剧;加剧洞庭湖水域面积减少,并促使洞庭湖湿地生态环境破坏加剧,林火发生频率加快,植被NPP增加;导致交通基础设施建设成本提高,河流枯水期增长导致运营效率降低,交通安全隐患增大;中暑、心脑血管病、胃肠道疾病等患病人数和死亡人数增加,血吸虫病传播时间延长,洪涝灾害增多为血吸虫病的流行创造了有利的条件。

研究表明,未来湖南省气温将进一步升高,降水量略微增多,气候变化对湖南社会经济的影响将继续加强,主要体现在水稻生育期缩短,产量总体下降,稳产性降低;湖南省多年平均径流深将有不同程度的增加;植被NPP减少,部分地区生态系统将出现轻中度以上的受损;湘中以北地区血吸虫传播指数将增加,湘南地区血吸虫传播指数将减少。

16.1 湖南省概况

水热气候条件较好,有益于农林业发展。湖南属大陆型亚热带季风湿润型气候,气候温和、四季分明、雨量充沛、热量富足、冬寒期短、无霜期长,全省年平均气温一般为 $16\sim19℃$,日平均气温在 0℃ 以下的严寒天数平均每年不到 10 d,无霜期 $253\sim311$ d,为农林业发展提供了适宜的条件。

以山区丘陵地貌为主,人均耕地少。湖南东、南、西三面环山,中部丘陵,北部平原、湖泊展布,山区丘陵面积较广,有"七山一水两分田"之称。全省国土总面积为 21.18 万 km^2,宜农、宜林、宜牧土地约分别占全省土地总面积的 20%、50%、30%,其中湘中丘陵区和湘北平原区耕地面积占全省耕地的 56.7%,是全国重要的产粮区。但是耕地资源供需矛盾长期存在,全省人均耕地 0.06 hm^2,为全国平均水平的 61%,且耕地后备资源不足。

水资源相对丰富,但时空分布不均。湖南省内河网密布,水系发达,拥有湘、资、沅、澧四条河流和全国第二大淡水湖洞庭湖,长 5 km 以上河流 5341 条,多年平均水资源总量为 2539 亿 m^3,按常住人口计算人均 3980 m^3,高于全国平均水平。湖南雨水丰沛,年平均降雨量在

1200~1700 mm 之间,但时空分布很不均匀,集中降雨期的降雨量约占全年降雨量的 50%~60%,造成旱涝灾害频发。

森林覆盖率高,生物资源丰富。全省森林覆盖率为 56.1%。有植物物种 5000 多种,其中木本植物 2000 多种,野生经济植物 1000 多种,药用植物 800 多种,国家保护的珍稀植物 66 种。有脊椎动物 578 种,野生动物 83 种,天然鱼类 160 多种。

矿产资源丰富,但化石能源资源匮乏。湖南煤炭资源保有储量仅占全国煤炭总含量的 0.28%,油气资源均需进口或从省外调入。湖南可再生资源开发潜力较大,太阳能年总储量约有 1.25 万亿 kW,具有可开发价值的风能能源约 5678 万 kW,沼气、秸秆等生物质能年总储量折合标准煤 3972 万 t。

16.2　湖南省气候变化的观测事实

16.2.1　气温变化

16.2.1.1　平均气温

1961—2010 年湖南年平均气温为 17.4℃,最高值为 18.2℃(1998 和 2007 年),最低值为 16.4℃(1984 年)。湖南省年平均气温在近 50 年中呈极显著的上升趋势,上升速率为 0.15℃/10a。20 世纪 60 年代年平均气温呈现下降趋势、70 年代小幅上升,80 年代中前期又有所下降,80 年代中后期以后气温升高,90 年代以来气温上升较快。过去的 13 年(1998—2010 年)中有 12 个年份位居 1961 年以来气温最高的 14 个年份之列(图 16.1)。

近 50 年湖南春季平均气温呈极显著的上升趋势,1961—2010 年共上升了 1.05℃,上升速率为 0.21℃/10a;夏季平均气温无明显变化趋势;秋季平均气温呈显著上升趋势,上升速率为 0.15℃/10a;冬季平均气温同样呈显著上升趋势,上升速率为 0.25℃/10a。

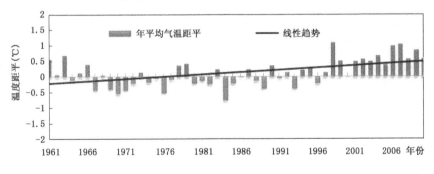

图 16.1　1961—2010 年湖南省年平均气温距平变化

16.2.1.2　极端最高气温

1961—2010 年湖南平均年极端最高气温的平均值为 37.8℃,最高值为 39.4℃(2010

年),最低值为 36.1℃(1993 年),变化趋势不显著(图 16.2)。

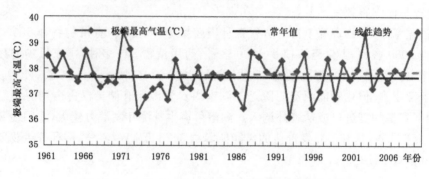

图 16.2 1961—2010 年湖南省极端最高气温年际变化

16.2.1.3 极端最低气温

1961—2010 年湖南年平均极端最低气温为 −3.7℃,最高值为 −0.8℃(2007 年),最低值为 −9.4℃(1977 年)。呈极显著上升趋势,上升速率为 0.44℃/10a(图 16.3)。

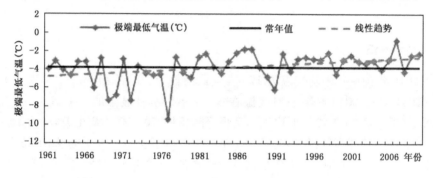

图 16.3 1961—2010 年湖南省极端最低气温年际变化

16.2.1.4 气温日较差

1961—2010 年湖南省年平均气温日较差为 7.9℃,最高值为 9.0℃(1963 年),最低值为 7.3℃(1989 年)。变化趋势不显著,主要表现为年代际波动的状态,20 世纪 60 年代年气温日较差呈现较明显的减小趋势、70 年代有所增大,80 年代中前期又有所减小,80 年代中后期以后气温日较差有所增大,进入 90 年代以来变化不大(图 16.4)。

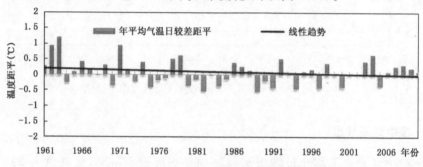

图 16.4 1961—2010 年湖南省年气温日较差变化

16.2.2　降 水

16.2.2.1　年降水量

1961—2010 年湖南省平均年降水量为 1389.0 mm,2002 年为历年最多,为 1870.3 mm; 1971 年为历年最少,为 1142.5 mm。近 50 年,湖南省年降水量无明显的增减趋势,但表现出明显的年际变化,20 世纪 80 年代初以前降水偏多年和偏少年交替出现,90 年代为降水偏多期,80 年代和近十年为偏少期(图 16.5)。

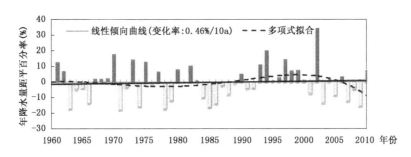

图 16.5　1961—2010 年湖南省平均年降水量距平百分率变化

16.2.2.2　降水日数

1961—2010 年湖南省平均年降水日数为 164.8 d,1970 年为历年最多,为 201.1 d;1986 年为历年最少,为 139.3 d。呈极显著的减少趋势,减少速率为 −6.5 d/10a。年际特征为 20 世纪 60、70 年代为偏多期,之后为下降趋势,近十年减少明显(图 16.6)。

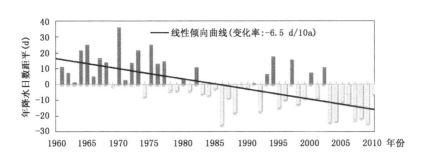

图 16.6　1961—2010 年湖南省平均年降水日数距平变化

16.2.3　日 照 时 数

湖南省日照时数呈显著减少趋势,减少速率为 −35.4 h/10a。且具有明显的年代际特征,20 世纪 60、70 年代为偏多期,80 年代至今为偏少期,90 年代减少最为突出(图 16.7)。

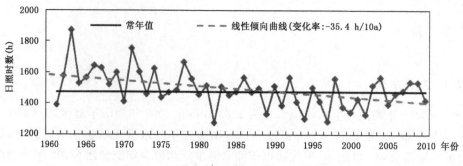

图 16.7　1961—2010 年湖南省平均年日照时数变化

16.2.4　风速

湖南省年平均风速呈极显著减小趋势,减小速率为-0.1(m/s)/10a。年平均风速变化可分为三段,20 世纪 70 年代中期以前呈现波动变化,风速相对较大;70 年代中期至 80 年代末呈现下降趋势;90 年代以来风速较小且稳定少变(图 16.8)。

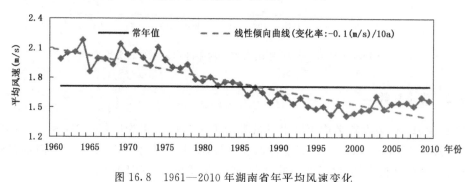

图 16.8　1961—2010 年湖南省年平均风速变化

16.2.5　极端天气气候事件

16.2.5.1　极端高温

(1)极端高温事件

近 50 年,湖南省平均每年出现最高气温极端偏高事件 16.7 站次,最多为 193 站次(2001 年),有 19 年为 0 站次。近 10 年极端高温事件有增多的趋势(图 16.9)。

(2)高温日数

近 50 年,湖南省平均年日最高气温≥35℃日数为 28.5 d,最多为 38.1 d(1963 年),最少为 19.3 d(1993 年)。≥35℃日数在 20 世纪 60 年代前期、21 世纪前 10 年为频发期,90 年代以来明显增多;平均年日最高气温≥40℃的日数为 0.05 d,最多为 0.44 d(2003 年),有 30 年为 0 d,20 世纪 60 年代、21 世纪前 10 年为频发期。高温日数从 60 年代到 80 年代呈减少的趋势,80 年代后期最少,90 年代之后又出现增多的趋势,21 世纪前 10 年最多,说明高温热浪

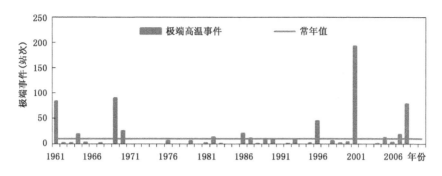

图 16.9 1961—2010 年湖南省年极端高温事件出现站次变化

事件在最近 10 年呈增多的趋势(图 16.10)。

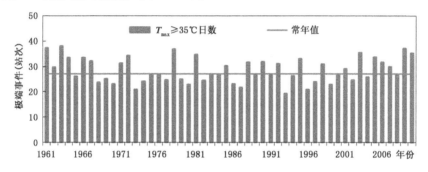

图 16.10 1961—2010 年湖南省年日最高气温≥35℃出现日数变化

近 50 年,湖南省年日平均气温≥30℃且日最低气温≥27℃的日数为 4.9 d,最多为 8.4 d(2010 年),最少为 1.4 d(1968 年)。20 世纪 60 年代、70 年代后期到 80 年代初、80 年代后期到 90 年代初、21 世纪前 10 年出现频次多,其他年代出现较少。90 年代相对较少,之后到 2010 年出现明显增多的趋势(图 16.11)。

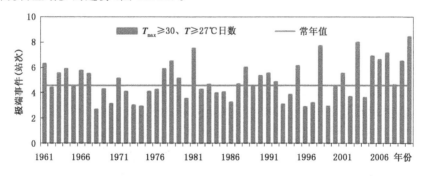

图 16.11 1961—2010 年湖南省年日平均气温≥30℃且日最低气温≥27℃出现日数变化

16.2.5.2 极端低温

(1)极端低温事件

近 50 年,湖南省共有 21 年出现最低气温极端偏低事件共 423 站次,其中 1967 年出现最多,为 94 站次,其次为 1975 年,出现 88 站次。近 20 年中只有 1991 年出现 6 站次、1996

年出现 9 站次和 2006 年出现 2 站次。极端低温事件出现明显的减少趋势(图 16.12)。

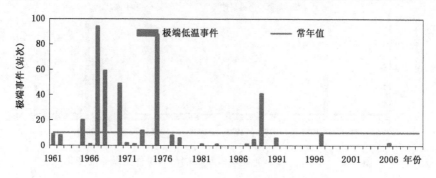

图 16.12 1961—2010 年湖南省年极端低温事件出现站次变化

(2)低温日数

近 50 年,湖南省平均每年每站出现日最低气温≤0℃的日数为 17.0 d,最多为 29.9 d (1969 年),最少为 9.9 d(2007 年),下降速率为−1.4 d/10a(图 16.13)。平均每年每站出现日最低气温≤−5℃、≤−7℃、≤−9℃均呈减少的趋势,1991 年以来日最低气温≤−7℃的日数很少出现,≤−9℃的日数没有再出现。

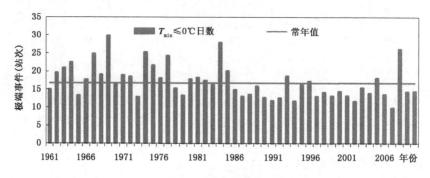

图 16.13 1961—2010 年湖南省年日最低气温≤0℃出现日数变化

16.2.5.3 极端降水事件

(1)暴雨、大暴雨及以上极端事件

1961—2010 年湖南省平均年暴雨日数为 239.8 站次,2002 年为历年最多,为 406 站次;1963 年为历年最少,为 136 站次。近 50 年,湖南省年暴雨日数无明显的增减趋势。年际变化上,20 世纪 60、90 年代和近 10 平均值均高于常年值,其中 90 年代年均 259.2 站次为各年代最高;70 和 80 年代平均值均低于常年值,80 年代年均 218.2 站次为各年代最低(图 16.14)。

1961—2010 年湖南省平均年大暴雨及以上日数为 33.7 站次,2002 年为历年最多,为 80 站次;1991 年为历年最少,为 9 站次。近 50 年,湖南省年大暴雨及以上日数呈显著增多趋势,增多速率为 3.8 站次/10a。年际变化上,20 世纪 90 年代以前为偏少期,近 20 年平均值均高于常年值(图 16.15)。

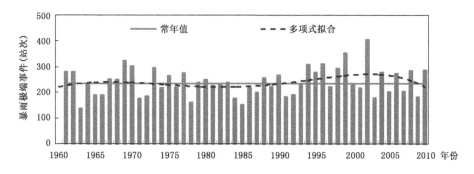

图 16.14 1961—2010 年湖南省暴雨站次变化

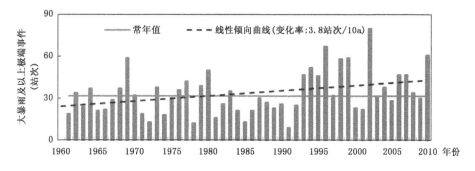

图 16.15 1961—2010 年湖南省大暴雨及以上站次变化

（2）日降水量、3 日降水量极端事件

1961—2010 年湖南省平均年日降水量极端事件为 7.8 站次，1994 年为历年最多，为 21
站次；1972 年为历年最少，为 2 站次。近 50 年，湖南省日降水量极端事件呈显著增多趋势，
增多速率为 1.0 站次/10a。年际变化上，20 世纪 90 年代以前各年代平均值均低于常年值，
其中 80 年代最低，年均 5.2 站次，近 20 年平均值均高于常年值（图 16.16）。

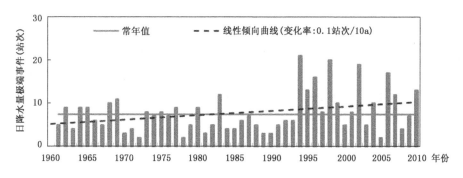

图 16.16 1961—2010 年湖南省日降水量极端事件站次变化

1961—2010 年湖南省平均年 3 日降水量极端事件为 10.5 站次，1996 年为历年最多，为
38 站次；1974、1979 和 1987 年没有发生。近 50 年，湖南省 3 日降水量极端事件呈较显著增
多趋势，增多速率为 1.8 站次/10a。年际变化上，20 世纪 70、80 年代平均值低于常年值，60、
90 年代和近 10 年平均值均高于常年值，且近 20 年增加明显（图 16.17）。

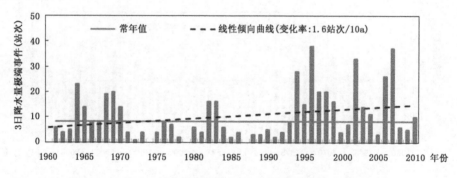

图 16.17　1961—2010 年湖南省 3 日降水量极端事件站次变化

（3）连续无雨日数极端事件

1961—2010 年湖南省平均年连续无雨日数极端事件为 7.6 站次，1983 年为历年最多，为 40 站次，有 13 年没有发生。近 50 年，湖南省连续无雨日数极端事件无明显的增减趋势。年际变化上，只有 20 世纪 80 年代和近 10 年平均值高于常年值，其中 80 年代年均 12.7 站次为各年代最高（图 16.18）。

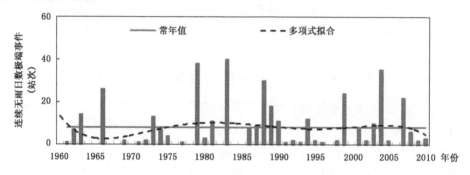

图 16.18　1961—2010 年湖南省连续无雨日数极端事件站次变化

16.2.5.4　极端干旱事件

近 50 年，湖南省（共 72 站）平均年极端干旱事件 21 站次，最多 108 站次（1966 年）；20 世纪 60、70 年代及近 10 年平均值高于常年值，其中近 10 年最高，年均 41.3 站次，80、90 年代年平均值低于常年值，其中 90 年代最低，年均 20.3 站次（图 16.19）。

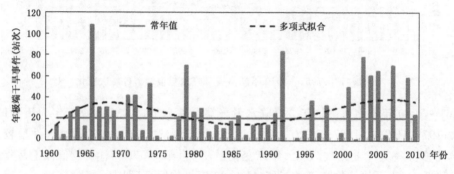

图 16.19　1961—2010 年湖南省极端干旱事件站次变化

近 50 年，湖南省春季仅 1974、1977、1986、1988、1996、2007 年发生了极端干旱事件，最高值出现在 1988 年(8 站次)。夏季共 37 年出现极端干旱事件，最高值出现在 2003 年(51 站次)；除 20 世纪 90 年代，其他年代平均值均高于常年值，其中 70 年代最高，年均 11.3 站次；2010 年湖南省夏季极端干旱 9 站次，比常年少 1 站次，在近 50 年中排第 21 位。秋季极端干旱站次 0～119(1979 年)之间，有 11 年没有出现极端干旱事件；60、70 年代、近 10 年平均值均高于常年值，其中近 10 年年均 36.7 站次为各年代最高，80、90 年代平均值低于常年值，其中 80 年代最低，年均 10 站次。2010 年湖南秋季极端干旱 15 站次，比常年少 4 站次，在近 50 年中排第 23 位。冬季极端干旱 0～112(1999 年)站次之间，有 16 年没有出现极端干旱事件。60、80 年代年平均值均高于常年值，其中 80 年代最高，年均 20.2 站次，70、90 年代及近 10 年平均值低于常年值，其中近 10 年年均 8.1 站次为各年代最低。2010 年湖南冬季极端干旱 35 站次，比常年多 18 站次，在近 50 年中排第 9 位。

16.2.5.5 极端洪涝事件

(1)年极端洪涝事件

近 50 年，湖南共 19 年没有出现极端洪涝事件，发生站次最多出现在 2002 年，为 15 站次；20 世纪 60、90 年代、近 10 年平均值均高于常年值，其中 90 年代最高，年均 4.7 站次，70 年代、80 年代平均值低于常年值，其中 80 年代最低，年均 1.1 站次。2010 年湖南年极端洪涝 3 站次，比常年值低 0.6 站次，在近 50 年中排第 31 位(图 16.20)。

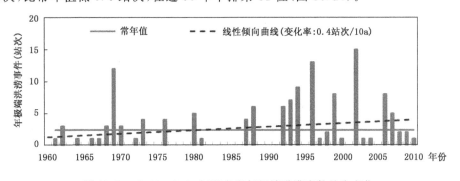

图 16.20 1961—2010 年湖南省年极端洪涝事件站次变化

(2)汛期极端洪涝事件

近 50 年，特别是湖南 1993 年之后，出现多个汛期极端洪涝高发年份，表明近年来，湖南是极端洪涝的高发区；共 25 个年份汛期没有出现极端洪涝事件，最高站次出现在 1996、2002 年，为 13 站次；20 世纪 60、90 年代、近 10 年平均值均高于常年值，其中 90 年代最高，年均 4 站次，70 年代、80 年代平均值低于常年值，其中 80 年代最低，年均 0.6 站次。2010 年湖南汛期极端洪涝 1 站次，比常年值低 0.01 站次，在近 50 年中排第 25 位(图 16.21)。

(3)主汛期极端洪涝事件

近 50 年，湖南共 29 年主汛期没有出现极端洪涝事件，出现站次最多的在 1996 年，为 13 站次；主汛期极端洪涝站次逐年呈较显著上升趋势；20 世纪 60、90 年代、近 10 年平均值均高于常年值，其中 90 年代最高，年均 3.9 站次，70 年代、80 年代平均值低于常年值，其中 80 年代最低，年均 0.5 站次。2010 年湖南主汛期极端洪涝 1 站次，比常年值低 0.7 站次，在近 50

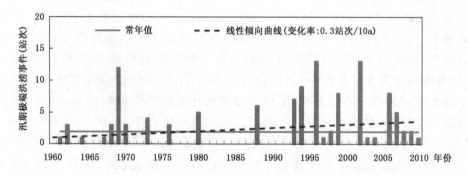

图 16.21　1961—2010 年湖南省汛期(5—9 月)极端洪涝事件站次变化

年中排第 21 位(图 16.22)。

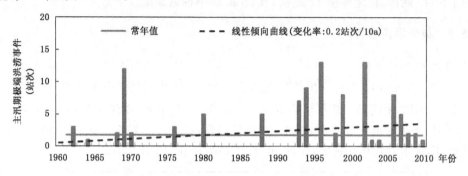

图 16.22　1961—2010 年湖南省主汛期(6—8 月)极端洪涝事件站次变化

16.2.5.6　雷电日数

1961—2010 年湖南省平均各站年雷电日数为 51.3 d,1973 年为历年最多,为 71.5 d;2009 年为历年最少,为 31.3 d。近 50 年,湖南省平均各站年雷电日数呈极显著减少趋势,减少速率为 4.5 d/10a。年际变化上,近 20 年减少明显(图 16.23)。

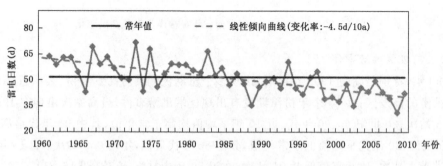

图 16.23　1961—2010 年湖南省平均年雷电日数变化

16.2.5.7　雾日数

1961—2010 年湖南省平均各站年雾日数为 25.7 d,1987 年为历年最多,为 37.6 d;2005 年为历年最少,为 16.4 d。近 50 年,湖南省平均各站年雾日数呈显著减少趋势,减少速率为

1.4 d/10a。年际变化上,70、80 年代平均值均高于常年值,近 20 年为偏少期(图 16.24)。

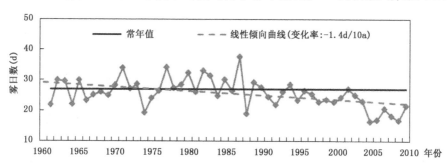

图 16.24　1961—2010 年湖南省平均年雾日数变化

16.2.6　季节变化

湖南省入季日期发生了明显变化,入春、入夏日期提前,入秋、入冬日期推迟,入春提前、入冬推迟的趋势较明显。平均入春日期为 3 月 18 日,最早为 2 月 24 日(2004 年),最晚为 4 月 4 日(1987 年),入春日期有较明显的提前趋势,线性变化趋势为 1.8 d/10a。平均入夏日期为 5 月 21 日,最早为 4 月 27 日(1998 年),最晚为 6 月 5 日(1981 年),入夏日期有不明显的提前趋势,线性变化趋势为 0.9 d/10a。平均入秋日期为 9 月 30 日,最早为 9 月 13 日(1994 年),最晚为 10 月 14 日(2006 年),入秋有推后趋势,线性变化趋势为 0.9 d/10a。入冬日期为 12 月 5 日,最早为 11 月 18 日(1969 年),最晚为 12 月 23 日(1999 年),入冬有推后趋势,线性变化趋势为 1.4 d/10a。

湖南省各季持续时间也发生了一定变化,冬季缩短、夏季延长的趋势较明显,春秋季略有延长的趋势,但不明显(表 16.1)。

表 16.1　湖南省四季持续时间及变化倾向率

季节	平均持续时间	最长	最短	变化趋势
春季	65 天	93 天(2004 年)	30 天(1998 年)	0.9 天/10a
夏季	131 天	165 天(1998 年)	111 天(1971 年)	1.8 天/10a
秋季	67 天	90 天(1994 年)	46 天(1962 年)	0.7 天/10a
冬季	103 天	128 天(1969 年)	80 天(1999 年)	−3.1 天/10a

16.3　湖南省气候变化的影响事实

16.3.1　对农业的影响

农业气象灾害发生频次增多,直接影响到粮食产量。近 10 年(1998—2007 年),湖南省因洪涝灾害年均农作物受灾面积较前 10 年增加 6.5 万 hm²,粮食减产量增加 0.9 亿 kg;因干旱年均农作物受灾面积较前 10 年增加 29.5 万 hm²,粮食减产量增加 1.8 亿 kg。

种植制度和作物品种发生改变(廖玉芳等,2010);相对于 1960—1991 年,1981—2008 年湖南省双季稻"迟熟＋迟熟"种植适宜区面积减少量为湖南国土总面积的 2.4%,"中熟＋迟熟"种植适宜区面积增加量为 10.2%,"早熟＋早熟"种植适宜区面积减少量为 3.2%,不适宜种植双季稻区面积增加量为 0.5%;油菜最适宜种植区面积增加量为 20.8%,次适宜种植面积减少量为 16.2%。棉花最适宜种植面积减少量为 14.7%,适宜种植面积增加量为 14.5%;温州蜜橘最适宜种植面积增加量为 55%,适宜种植区和次适宜种植面积减少量分别为 48.7%、6.6%;甜橙、柚类最适宜种植面积增加量为 48.7%,适宜种植区面积因向最适宜区转变而减少 39.1%;油茶原适宜种植区、次适宜种植区向最适宜种植区转变,最适宜种植区面积增加量为 2.0%。烟叶最适宜种植面积减少量为 19.8%;最适宜种植区向适宜种植区或次适宜种植区转变,而使得适宜种植区面积和次适宜种植区面积增加分别为 13.7%、6.0%。另有研究表明,气温升高 1℃,湖南省的三熟制面积将增加 4.34 万 km²;气温升高 2℃,湖南省的三熟制面积将增加 5.44 万 km²(陆魁东等,2007)。

作物生长潜力同样在发生变化。在湖南省棉花种植区,由于可适宜生长的时段延长,活动积温增多,光照保持相对稳定,气候变化总体上继续有利于棉花的生长发育;在湖南省油菜种植区,由于生育期内越冬期推迟,冬前生长期延长,积温增多,低温冻害也明显减少,当前气候变化下有利于油菜冬前生长和安全越冬,对油菜生长明显有利(黄晚华等,2009)。

病虫害和动物疫病有新发和加剧趋势。全省已发现外来入侵生物 27 种,目前以豚草、假高粱、加拿大一枝黄花和稻水象甲危害最为严重。据初步估计,全省因外来物种入侵造成的直接农业经济损失达 15 亿元左右,并给全省农业生态系统、生物多样性保护造成了巨大威胁。动物疫病如猪肺炎、生猪蓝耳病等也都是近年出现的新疾病。另外,由于气温升高,病虫害发育的起点时间提前,一年中害虫繁殖代数增加,造成农田多次受害的几率增高。作物受害程度加重,农药使用量增加,农业生产成本随之也增加。

16.3.2　对水资源的影响

湖南省是我国的天然富水区之一。境内湘、资、沅、澧四条主要河流及其他中小河流在洞庭湖汇集、调蓄后,于城陵矶注入长江,湘、资、沅、澧四水间通着大小支流 5 341 条,总长 90 000 多 km。全省天然水资源总量 1 765.8 亿 m³,地表水资源总量 1 759.2 亿 m³,地下浅层水量 438.5 亿 m³,多年人均占有量 3 381 m³,约为全国人均的 1.5 倍(张晨曦等,2010)。

湖南省目前的水资源状况总体上是好的,随着人口数量的增加和社会经济发展,社会经济各部门对水资源的需求量在一定的时间内也将不断增加,水资源的短缺程度也将不断上升(秦远清,2010)。湖南省水环境资源已初显季节性缺水、工程性缺水、水质性缺水的端倪。水环境污染相当严重,国控、省控断面受到严重污染的断面(Ⅲ、Ⅳ类水质)占统计断面的 60% 以上,近半数河流处于中等以上污染水平,有 1/3 以上河段达不到使用功能要求(张晨曦等,2010)。

洞庭湖位于湖南省东北部、长江中游荆江段南岸,是中国五大淡水湖之一,是长江中游重要吞吐湖泊。1930—1998 年的近 70 年,洞庭湖湖面面积在不断减小,湖泊退化非常明显,湖泊面积从 1930s 的 4 955 km² 降低到 1998 年的 2518 km²,共减少了 49.2%(谢永宏等,2007)。水资源供需矛盾日益突出。湘江水位连续多年接近或创历史新低,危及居民饮水;洞庭湖枯水季节水位偏低,影响到饮水安全及生态系统平衡。

水环境问题日趋严重。由于降水变率加大,洪涝和干旱灾害出现的频率增加,强度加大;气温升高导致蒸发量加大,加重了河流污染程度,特别是枯水季节,水温升高,促进河流中细菌和微生物繁殖,导致水质下降,从而威胁城市饮用水源安全。如 2010 年 9 月下旬湘江蓝藻滋长,堵塞长沙市自来水厂滤网,导致长沙市部分地区临时停水或水压下降事件。

旱涝灾害加剧。气候变化已导致湖南旱季降水减少,雨季降水增加,降水强度也在增强,因而旱涝灾害范围急剧扩大,程度加重。湖南省(7—9 月)一般降雨偏少,特别是雨季结束后,副热带高压长时间稳定控制湖南,形成久晴少雨的大范围干旱天气。1950 年以来,湖南的旱灾趋势:20 世纪 50—70 年代呈缓慢上升再下降型,80—90 年代呈迅速上升再下降型。其中 1956、1959、1960、1963、1972、1978、1981、1985、1986、1990、2003 年 11 年为重旱年,1960、1963、1985、1990、2003 年 5 年为极旱年(谢炼,2005)据历史资料统计,湖南洞庭湖区平均 3 年发生一次较大洪水,南部丘陵地区平均 1.6 年发生一次较重旱灾,特别是进入 20 世纪 90 年代以来,水旱灾害尤为加剧频繁,几乎年年皆有,只是时间、区域和程度不一而已,往往是北涝南旱、前涝后旱,或先旱后涝,甚至旱涝交替,水旱灾害成为制约湖南经济发展的主要因素之一,造成的损失为各种自然灾害损失之首。50 多年来,湖南洪涝灾害呈 V 型趋势,20 世纪 50—70 年代呈现由高到低型,80—90 年代又由低到高型。其中典型大洪涝年有 1954、1983、1996、1998、1999、2002 年等 6 年,洞庭湖城陵矶站最高水位均超过危险水位 1 m 以上,其中 1954、1998 两年洪水属湘、资、沅、澧四水流域同步洪灾;1996、2002 两年洪水属两条流域同步洪灾;1983、1999 两年洪水属单一流域洪灾。这 6 年中的洪灾均造成洞庭湖区特大洪涝灾害。

1961—2004 年湖南省的极端强降水量呈显著增加趋势,1993 年是显著增加的突变点,年平均极端强降水量 1994 —2004 年比 1961—1993 年增加 126.4 mm,显著增加的地区出现在湘东南和湘东北,增加量超过 200 mm;极端强降水年平均强度在 1993 年之后一直处于上升趋势,1994—2004 年比 1961—1993 年增加了 2.25 mm/d,由平均强度增加带来的极端强降水增加量约为 41 mm;极端强降水日数同样呈增加趋势,1993 年是显著增加的突变点,极端强降水日数 1994—2004 年比 1961—1993 年增加了 2.05 d。(罗伯良等,2008)。基于气象资料统计湖南省历年暴雨(日降水量不小于 50 mm)、大暴雨(日降水量不小于 100 mm)站次的结果是:暴雨、大暴雨年站次数均有明显增长,20 世纪 90 年代以来 5a 滑动平均值均高于前期,并构成了明显的波峰;日降水量不小于 50 mm 的每 10a 增加 19.9 站次,日降水量不小于 100 mm 的每 10a 增加 5.4 站次(廖玉芳等,2009)。洪涝灾害增多,洪水使供饮用的地面水受到污染,带来诸如霍乱、伤寒和肝炎等疾病的威胁,多种病原体聚集在广泛的水体中增加了预防肠道传染病的难度。

16.3.3 对生态系统影响

洞庭湖位于湖南省北部,是我国第二大淡水湖泊,号称"八百里洞庭湖",素有"长江之肾"的美称。也是我国首批加入国际《湿地公约》的 7 大块重要湿地之一。近年来,洞庭湖水域面积减少,湿地生态环境严重退化,这其中除了人为影响,气候变化也起到了推波助澜的作用。首先,气候变化加剧了洞庭湖水域面积减少。20世纪30年代,洞庭湖最大水域面积曾有近 5000 km²;50 年代减少到不足 4000 km²;70 年代锐减至 2960 km²;80 年代至今虽减少速度放缓,但在枯水季节时水域面积还是不足 1000 km²。气候专家认为气候变化在洞庭湖水域面积减少过程中起到了加剧作用,长江流域的旱、涝变化直接影响到洞庭湖水域面积的变化。反过来,洞庭湖水域面积的变化又会对局地气候造成严重影响,甚至还将影响到洪湖和江汉平原湿地生态环境。其次,洞庭湖湿地生态环境遭到破坏,虽是多方面因素叠加影响的结果,但气候变化起到了进一步加剧这一趋势的作用:一是气温升高引起湿地蒸发量增加,导致湿地干涸、面积缩小,湿地和物种栖息地"岛屿化"和"片段化"程度加重;二是降水变化引起河流径流量变化,导致湖泊蓄水量变化,局部水体污染严重,湿地生态环境承载力下降;三是极端天气气候事件使湿地生态系统遭遇干旱、洪水、冰冻等灾害的困扰加大,加剧生态环境发生改变,使湿地物种资源减少,生物多样性降低。洞庭湖曾被誉为"候鸟天堂",孕育了丰富的野生动植物资源,如华南虎、扬子鳄、麋鹿、大天鹅、白暨豚等陆生和水生野生动物在洞庭湖都曾分布,现已基本灭绝;鸟类数量大为减少,珍贵鸟类已很难见到。2008 年初的极端冰雪灾害对洞庭湖动食性鸟类产生极大影响,需要深水区域的潜鸭类如凤头潜鸭数量急剧减少,减幅超过 90%以上,个别鸟类已经没有了踪迹;2007 年的"洞庭湖鼠害"事件与洞庭湖干旱导致的生态环境改变密切相关。

气候变化导致水土流失加重。气候变化引起降雨量和蒸发量的改变,影响径流量,引起水土流失。湖南省现有水土流失 4.04 万 km²,土地沙化(包括湘西、湘中的石灰岩地区的石漠化、湘南的紫色页岩)588.14 km²。

另外,气候变化也导致湖南省林火发生频率加快,重大火灾发生的可能性增加(韩志刚等,2010);研究表明,近 20a 来的气候变化使温度、降水、光照均朝着有利于植物生长的方向发展,湖南省内植被的 NPP 呈现增加的趋势(朱文泉等,2007)。

16.3.4 对交通的影响

水毁灾害增多,交通基础设施建设成本提高。暴雨、强降水发生频率增大,导致地质灾害、山洪等次生灾害发生频率也在增大,因而导致公路水毁严重。如山洪暴发引起桥梁冲垮和沿河公路路基冲毁,江河水位超常上涨引起路基淹没。2006 年全省公路水毁损失 6.83 亿元,其中省养普通公路水毁损失 1.98 亿元;2007 年全省公路水毁损失 4.94 亿元,其中省养普通公路水毁损失 1.35 亿元。省养普通公路水毁损失已达到当年养护投入的 10%左右。

运营效率降低。近几年湘江干流进入枯水期时间早、持续时间长、水位特别低,长沙以上主要水文站水位出现低于设计水位 0.5~1.3 m 的水位。100 吨级以上的船舶无法航行到长沙市及上游河段,1000 吨级的集装箱船舶只能半载航行到长沙市下游的霞凝港。特枯水位的频繁出现,不仅沉重打击了航运业,而且对社会经济的正常发展也产生了一定的负面影响,如 2003 年、2004 年、2007 年湘江连续出现特枯水位,湘钢、涟钢的进口铁矿石水运受阻,集装箱、煤炭、石油产品等也无法水运到长、株、潭地区,直接和间接经济损失巨大。2008 年初的冰雪灾害导致交通运输受到严重影响,造成旅客大量滞留车站、受困公路。

安全隐患增大。气候变化导致湖南雾霾天气及高温天气增多,冰雪灾害强度增强,山体滑坡、泥石流灾害发生频率增大,对交通安全产生极大的影响。

16.3.5 对人体健康的影响

IPCC 研究指出,随着气候变暖和平均海平面的升高,气候变化对人类健康产生了多方面的影响,且消极影响会大大超过其积极影响。其影响有直接和间接两种,且以间接影响为主。

直接影响主要包括日益增加的自然灾害(如热浪强度和持续时间的增加等)导致的疾病(如心脏和呼吸系统疾病)或死亡。气温和人的死亡率之间存在一定的必然联系,当气温超过一定的限度时,死亡率显著增加。另有研究表明,气温与人的死亡率之间呈 u 型关系,气温过冷或过热都将增加死亡率,而最适合人类生存的温度范围是 16~25℃。冬季增温增加了流感等病毒的滋生和传播概率,导致了比夏季更高的死亡率。在诸多天气因素中,高温是影响死亡率的主要因素,湿度和风速为次要因素,只有当温度超过热阈值时,其他天气因素才会产生显著影响。而诸如洪涝、干旱、飓风、热带气旋、台风和冰雪灾害等极端天气事件发生的频率和强度大大增加,也严重地威胁着人类的生命与财产安全。湖南省近 50 年来夏季高温热害发生频率加大、强度增强,导致因中暑、心脑血管病、胃肠道疾病等患病人数和死亡人数增加。另有研究表明,20 世纪 70 年代以来,湖南省霾发生频率在增加,极值不断刷新,严重程度在加重(廖玉芳等,2007)。霾同样会对人体健康造成影响,因为灰霾的组成成分中有很多直径小于 10 μm 的气溶胶粒子,如矿物颗粒物、海盐、硫酸盐、硝酸盐、有机气溶胶粒子等,它能直接进入并粘附在人体上下呼吸道和肺叶中;由于灰霾中的大气气溶胶大部分均可被人体呼吸道吸入,尤其是亚微米粒子会分别沉积于上、下呼吸道和肺泡中,引起鼻炎、支气管炎等病症,长期处于这种环境还会诱发肺癌。此外,由于太阳中的紫外线是人体合成维生素 D 的唯一途径,紫外线辐射的减弱直接导致小儿佝偻病高发;紫外线是自然界杀灭大气微生物如细菌、病毒等的主要武器,而灰霾天气会导致近地层紫外线的减弱,易使空气中的传染性病菌的活性增强,传染病增多。

气候变化对人体健康间接影响则更为错综复杂,气候变化引起的各种极端气候现象导致生态系统紊乱。许多媒介疾病(如疟疾、登革热、黄热病以及一些病毒性脑炎)的媒介分布范围和季节扩展,造成传染病和自然疫源性疾病的增加和流行区域的扩展。对湖南来说,气温升高延长了有利于血吸虫病传播的时间;洪涝灾害增多为血吸虫病的流行创造了有利的条件。近年来,血吸虫病在长江流域的湖南、江西、湖北、安徽等省呈上升趋势,血吸虫病人数占全国总病人数的 85% 左右,其中湖南是最严重的省份。

16.3.6 对长株潭城市群的影响

近年来,由于城市化及气候变化的影响,长株潭地区年平均气温上升趋势明显且上升速率高于周边地区,暴雨日数增多且增多速率高于周边地区。另外,长沙为湖南省内霾天气分布的高值区,近 40 年来霾日数显著增多;近 40 年来株洲年霾日数同样呈增多趋势且增多速率高于全省平均值。气候变化对长株潭城市群造成的影响远超过了其对于周边地区的影响。

16.3.6.1 对城市用电的影响

气候变化同样会对城市用电量造成影响。研究表明,湖南省夏半年(5—9月)日用电量与日平均气温呈现出很高的正相关性;气温较高时(大约以20℃为界),日用电量受气温影响大且规律一致,均表现为气温升高用电量明显增加;反之,气温越低,日用电量受气温升降影响则较复杂。以1995年7月为例,日平均气温每升高1℃,湖南省的日增用电量为1256万kW·h(陈正洪,2000)。长株潭地区是湖南省城市化发展速度最快的地区,受城市化的影响,长株潭地区气温上升趋势较同区域内其他地区更为明显:长沙市1960—2010年(以马坡岭站为例)年平均气温上升速率为0.20℃/10a,高于其周边的宁乡(0.17℃/10a)和浏阳(0.13℃/10a);株洲市1960—2010年年平均气温上升速率为0.16℃/10a,高于其周边的醴陵(0.14℃/10a);而湘潭市1960—2010年年平均气温上升速率为0.11℃/10a,也高于其周边的湘乡(0.08℃/10a)和韶山(0.08℃/10a)。由于近50年来长株潭地区气温上升趋势明显,这对于城市群的电网负荷来说是一个考验,也会带来更大的供电压力。

16.3.6.2 对城市水安全的影响

长株潭地区虽然不是湖南省的暴雨高频分布区,但近50年来的暴雨日数呈现出增多的趋势,且增多速率高于周边地区。长沙市1960—2010年(以马坡岭站为例)年暴雨日数增多速率为0.27 d/10a,高于全省平均增多速率(0.16 d/10a),也高于宁乡(0.25 d/10a)和浏阳的增多速率(0.09 d/10a);株洲市1960—2010年年暴雨日数增多速率为0.36 d/10a,不仅远高于全省平均增多速率,也高于其周边醴陵的增多速率(0.18 d/10a);而湘潭市1960—2010年年暴雨日数增多速率为0.14 d/10a,同样高于其周边湘乡(0.06 d/10a)和韶山的减少速率(−0.06 d/10a)。

由于降水变率加大,洪涝和干旱灾害出现的频率增加,强度加大;降水强度增强必然引起城市涝渍几率加大,城市渍涝就会造成面源污染,进而威胁到城市水安全。实际上,20世纪90年代以来,湖南省的许多城市已出现过多起城市渍涝现象,长株潭城市群也不例外。另外,近50年来湖南省干旱也呈上升趋势,湘江水位近几年来连创新低,严重影响到长株潭城市群的供水问题。

气温升高也会导致蒸发量加大,加重了河流污染程度,特别是枯水季节,水温升高,促进河流中细菌和微生物繁殖,导致水质下降,从而威胁城市饮用水源安全。

16.3.6.3 对城市能见度及大气环境的影响

研究表明,20世纪70年代以来,湖南省霾发生频率在增加,极值不断刷新;严重程度在加重,具有城市、盆地多发的特点,气候变化趋势有利于继续加重霾的形成(廖玉芳等,2007)。长沙为湖南省霾高值分布区,多年平均年霾日数为33.4 d,远高于全省平均值(14.2 d),近40年年霾日数增多速率为19.8 d/10a,远高于全省平均增多速率(2.2 d/10a);株洲近40年霾增多速率为3.9 d/10a,同样高于全省平均增多速率。

霾对城市的影响主要有:(1)影响交通安全:出现灰霾天气时,室外能见度低,污染持续,交通阻塞,事故频发。(2)影响空气质量:灰霾会加快了城市遭受光化学烟雾污染的提前到来。光化学烟雾是一种淡蓝色的烟雾,汽车尾气和工厂废气里含大量氮氧化物和碳氢化合物,这些气体在阳光和紫外线作用下,会发生光化学反应,产生光化学烟雾。它的主要成分是一系列氧化剂,如臭氧、醛类、酮等,毒性很大,对人体有强烈的刺激作用,严重时会使人出现呼吸困难、视力衰退、手足抽搐等现象。

16.4　湖南省未来气候变化趋势、可能影响

16.4.1　未来气候变化情景

根据全球气候模式预测结果,未来 90 年湖南气候将进一步增暖(图 16.25),相对于 1971—2000 年,A1B(中等排放情景)、A2(高排放情景)、B1(低排放情景)三种情景下的 2011—2040 年全省年平均气温均将升高 0.9℃;2041—2070 年全省年平均气温则将分别升高 2.2℃、2.0℃ 和 1.6℃;而 2071—2100 年全省年平均气温将分别升高 3.2℃、3.5℃ 和 2.2℃。

其中三种情景下的 2011—2040 年全省冬季平均气温将分别升高 1.0℃、0.9℃ 和 1.0℃;2041—2070 年全省冬季平均气温则将分别升高 2.5℃、2.2℃ 和 1.8℃;而 2071—2100 年全省冬季平均气温将分别升高 3.5℃、3.7℃ 和 2.5℃。

三种情景下的 2011—2040 年全省夏季平均气温将分别升高 0.9℃、0.9℃ 和 0.9℃;2041—2070 年全省夏季平均气温则将分别升高 2.0℃、2.1℃ 和 1.5℃;而 2071—2100 年全省夏季平均气温将分别升高 3.0℃、3.5℃ 和 2.1℃。

未来 90 年湖南平均年降水量呈略微增加的趋势,A1B、A2、B1 三种情景下的 2011—2100 年全省年降水量的上升速率分别为 9.7 mm/10a,15.0 mm/10a 和 11.1 mm/10a。

图 16.25　1971—2100 年三种排放情景下湖南省年平均气温变化

16.4.2　未来气候变化的可能影响

16.4.2.1　对气象灾害的可能影响

未来 40 年受气温升高和降水年际变化大的影响,湖南省洪涝、干旱及高温热浪等极端

天气气候事件发生频率将进一步增加、强度增强,对湖南省经济社会发展和人民生活将构成严重的威胁。

16.4.2.2　对水资源的可能影响

全球气候变化将通过加速大气环流和水文循环而在一定程度上改变水资源量在时空上的分布,进而加剧区域洪涝和干旱灾害,影响区域水资源的可持续利用。中国水资源系统对气候变化的承受能力十分脆弱。多数河流的径流对大气降水变化非常敏感。由于湖南有6800万人口,经济发展迅速,耗水量不断增加,未来许多地区可能面临着水资源短缺问题;基础设施的建设和社会经济的快速发展也使洪水、干旱造成的经济损失日益增多。

气候变化对水资源的影响首先体现在河流径流量的变化上。研究表明,根据未来可能气候变化,采用 VIC 模型分析 4 种气候情景下径流量的可能变化,结果表明湖南省多年平均径流深将有不同程度的增加(张建云等,2009),这对我们未来防御洪涝风险及合理利用水资源提出了挑战。

16.4.2.3　对农业的可能影响

农业是对气候变化最为敏感的产业之一。农业生产与气候条件的关系密切,气候变化会使农业生产的不稳定性增加,产量波动增大,农业生产布局和结构将出现变动。湖南是中国的农业大省,洞庭湖平原更是国内重要的商品粮基地;而湖南主要的粮食作物是水稻,下面就以水稻为例来阐述未来两种排放情景下气候变化对于湖南省农业的影响。

在未来气温升高环境下,不考虑 CO_2 的肥效作用,湖南省水稻生育期缩短,产量总体下降,稳产性降低。大气 CO_2 浓度升高对水稻产量具有一定的正效应,但对双季早稻增产的贡献仍不足抵消增温对产量的负面影响。相比早稻,大气 CO_2 浓度升高对晚稻的增产在一定程度上抵消了增温的不利影响(杨沈斌等,2010)。

(1)水稻生育期变化

不考虑 CO_2 的增肥效应,相比基准气候,A2 和 B2 情景的湖南省水稻生育期平均缩短了 3.2 d 和 2.6 d。由此可见,气候变暖加速了水稻的生育进程,缩短了水稻的生育期(杨沈斌等,2010)。

(2)水稻产量变化

不考虑 CO_2 的增肥效应,在 A2 和 B2 情景下湖南省大部分地区双季水稻的模拟产量均呈现明显减产趋势,其中湖南省东部一些地区双季稻在两种情景下减产均超过 20%,但 B2 情景下上述区域较 A2 情景缩小,且减产幅度有所降低。减产的原因是增温造成水稻生育期缩短,致使光合作用时间减少,灌浆不充分;另外,双季晚稻生长期经历了平均气温高且增温幅度大的 7、8 月份,极易受到极端高温事件的影响,其减产幅度明显大于早稻。A2 和 B2 情景下湖南西部和南部一些山区的水稻产量呈现增多的趋势,表明增温将有利于海拔较高地区的水稻增产(杨沈斌等,2010)。

(3)大气 CO_2 肥效作用对水稻产量的影响

大气 CO_2 的肥效作用在一定程度上削弱了增温的不利影响,使湖南省水稻模拟产量的总体水平得到有效提高。数据表明,大气 CO_2 浓度升高对湖南省水稻产量具有一定的正面作用。考虑 CO_2 肥效作用,A2 和 B2 情景下湖南省中东部水稻减产区域的面积较不考虑

CO_2 肥效作用时大为减小,西部和南部水稻增产区域的面积增加;其中 CO_2 浓度较高的 A2 情景对水稻生产的正效应总体高于 B2 情景。然而,大气 CO_2 肥效作用对双季早稻和双季晚稻的正效应存在较大差异。大气 CO_2 肥效对晚稻产量的正效应最大,抵消了增温对晚稻生产的不利影响,可能与晚稻生长中后期气温渐凉,有利于 CO_2 肥效作用的发挥有关(杨沈斌等,2010)。

(4)水稻稳产性的变化

分析 A2 和 B2 情景下湖南省产量的年际变率,发现水稻产量年际变率均比基准气候高。不考虑 CO_2 肥效作用,A2、B2 情景下的平均变率分别为 28%和 25%,较基准气候分别增加 6%和 3%;考虑 CO_2 肥效作用,A2 和 B2 情景的变率分别为 28%和 26%,较基准气候分别增加 6%和 4%(杨沈斌等,2010)。因此,需密切注意水稻稳产性降低带来的粮食安全问题。

16.4.2.4 对典型生态系统的可能影响

未来气候变化将会影响生态系统的结构和功能,生态系统对气候变化的响应有其自身的脆弱性。生态系统对气候变化响应的脆弱性有其特定的阈值:即生态系统对气候变化的适应和调节能力只能在一定情形下起作用,如果气候变化幅度过大、胁迫时间过长,或短期的干扰过强,超出了生态系统本身的调节和修复能力,生态系统的结构功能和稳定性就会遭到破坏,造成生态系统不能适应气候的变化(不可逆转的演替),这个临界限度称为"气候变化对生态系统影响的阈值"。生态系统的脆弱性指生态系统受损的程度,主要由生态系统的净初级生产力的减少来衡量,以某一生态系统状态与全球平均状态(生态基准)相比较,按照受损程度划分为轻微受损、中度受损、严重受损和完全受损。未来情景下湖南省生态系统的变化关系到整个地区未来的生态安全,进而影响未来地区经济的可持续发展。

研究表明,B2 情景下的基准年结果(1961—1990 年)显示湖南省东部及南部的部分地区有轻度到中度的脆弱性,B2 情景的近期结果(1991—2020 年)显示湖南省上述地区生态系统的脆弱性有比较明显的好转,B2 情景的中期结果(2021—2050 年)显示湖南省东部及南部的部分地区的脆弱性较基准年有所发展,更多的地区重新出现轻度到中度的受损,B2 情景的远期结果(2051—2080 年)显示系统受损较中期结果有所加重(吴绍洪等,2007)。

另有研究表明,湖南省内所有地区的植被 NPP 与气温负相关,但与降水量正相关。由于未来 B2 排放情景下湖南省的大部分区域由于气温增加较高而降水量增加不多,因此湖南省内植被 NPP 都将减少(苗茜等,2010)。

16.4.2.5 对人体健康的可能影响

在一些基础设施不能充分提供水和卫生的地方,未来的气候变化将给人群的健康带来广泛的负面影响。

未来城市更多的降水可能影响到排水系统的运行。控制不住的超量雨水可能将微生物和化学污染物传播到水资源中,这很难通过常规的饮用水处理过程得到控制。

另外,研究表明,相对 2005 年时段(1991—2005 年),2050 年时段(2046—2050 年)和 2070 年时段(2066—2070 年)A2、B2 情景下血吸虫病分布范围的北界线出现北移。2050 年时段,洞庭湖周围的血吸虫传播指数明显上升。2070 年时段,湘中以北地区血吸虫传播指数进一步增加,A2情景增加的幅度大于B2情景;湘南地区血吸虫传播指数减少,A2情景减少的幅度大于B2情景(杨坤等,2010)。

16.5 湖南省适应气候变化的政策和措施选择

(1)发挥气候资源优势,合理调整农业布局,因地制宜地调整农业种植结构、及时选育并更新适应气候变暖的优良品种。

(2)大力开展植树造林,增加植被覆盖率;同时重视土壤这个"地下水库"的巨大作用,通过平整土地,改良土壤,植草护坡,使汛期部分水分贮存于地下土壤和岩石缝隙中,以减少汛期径流。

(3)建立"给洪水以出路,与洪水和谐相处"的防洪理念,规范人类的经济社会活动,使之适应洪水的发展规律;加强分蓄洪区运用和管理;兴修水库,将多雨季节的雨水应用到干旱少雨季节;对于依山而建的城市,可以在周围山体上修建立体湿地,以增加水资源,减少雨水冲刷造成的面源污染(张俊艳,2005)。

(4)加强气象灾害监测、预测预警能力建设,建立"政府主导、部门联动、社会参与"的防灾减灾机制,增强防灾、抗灾、救灾能力。整合、统筹华中区气象、农业、林业、水利、水文、环保、地震、国土资源、民航等部门的观测站网资源,在统一规范、统一标准的基础上实现资料共享,形成气象灾害综合观测体系;强化气象灾害信息的发布与传播,建立健全气象灾害应急机制,完善人工影响天气应急体系,加强气象灾害应急救援队伍建设。同时,强化与气候条件密切相关的重大工程规划和建设项目的气候适宜性、风险性以及可能对局地气候产生影响的分析、评估工作,避免和减少重要设施遭受气象灾害和气候变化的影响,或对城市气候资源造成破坏而导致局部地区气象环境恶化。

(5)将太阳能、风能等可再生能源开发纳入发展规划,或成立专项开发基金,持续支持太阳能、风能等可再生能源开发利用;制定出台开发和利用清洁能源的相关政策,从政策上给予支持与鼓励;加快太阳能、风能开发进程,并带动相关产业的发展;同时加强利用清洁能源的宣传工作,在全社会倡导环保节能意识。

附录 1　资料说明

1.1　历史气象资料

历史气象资料来自华中区域河南、湖北、湖南三省气象档案馆,包括平均气温、最高气温、最低气温、降水量、风速、日照时数的日、月、年统计值,雷电日数、雾日数月、年统计值。全区域 1961—2010 年资料完整的气象站有 239 个,其中河南 97 个,湖北 67 个,湖南 75 个。

《华中区域气候变化评估报告 科学基础》使用资料年代为 1961—2010 年,选用的站点是通过均一化检验的气象站,其中气温为 102 个站,降水为 233 个站。

1.2　气候变化情景数据

21 世纪气候变化情景数据,是国家气候中心提供的中国地区气候变化预估数据集(Version 2.0)。国家气候中心将多模式的模拟数据(WCRP 的耦合模式比较计划—阶段 3 的多模式数据(CMIP3 数据))经过插值降尺度计算,将其统一到同一分辨率下,对其在东亚地区的模拟效果进行检验,利用可靠性加权平均进行多模式集合,制作成一套 1901—2100 年月平均资料即中国地区气候变化预估数据集(Version 2.0)。数据分辨率为 $1° \times 1°$,数据范围 $72° \sim 135°$E、$15.5° \sim 55.5°$N,20C3M 数据包括 1901 年 1 月—2000 年 12 月,SRES A1B、A2、B1 情景数据为 2001 年 1 月—2100 年 12 月。

附录2　气象资料处理和气候变化分析方法

2.1　气象资料序列均一化检验方法

2.1.1　参考站的选取

在气候序列的均一性检验中，需要参考周围邻近气象台站气候序列。为了减少由于地理的边际效应对均一性检验的影响，选取与华中区域3省接壤的12个省市共42个国家气象站作为邻近参考站，对42站进行了均一性检验，最后选取了29个均一性较好的台站。

2.1.2　参考序列构造

(1)差值序列

$$Y_i = x_i - \frac{1}{N}\sum_{j=1}^{N}x_{ij} \tag{1}$$

式中 x_i 为被检站的年平均气温值，x_{ij} 分别为邻近参考站的年平均值，i 为年序，j 为邻近参考站序号，N 为邻近参考站数，Y_i 为检测参考序列。

(2)比值序列

$$Y_i = \frac{1}{N}\sum_{j=1}^{N}\frac{x_{ij}}{x_i} \tag{2}$$

(2)式含义除了要素为年降水总量外，其他与(1)式相同。

(3)原始序列

直接采用历年的年平均气温和降水总量，或者距平(距平百分率)。邻近站的选取原则：在半径为100 km范围内选取与待检站要素相关系数最大的5个台站。

2.1.3　均一性检验方法

(1)标准正态均一性检验方法(SNHT，Standard normal homogeneity test)

Alexanderson(1986)构造了一个统计量 $T(k)$ 来比较序列前 k 年和后 $n-k$ 年的均值：

$$T(k) = k\bar{Z}_1^2 + (n-k)\bar{Z}_2^2 \quad k = 1,\cdots,n$$

其中
$$\overline{Z}_1 = \frac{1}{k}\sum_{i=1}^{k}(Y_i - \overline{Y})/S, \overline{Z}_2 = \frac{1}{n-k}\sum_{i=k+1}^{n}(Y_i - \overline{Y})/S$$

$T_0 = \max_{1 \leqslant k \leqslant n} T(k)$，$Y$ 为正态分布。

Y_i、$\overline{Y}$ 为参考序列及其平均值，S 为序列的标准差。当 T_0 大于某一数值时，被检序列存在不均一性。如果 $T(k)$ 在第 k 年达到极大值，且大于某临界值水平 T_{99}，则该序列在第 k 年是非均一的。

（2）Buishand 检验法

该方法是 Buishand(1984)给出的。定义偏差总和 S_k^*：

$$S_k^* = \frac{1}{k}\sum_{i=1}^{k}(Y_i - \overline{Y}) \quad k = 1, \cdots, n \qquad 其中, S_0^* = 0$$

如果序列是均一的，S_k^* 将在 0 附近波动，表明 Y_i 值相对于平均值来说没有系统性偏差。如果 $Y(k)$ 在第 k 年是非均一的，那么此时 S_k^* 会达到一个极大值或极小值。

（3）Pettitt 检验法

该方法是一种非参数秩检验法。Pettitt(1979)通过利用 $Y(k)$ 的秩序列 $r(k)$ 来构造统计量 X_k：$X_k = 2\sum_{i=1}^{k}r_i - k(n+1)$ $k = 1, \cdots, n$

如果 X_k 在第 i 年达到极大值（极小值），且大于（小于）某临界值水平 X_{99}，则该序列在第 i 年是非均一的。

（4）二项回归检验法（Two-Phase Regression）
$$Y_t = \begin{cases} \mu_1 + \alpha_1 t + e_t & 1 \leqslant t \leqslant c \\ \mu_2 + \alpha_2 t + e_t & c < t \leqslant n \end{cases}$$

统计量 F_c
$$F_c = \frac{(SSE_{Red} - SSE_{Full})/2}{SSE_{Full}/(n-4)}$$

$$SSE_{Full} = \sum_{t=1}^{c}(Y_t - \hat{\mu}_1 - \hat{\alpha}_1 t)^2 + \sum_{t=c+1}^{n}(Y_t - \hat{\mu}_2 - \hat{\alpha}_2 t)^2$$

$$SSE_{Red} = \sum_{t=1}^{n}(Y_t - \hat{\mu}_{Red} - \hat{\alpha}_{Red} t)^2$$

$\hat{\mu}_{Red}$、$\hat{\alpha}_{Red}$ 分别为在 $\mu_1 = \mu_2 = \mu_{Red}$ 和 $\alpha_1 = \alpha_2 = \alpha_{Red}$ 条件下的估计值。

（5）多线性回归检验方法

该方法应用回归模型来确定被检验的序列是否存在非均一性、趋势（trend）、单独的跳变（step）或（在跳变前和或后）趋势（Vincent L A, 1998）。非独立的变量是待检台站序列，独立变量是邻近台站的序列。最小残差平方和的位置点，代表检验时间序列中最可能间断点的位置。

$$y_j = a + \sum_{i=1}^{5}c_i x_{ij} + e_j$$

式中：y_j 为待检站的数据，x_{ij} 为邻近参考站的数据，e_j 为回归模型的残差。

$$D = \frac{\sum_{i=2}^{n}(e_i - e_{i-1})^2}{\sum_{i=1}^{n}e_i^2}$$

通过 D-W(Durbin-Watson)检验,当 D 小于(或大于)某一个值时,说明回归模型的残差存在正(负)自相关,则待检站序列可能存在不均一性。此外还利用该方法的模型 3 来计算序列的跳变量,即:

$$y_j = a + bI + \sum_{i=1}^{5} c_i x_{ij} + e_j$$

上式中的 b 值,定义为跳变量,它主要反映了序列在间断年份(大部分为迁站)前后序列的跳变。

2.1.4　均一化检验方案及结果

在均一性检验工作中,一般采用多种方法对一个序列进行检验。如李庆祥(2005)在对我国气温序列进行检验时,就采用 3 种检验方法,如有两种方法检验出同一个不连续点,则认为它就是合理的不连续点,否则认为是人为不连续点。Wijngaard(2003)在检验欧洲 20 世纪的气温和降水的均一性时就采用了 4 种方法,并根据通过检验的方法个数决定序列的均一性。参照上述方法和原理,采用以下 5 种检验方法,对华中区域三省 239 站 1961—2010 年年平均气温和年降水量进行均一性检验,采用信度为 99% 的阈值。

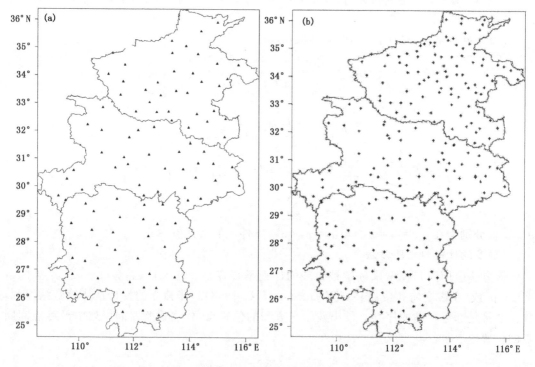

附录图 1　华中区域气温(a)、降水(b)通过均一性检验台站分布

气温资料均一性检验采用客观与主观相结合的方法,挑选出气温序列均一性较好的台站。一个站气温均一性由平均气温、最高气温、最低气温 3 个要素的均一性综合决定。如果某站 3 个气温要素中至少有 1 个为严重非均一性,或 3 个气温要素都为非均一性,或 2 个气温要素为非均一性,且间断年份相同,则称该站的气温项目为非均一性,否则为均一性。

对年平均气温、年平均最高气温、年平均最低气温 3 个要素的差值序列、原始序列分别采用 5 种方法进行均一性检验，若某站气温差值序列或原始序列其中之一通过均一性检验，则认为该站气温序列通过均一性检验。

用差值序列、原始序列均一化检验，即客观方法挑选的均一性台站为 117 个。

为了使得站点分布较为均匀，参考湖南、河南气候中心以前的均一化结果，采用主观方法删除部分站点较密的台站，最终确定为均一性较好的台站为 102 站，站点分布较为均匀。

降水要素的均一性检验采用 5 种方法对比值序列进行检验，有 3 种通过检验，就认为该站的年降水量序列通过均一性检验，反之认为该站的年降水量存在间断点，表现出非均一性现象。经检验，共有 233 个站降水序列均一性较好。

2.2　气候变化趋势分析方法

气候要素趋势分析采用一元线性回归拟合其随年份线性变化趋势（魏凤英，2007）。

即 $y_i = a + bt_i$

Y_i：表示样本量为 i 的某一气候变量，如气温、降水、日照等，t_i 为年份序号，$t_i = 1, 2, \cdots, 50$ 年，分别对应 1961 年，1962 年，$\cdots$，2010 年，a、b 为回归系数。b 乘以 10 称为气候倾向率，即每 10 年气象要素的变化值。

a、b 为回归系数，由最小二乘法求得。

$$
\left\{
\begin{array}{l}
b = \dfrac{\sum\limits_{i=1}^{n} x_i t_i - \dfrac{1}{n}\left(\sum\limits_{i=1}^{n} x_i\right)\left(\sum\limits_{i=1}^{n} t_i\right)}{\sum\limits_{i=1}^{n} t_i^2 - \dfrac{1}{n}\left(\sum\limits_{i=1}^{n} t_i\right)^2} \\
a = \bar{x} - bt
\end{array}
\right.
$$

其中：

$$
\bar{x} = \frac{1}{n}\sum_{i=1}^{n} x_i, \quad t = \frac{1}{n}\sum_{i=1}^{n} t_i
$$

利用回归系数 b 与相关系数之间的关系，求出时间 t_i 与变量 x_i 之间的相关系数

$$
r = \sqrt{\frac{\sum\limits_{i=1}^{n} t_i^2 - \dfrac{1}{n}\left(\sum\limits_{i=1}^{n} t_i\right)^2}{\sum\limits_{i=1}^{n} x_i^2 - \dfrac{1}{n}\left(\sum\limits_{i=1}^{n} x_i\right)^2}}
$$

在本报告气候变化趋势分析中，除了计算气候倾向率，还要对相关系数 r 进行显著性检验，确定显著性水平 α，如果 $|r| > r_\alpha$，表明 x 随着时间 t 的变化趋势是显著的，否则表明变化趋势是不显著的。报告中，对气候趋势变化的描述用于同一为：

没有通过 $\alpha = 0.1$ 的显著水平检验：无明显变化趋势

通过 $\alpha = 0.1$ 的显著水平检验：较显著的变化趋势

通过 $\alpha = 0.05$ 的显著水平检验：显著变化趋势

通过 $\alpha = 0.01$ 的显著水平检验：极显著变化趋势

2.3 极端事件确定方法

2.3.1 极端降水事件

根据国家气候中心极端事件阈值方法,取气候标准期(1971—2000 年)每年日降水量的极大值和次大值,形成一个共 60 个数的序列。对获得的 60 个值进行排序,选取第 3 大值作为极端日降水的阈值,当日降水量大于或等于该阈值则称该站出现了极端日降水。

同样方法可以确定极端连续 2 日、连续 3 日、连续 5 日等降水事件。

2.3.2 极端高(低)温事件

根据国家气候中心极端事件阈值方法,取气候标准期(1971—2000 年)每年日极端最高(低)气温的极大(小)值和次大(小)值,形成一个共 60 个数的序列。对获得的 60 个值进行排序,选取第 3 大(小)值作为极端最高(低)气温的阈值,当日极端最高(低)气温高于或等于该阈值,则称该站出现极端高(低)温事件。

2.3.3 极端旱涝事件

定义台站的月降水量距平百分率达到小于或等于 −80% 时,为此台站的一次极端干旱事件;月降水量距平百分率大于或等于 200%,且满足月降水量大于或等于 300 mm 条件时,为一次极端洪涝事件。

2.4 气候变化检测方法

2.4.1 突变检测方法

(1)滑动 T 检验

气温、降水采用均值差异假设检验来确定变化的突变。若一序列某一时段的平均值与另一时段平均值之间差异具有一定的统计显著性,则认为在给定的信度范围内,该系统在选定的时间点上出现了突变现象(魏凤英,2007)。

定义样本长度为 N 的序列的突变指数:

$$AI = \frac{\left| \bar{x}_1 - \bar{x}_2 \right|}{(S_1 + S_2)} \tag{1}$$

式中 $\bar{x}_1$ 和 S_1 为某时间点前 M 年时间段的平均值和标准差,$\bar{x}_2$ 和 S_2 为后 M 年时间段的平均值和标准差。计算时采用连续设置时间点的方法，从而得到突变指数 AI 的时间序列。M 根据实际情况主观设定。定义统计量：

$$t_0 = \frac{\bar{x}_1 - \bar{x}_2}{\sqrt{S_p\left(\frac{1}{M_1} + \frac{1}{M_2}\right)}} \tag{2}$$

M_1 和 M_2 为前后两段序列样本长度，S_p 是联合样本方差，即

$$S_p = \frac{(M_1 - 1)S_1^2 + (M_2 - 1)S_2^2}{M_1 + M_2 - 2} \tag{3}$$

其中 S_1 和 S_2 为两段序列的方差。

如果假定 $M_1 = M_2 = M$，比较(1)和(2)式得

$$t_0 > AI\sqrt{M} \tag{4}$$

若平均时段 M 取 10、$AI > 1$，相当于 $t_0 > 3.162$，$t_a = t_{0.01} = 2.878$，即 $t_0 > t_a$，达到 0.01 以上显著性水平，说明该时间点前时段的均值与后时段的均值有显著性差异，即发生了突变，这意味着在该时间点附近几年内气温（降水）状态发生了最大的趋势变化。

这一检测气候突变的诊断方法与其他方法相比其最大优点是能简单且直观地确定突变，其缺点是平均时段 M 的选取受主观因素干扰。为避免人为选择 M 值造成突变点飘移，我们在计算时不断变动 M，如取 5、8、10、13 等，进行试验比较，以提高计算结果的可靠性。

（2）M－K 检验

对于具有 n 个样本量的时间序列 x，构造一秩序列：

$$s_k = \sum_{i=1}^{k} r_i, \quad k = 2, 3, \cdots, n$$

其中

$$r_i = \begin{cases} +1, & \text{当 } x_i > x_j \\ 0, & \text{当 } x_i \leqslant x_j \end{cases}, \quad k = 2, 3, \cdots, n$$

可见，秩序列 s_k 是 i 时刻数值大于 j 时刻数值个数的累计数。

在时间序列随机独立的假定下，定义统计量

$$UF_k = \frac{[s_k - E(s_k)]}{\sqrt{\text{var}(s_k)}}, \quad k = 1, 2, \cdots, n$$

式中 $UF_1 = 0$，$E(s_k)$，$\text{var}(s_k)$ 是累计数 s_k 的均值和方差，在 $x_1, x_2, \cdots, x_n$ 相互独立，且有相同连续分布，它们可由下式算出：

$$\begin{cases} E(s_k) = \dfrac{n(n+1)}{4} \\ \text{var}(s_k) = \dfrac{n(n-1)(2n+5)}{72} \end{cases}$$

UF_i 为标准正态分布，它是按时间序列 x 顺序 $x_1, x_2, \cdots, x_n$ 计算出的统计量序列，给定显著性水平 α，若 $|UF_i| > U_a$，则表明序列存在明显的趋势变化。

时间序列 x 逆序 $x_n, x_{n-1}, \cdots, x_1$，再重复上述过程，同时使

$$UB_k = -UF_k(k = n, n-1, \cdots, 1), \quad UB_1 = 0$$

这一方法的优点在于不仅计算简便，而且可以明确突变开始的时间，并指出突变区域。因此，是一种常用的突变检测方法（魏凤英，2007）。

2.4.2 小波分析方法

小波分析(亦称多分辨分析)被认为是傅立叶分析方法的突破性进展(魏凤英,2007)。经典的傅立叶分析是纯频率域分析,给出的是整个时间域上平均的贡献,但是对于给定的某个频率或周期,不能给出贡献随时间变化的信息。小波分析是从傅立叶分析方法发展起来的,它提供了一种自适应的时域和频域同时局部化的分析方法,具有多分辨率分析的特点。而且,小波分析在时频两域都具有表征要素局部特征的能力,即可以对各种不同尺度成分采用相应粗细的时域或空域取样步长,从而可以聚焦到对象的任意细节。

小波分析对时间序列可以既对时间同时也对频率的展开,因而能更有效地从信号中提取时频信息。通过对母小波的伸缩和平移,将信号进行多尺度上的细化分析。

本书所用的小波为 $Morlet$ 小波。对于任意一维时间序列 $x(t)$,令

$$\Psi_{ab}(t) = |a|^{\frac{1}{2}}\Psi\left(\frac{t-b}{a}\right) \tag{1}$$

为连续小波,其中是基本小波或母小波,a 是频率参数,b 是时间参数。那么,函数 $x(t)$ 小波变换的连续形式为:

$$w(a,b) = \frac{1}{\sqrt{|a|}}\Psi^*\left(\frac{t-b}{a}\right)\mathrm{d}t \tag{2}$$

由上式看到,小波变换函数是通过对母小波的伸缩和平移得到的。小波变换的离散形式为

$$W(a,b) = \frac{1}{\sqrt{|a|}}\Delta\sum_{i=1}^{n}x(i\Delta t)\psi\left(\frac{i\Delta t-b}{a}\right) \tag{3}$$

其中 Δt 为取样间隔,n 为样本量。离散化的小波变换构成标准正交系,从而扩充了实际应用的领域。

附录 3 重要概念、定义和解释

3.1 IPCC

世界气象组织及联合国环境规划署于 1988 年成立了政府间气候变化专门委员会（IPCC），旨在就气候变化问题为国际组织和各国决策者提供科学咨询，共同应对气候变化。IPCC 下设三个工作组，第一工作组负责收集总结并提供气候变化的科学事实；第二工作组负责评估气候变化影响与对策；第三工作组主要进行气候变化影响的社会经济分析工作。IPCC 先后于 1990 年、1996 年、2001 和 2007 年发布了 4 次评估报告，汇集了全球有关气候变化科学的最新研究成果，并编写出版了一系列特别报告、技术报告和指南等，对各国政府和科学界产生了重大影响，已经成为气候变化工作领域的重要参考著作，被决策者、科学家、学校和社会有关方面广泛使用和引证。使世界对气候变化问题逐渐获得了科学的认知，为世界各国就减缓和适应气候变化采取行动奠定了基础。正是基于这些贡献，政府间气候变化专门委员会荣获了 2007 年的诺贝尔和平奖（气候变化国家评估报告，2007）。

3.2 气候和气候变化

气候是指地球大气的长期平均状态。气候的平均状况，是对一个地区气象要素和天气过程在某一长时期内（一般认为不应少于 30 年，或以月、季、年、数年到数百年）平均值及变率的统计特征，通常用某一时期的平均值和距平值为表征。

气候变化，是指不同时间段气候平均状态和距平两者之一或两者都出现了统计意义上的明显变化。这种变化越大，表明气候变化的幅度也越大，气候状态也越不稳定。近期发生或正在发生的气候事件，与历史时期的气候平均或气候极端比较，如果都没有超出其数据范围，称为气候正常；如果远超出其范围，则称气候异常。气候变化包括自然气候变化和人类活动影响而产生的气候变化（气候变化国家评估报告，2007）。

对气候变化的定义，政府间气候变化专门委员会（IPCC）与联合国气候变化框架公约定义有所不同。IPCC 定义的气候变化，是指无论基于自然变化抑或是人类活动所引致的任何气候变动。主要强调气候系统随时间的变化，其归因既包括自然变化，也包括人类活动影响而引起的变化。IPCC 四次评估报告，对气候变化归因于人类社会经济活动的程度不断增加（气候变化国家评估报告，2007）。

3.3　SRES 排放情景

SRES 排放情景(Special Report on Emissions Scenarios)于 2000 年提出,主要由四个框架组成(Nakicenovic N and Swart R,2000):

(1)A1 框架和情景系列。该系列描述的未来世界的主要特征是:经济快速增长,全球人口峰值出现在 21 世纪中叶,随后开始减少,未来会迅速出现新的和更高效的技术。它强调地区间的趋同发展和能力建设、文化和社会的相互作用不断增强、地区间人均收入差距持续减少。A1 情景系列划分为 3 个群组,分别描述了能源系统技术变化的不同发展方向,以技术重点来区分这三个 A1 情景组:矿物燃料密集型(A1F1)、非矿物能源型(A1T)、各种能源资源均衡型(A1B)。

(2)A2 框架和情景系列。该系列描述的是一个发展极不均衡的世界。其基本点是自给自足和地方保护主义,地区间的人口出生率很不协调,导致人口持续增长,经济发展主要以区域经济为主,人均经济增长与技术变化日益分离,低于其他框架的发展速度。

(3)B1 框架和情景系列。该系列描述的是一个均衡发展的世界。与 A1 系列具有相同的人口,人口峰值出现在 21 世纪中叶,随后开始减少;不同的是,经济结构向服务和信息经济方向快速调整,材料密度降低,引入清洁、能源效率高的技术。其基本点是在不采取气候行动计划的条件下,在全球范围更加公平地实现经济、社会和环境的可持续发展。

(4)B2 框架和情景系列。该系列描述的世界强调区域经济、社会和环境的可持续发展。全球人口以低于 A2 的增长率持续增长,经济发展处于中等水平,技术变化速率与 A1,B1 相比趋缓,发展方向多样。同时,该情景所描述的世界也朝着环境保护和社会公平的方向发展,但所考虑的重点仅局限于地方和区域一级。

在 6 个代表性情景中,A2(温室气体高排放情景)、A1B(温室气体中等排放)、B1(温室气体低排放)3 种情景最有代表性,在模式预估中使用最多。

3.4　基准年、标准气候平均值、常年值、气候要素距平、距平百分率

基准年:1971—2000 年。

按照世界气象组织(WMO)的规定,取某气象要素的最近三个整年代的平均值或统计值作为该要素的气候平均值。1971—2000 年气候资料平均值,为标准气候平均值。

常年值等同于标准气候平均值。

距平指某一要素旬、月、季、年平均值与 1971—2000 年相同要素、同一时段平均值的差值。

距平百分率指距平值与标准气候平均值的百分比。

3.5 站点平均值、区域平均值

站点平均值是指单个站点气候要素值的月、年、季平均值。

区域平均值是区域内所选站点气候要素的算术平均值。

3.6 汛期

分为汛期、主汛期。汛期指 5—9 月、主汛期 6—8 月。

3.7 四季入季日期、持续长度

升温季节,连续 5 日滑动平均气温稳定通过 10℃,第一个大于 10℃的日期为入春日期,连续 5 日滑动平均气温稳定通过 22℃,第一个大于 22℃的日期为入夏日期;降温季节,连续 5 日滑动平均气温稳定通过 22℃,第一个小于 22℃的日期为入秋日期,连续 5 日滑动平均气温稳定通过 10℃,第一个小于 10℃的日期为入冬日期。

入春日期到入夏日期(不含入夏日)、入夏日期到入秋日期(不含入秋日)、入秋日期到入冬日期(不含入冬日)、入冬日期到次年入春日期(不含入春日)持续天数分别为春季、夏季、秋季、冬季持续长度。

3.8 降水日数、降水强度、降水等级

降水日数指日降雨量≥0.1 mm 的日数。

降雨强度指年总降水量除以年降水日数,即平均降水日数的降雨量。

降水等级:分为小雨、中雨、大雨、暴雨、大暴雨

小雨:日降雨量为 0.1~9.9 mm

中雨:日降雨量为 10.0~24.9 mm

大雨:日降雨量为 25.0~49.9 mm

暴雨:日降雨量为 50.0~99.9 mm

大暴雨及其以上:日降雨量达到 100.0 mm 及其以上

3.9 雾日

当近地面空气层中悬浮的大量微小水滴(或冰晶),使该日水平能见度降到 1 km 以下时

为一个雾日。

3.10 积温

某一时段内逐日平均气温累加之和。单位:℃·d。

3.11 物候期

指动物、植物的生长、发育、活动等规律与生物的变化对季节、环境、气候的反应,正在产生这种反应的时候叫物候期。

3.12 复种指数

某地区一年内作物种植面积与耕地面积之比,是农业耕作制度的一个重要指标。

3.13 径流量

一定时段内通过河流某一断面的水量。

3.14 度日

所谓某一天的度日是指每日平均气温与基础温度的差值。度日分为取暖度日和降温度日,在《报告》中分别以 26℃ 和 5℃ 作为降温度日和取暖度日的基础温度。

3.15 城市热岛、热岛强度倾向率、热岛贡献率

城市热岛:城市气温与郊区气温的差值

热岛强度倾向率(℃/10a)=城区气温倾向率-郊区气温倾向率

热岛贡献率(%)=(城区气温倾向率-郊区气温倾向率)/城区气温倾向率

参考文献

安爱萍,郭琳芳,董蕙青,等.2005.我国大气污染及气象因素对人体健康影响的研究进展[J].环境与职业医学,**22**(3):279-282.

白莉萍,仝乘风,林而达,等.2002.CO_2浓度增加对不同冬小麦品种后期生长与产量的影响[J].中国农业气象,**23**(2):13-16.

班继德.1995.鄂西植被研究[M].武汉:华中理工大学出版社.

蔡新玲,孙娴,乔秋文,等.2008.气候变化对汉江上游径流的影响[J].气候变化研究进展,**4**(4):220-224.

曹建廷.2010.气候变化对水资源管理的影响与适应性对策[J].中国水利,**1**:7-11.

曹进,曾光明,石林,等.2007.基于 RS 和 GIS 的长沙城市热岛效应与 TSP 污染耦合关系[J].生态环境,**16**(1):12-17.

常军,顾万龙,竹磊磊,等.2010.河南省水资源量分布特征及对降水变化的响应[J].人民黄河,**32**(7):78-79.

常军,潘攀,王纪军,等.2011.1957—2009 年河南省季节变化特征分析[J].安徽农业科学,**39**:13610-13613.

陈彬彬,郑有飞,赵国强,等 2007.河南林州植物物候变化特征及其原因分析[J].植物资源与环境学报,(16):12-17.

陈德亮,高歌.2003.气候变化对长江流域汉江和赣江径流的影响[J].湖泊科学,**15**(增刊):105-114.

陈恩谦.2005.不同类型水稻品种营养生长期的温光效应研究[J].植物生理科学,**21**(8):242-244.

陈红林,黄健,黄发新,等.2010.湖北森林碳汇量初步估算[J].湖北林业科技,**5**:105-108.

陈洪滨,范学花,董文杰.2006.2005 年极端天气和气候事件及其他相关事件的概要回顾[J].气候与环境研究,**11**(2):236-244.

陈洪滨,范学花.2007.2006 年极端天气和气候事件及其他相关事件的概要回顾[J].气候与环境研究,**12**(1):100-112.

陈洪滨,范学花.2008.2007 年极端天气和气候事件及其他相关事件的概要回顾[J].气候与环境研究,**13**(1):102-112.

陈洪滨,范学花.2009.2008 年极端天气和气候事件及其他相关事件的概要回顾[J].气候与环境研究,**14**(3):329-340.

陈洪滨,范学花.2010.2009 年极端天气和气候事件及其他相关事件的概要回顾[J].气候与环境研究,**15**(3):322-336.

陈华,闫宝伟,郭生练,等.2008.汉江流域径流时空变化趋势分析[J].南水北调与水利科技,**6**(3):49-53.

陈怀亮,张弘,李有.2007.农作物病虫害发生发展气象条件及预报方法研究综述[J].中国农业气象,**28**(2):212-216.

陈怀亮,张雪芬,赵国强,等.2006.河南省春季气候变化及其对小麦产量构成要素的影响[J].河南气象,(1):47-52.

陈家其,施雅风,张强,等.2006.从长江上游近 500 年历史气候看 1860、1870 年大洪水气候变化背景[J].湖泊科学,(05):476-483.

陈剑池,金蓉玲,管光明.1999.气候变化对南水北调中线工程可调水量影响[J].人民长江,**30**(3):9-12.

陈星,赵鸣,张洁.2005.南水北调对北方干旱化趋势可能影响的初步分析[J].地球科学进展,**20**(8):849-855.

蔡庆华,刘敏,何永坤,等.2010.长江三峡库区气候变化影响评估报告[M].北京:气象出版社.

陈宜瑜,丁永建,余之祥,等.2005.中国气候与环境演变(下卷)[M].北京:科学出版社.

陈英慧.2006.气候变化对河南南部冬小麦播种期的影响[J].气象,3(10):83-85.

陈峪,黄朝迎.2000.气候变化对能源需求的影响[J].地理学报,(55)增刊:11-19.

陈正洪,洪斌.2000.华中电网四省日用电量与气温关系的评估[J].地理学报,55(增刊):34-37

陈正洪,孟翔.1995.湖北省近40年森林火灾年际变化及其与重大天地现象间的关系[J].华中农业大学学报,14:292-296.

陈正洪,史瑞琴,陈波.2009.季节变化对全球气候变化的响应——以湖北省为例[J].地理科学,29(6):911-916.

陈正洪,史瑞琴,李兰.2008.湖北省2008年初低温雨雪冰冻灾害特点及影响分析[J].长江流域资源与环境(学报),17(4):639-644.

陈正洪,史瑞琴,李松汉,等.2008.改进的武汉中暑气象模型及中暑指数等级标准研究[J].气象,34(8):32-36.

陈正洪,王海军,任国玉,等.2007.武汉市城市热岛强度非对称性变化[J].气候变化研究进展,3(5):282-286.

陈正洪,肖玫,陈璇.2008.樱花花期变化特征及其与冬季气温变化的关系[J].生态学报,28(11):5209-5217.

陈正洪,王祖承,杨宏青.2002.城市暑热危险度统计预报模型[J].气象科技,30(2):98-101,104.

陈正洪,杨荆安,洪斌.1998.华中电网用电量与气候的变化及其相关性诊断分析[J].华中师范大学学报(自然科学版),32(4),515-520.

陈正洪,杨宏青,任国玉,沈浒英.2005.长江流域面雨量变化趋势及对干流流量影响[J].人民长江,36(1):22-23,30.

陈正洪,曾红莉.2000.武汉市呼吸道和心脑血管疾病的季月旬分布特征分析[J].数理医药学杂志,13(5):413-415.

陈正洪.1992.鄂西山区森林火灾的分布特征及与地形气候的关系[J].地理研究,(11):98-100.

陈正洪.1998.湖北省60年代以来平均气温变化趋势初探[J].长江流域资源与环境,7(4):341-346.

陈正洪.2000.武汉、宜昌20世纪平均气温突变的诊断分析[J].长江流域资源与环境,9(1):56-62.

成林,薛昌颖,李彤霄,等.2010.河南省稻麦类作物对气候变化的响应[J].气象与环境科学,33(3):6-9.

程炳岩,庞天荷.1994.河南气象灾害及防御[M].北京:气象出版社.

崔新华,许志荣.2008.河南省主要城市地下水超采区评价[J].水资源保护,24(6):17-22.

党海山.2007.秦巴山地亚高山冷杉(Abies fargesii)林对区域气候变化的响应[D].博士学位论文.

丁文广,肖俊豪,汪霞.2010.气候变化对我国森林自然灾害的影响[J].西南林学院学报,25:117-120.

丁一汇,任国玉,石广玉,等.2006.气候变化国家评估报告(I):中国气候变化的历史和未来趋势[J].气候变化研究进展,2(1):3-8.

董美阶,徐钟麟.2001.长江三峡工程坝区气象条件与常见传染病流行相关性研究[J].湖北预防医学杂志,12(1):19-20.

董胜璋,张志勇,蔡承铿,等.1999.工业区大气污染对儿童肺功能影响研究[J].环境与健康杂志,15(2):71-73.

窦鸿身,姜加虎.2000.洞庭湖[M].合肥:中国科技大学出版社.

窦明,侯丙亮.2002.南水北调中线工程对汉江水华影响研究[J].水科学进展,13(6):714-718.

窦明,谢平,夏军,等.2002.汉江水华问题研究[J].水科学进展,13(5):557-561.

段德寅.1990.湖南省气候灾害的特点及时空分布[J].长沙水电师院学报,5(2):240-248.

方春明,钟正琴.2001.洞庭湖容积减小对洞庭湖和长江洪水位的影响[J].水利学报,11:70-74.

方修琦,余卫红.2002.物候对全球变暖响应的研究综述[J].地球科学进展,17:714-719.

冯明,陈正洪,刘可群,等.2006.湖北省主要农业气象灾害变化分析[J].中国农业气象,27(4):343-348.

冯明,邓先瑞,吴宜进.1996.湖北省连阴雨的分析[J].长江流域资源与环境,5(4):379-384.

冯明,胡继林,马晓群,等.2007.湖北省粮食生产中主要农业气象灾害变化分析[J].暴雨灾害,26(3):266-270.

冯明,纪昌明,王丽萍,等.2006.气候变化及其对湖北长江水文水资源的影响[J].武汉大学学报(工学版),39(1):1-5.

冯明.1997.湖北省气候变化及其对夏收作物的影响[J].中国农业气象,18(4):36-41.

冯明.1997.湖北省主要作物生育期间热量资源变化的研究[J].南京气象学院学报,20(3):387-391.

高春玉,熊鸿燕,韩光红,等.2003.1997—2001年我国疟疾流行特征[J].第三军医大学学报,25(11):974-976.

高发祥,闵水发.2003.湖北省主要森林病虫害2001年发生情况与2002年发生趋势预测及防治对策[J].湖北林业科技,21:59-61.

高素华,丁一汇,赵宗慈,等.1993.大气中CO_2含量增长后的温室效应对我国未来农业生产的可能影响[J].大气科学,17(5):584-591.

高素华,王培娟.2008.长江流域水稻高温热害研究[M].北京:气象出版社.

郜庆炉,薛香,梁云娟,等.2002.暖冬气候条件下调整小麦播种期的研究[J].麦类作物学报,22(2):46-50.

顾万龙,王记芳,竹磊磊.2010.1956—2007年河南省降水和水资源变化及评估[J].气候变化研究进展,6(4):277-283.

光增云.2007.河南森林植被碳储量的研究[J].地域研究与开发,26:76-79.

郭广芬,陈正洪,汪金福.2009.华中区域日用电量气候预报模型研究[J].华中师范大学学报(自然科学版),43(2):327-331.

郭建平.2010.气候变化背景下中国农业气候资源演变趋势[M].北京:气象出版社.

郭靖,郭生练,张俊,等.2009.汉江流域未来降水径流预测分析研究[J].水文,29(5):18-22.

郭其乐,陈怀亮,邹春辉,等.2009.河南省近年来遥感监测的森林火灾时空分布规律分析[J].气象与环境科学,(32):29-32.

韩志刚,田大伦,张贵.2010.湖南省森林火灾空间分布特征分析[J].中南林业科技大学学报自然科学版,30(6):113-118.

郝占庆,贺红士.2001.气候变暖对长白山主要树种的潜在影响[J].应用生态学报,12(5):653-658.

何亚丽,耿守昌,尹振羽.2004.河南省水资源与可持续利用对策研究[J].节能与环保:36-38.

贺瑞敏,王国庆,张建云,等.2008.气候变化对大型水利工程的影响[J].中国水利,2:52-54.

洪青标,周晓农,孙乐平,等.2003.全球气候变暖对中国血吸虫病传播影响的研究Ⅰ.钉螺冬眠温度与越冬致死温度的测定[J].中国血吸虫病防治,14(13):192-195.

洪青标,周晓农,孙乐平,等.2003.全球气候变暖对中国血吸虫病传播影响的研究Ⅱ.钉螺越夏致死高温与夏蛰的研究[J].中国血吸虫病防治,15(1):24-26.

洪青标,周晓农,孙乐平,等.2003.全球气候变暖对中国血吸虫病传播影响的研究Ⅳ.自然环境中钉螺世代发育及文的研究[J].中国血吸虫病防治,15(4):269-271.

洪霞,余卫东.2007.商丘市植被净第一性生产力对气候变化的响应[J].安徽农业科学,(35):4275-4276.

侯爱敏,周国逸,彭少麟.2003.鼎湖山马尾松径向生长动态与气候因子的关系[J].应用生态学报,(14):637-639.

胡继红,叶卫星.2003.湖南城镇居民用电量预测模型初探[J].电力技术经济,(4):26-29.

胡铁松,袁鹏.1995.人工神经网络在水文水资源中的应用[J].水科学进展,6(1):76-82.

湖北农业厅,湖北气象局.2009.农业灾害应急技术手册[M].武汉:湖北科学技术出版社.

黄朝迎.1992.长江流域旱涝灾害的某些统计特征[J].灾害学,7(3):67-72.

黄建武.2001.湖北省旱灾成因及对策研究[J].华中师范大学学报(自然科学版),35(4):482-487.

黄晚华,刘晓波,邓伟.2009.湖南农业气象要素变化及对主要农作物的影响[J].湖南农业科学,(1):61-64.

霍治国,刘万才,邵振润,等.2000.试论开展中国农作物病虫害危害流行的长期气象预测研究[J].自然灾害学报,**9**(1):117-121.

姜大膀,王会军,郎咸梅.2004b.SRES A2情景下中国气候未来变化的多模式集合预测结果[J].地球物理学报,**47**:776-784.

姜大膀,王会军,郎咸梅.2004a.全球变暖背景下东亚气候变化的最新情景预测[J].地球物理学报,**47**:590-596.

姜大膀,王会军.2005.20世纪后期东亚夏季风年代际减弱的自然属性[J].科学通报,**50**:2256-2262.

姜彤,施雅风.2003.全球变暖、长江水灾与可能损失[J].地球科学进展,**18**(2):277-282.

姜彤,苏布达,王艳君,等.2005.四十年来长江流域气温、降水与径流变化趋势[J].气候变化研究进展,**1**(2):65-68.

蒋高明,韩兴国,林光辉.1997.大气CO_2浓度升高对植物的直接影响——国外十余年来模拟实验研究之主要手段及基本结论[J].植物生态学报,**21**(6):489-502.

焦秀梅,项文化,田大伦.2005.湖南省森林植被的碳贮量及其地理分布规律[J].中南林学院学报,**25**:4-8.

金相灿,储昭升,杨波,等.2008.温度对水华微囊藻及孟氏浮游蓝丝藻生长、光合作用及浮力变化的影响[J].环境科学学报,**28**(1):50-55.

居辉,林而达,钟秀丽.2000.气候变化对我国森林生态的影响[J].生态农业研究,**8**(4):20-22.

瞿万学,周静,陈绍林.2009.湖北省恩施州化石能源消费与森林固碳效应分析[J].武夷科学,**1**:134-138.

康玲玲,尤伟,王昌高,等.2009.花园口站近523年汛期径流量变化规律分析[J].人民黄河,**31**(10):74-75.

雷静品,肖文发,黄志霖,等.2009.三峡库区秭归县不同海拔马尾松径向生长对气候的响应[J].林业科学,(45):33-39.

李博,周天军.2010.基于IPCC A1B情景的中国未来气候变化预估:多模式集合结果及其不确定性[J].气候变化研究进展,**6**(4):270-276.

李才媛,谌伟,金琪.2004.近30多年汉江流域面雨量时空变化特征分析[J].湖北气象,**4**:6-9.

李长春,张光宇,王威.2010.气候变暖对郑州黄河湿地鸟类分布的影响[J].安徽农业科学,**38**(6):2962-2963.

李春青,叶闽,普红平.2007.汉江水华的影响因素分析及控制方法初探[J].环境科学导刊,**26**(2):26-28.

李东升,裴东,杨振寅,等.2008.低温雨雪冰冻灾害对湖北森林资源的影响与思考——赴湖北灾后恢复重建工作技术指导组调研报告[J].林业经济,(4):14-17.

李芙蓉,李丽萍.2008.热浪对城市居民健康影响的流行病学研究进展[J].环境与健康杂志,**25**(12):1119-1121.

李高阳,马俊青.2009.河南省实施森林碳汇项目的潜力分析[J].安徽农业科学,**37**:1833-1834.

李红梅.2007.近四十年中国盛夏降水和温度特性的观测和模拟分析[D].中国科学院研究生院硕士学位论文.

李兰,陈正洪.2008.武汉市周年逐日电力指标对气温的非线性响应[J].气象,**34**(5):27-30.

李兆芹,滕卫平,俞善贤,等.2007.适合螺钉、血吸虫生长发育的气候条件变化[J].气候变化研究进展,**3**(2):106-110.

李怒云.2007.中国林业碳汇[M].北京:中国林业出版社.

李青春,曹晓彦,郑祚芳,等.2006.极端气温对城市人群死亡的影响评估[J].灾害学,**21**(1):13-17.

李庆祥,Matthew J.Menne,Claude N.Williams Jr,等.2005.利用多模式对中国气温序列中不连续点的检测[J].气候与环境研究,**10**(4):736-742.

李荣,阮祥,王记芳,等.2007.气候变化对黄河三花间径流量的影响[J].人民黄河,**29**(10):42-43.

李守华,田小海,黄永平,等.2007.江汉平原近50年中稻花期危害高温发生的初步分析[J].中国农业气象,

28(1):5-8.

李彤霄,赵国强,李有.2009.河南省气候变化及其对冬小麦越冬期的影响[J].中国农业气象,**30**(1):143-146.

李霞,张新时,杨奠安.1994.应用 Horldridge 植被—气候分类系统进行中国植被对全球变化响应的研究[M].上海:上海科学技术出版社,1-16.

李艳,王式功,马玉霞,等.2006.全球气候变暖对我国小麦的影响研究综述[J].环境研究与监测.**19**(2):11-13.

李祎君,王春乙,赵蓓,等.2010.气候变化对中国农业气象灾害与病虫害的影响[J].农业工程学报,**26**(Supp.1):263-271.

李泽红,汤尚颖.2004.湖北省水资源发展报告[J].经济研究参考,(77):38-48.

李振文,李立,张德怀,等.2008.年持续低温降雪冻雨对梁子湖流域鸟类的影响调查[J].野生动物杂志,**29**(6):290-293.

李智民,陈海洋.2007.湖北省地下水资源开采潜力评价[J].资源环境与工程,**21**(增刊):119-123.

梁益同,陈正洪,夏智宏.2010.基于 RS 和 GIS 的武汉城市热岛效应年代演变及其机理分析[J].长江流域资源与环境,**19**(8):914-918.

廖玉芳,宋忠华,赵福华,等.2010.气候变化对湖南主要农作物种植结构的影响[J].中国农学通报,**26**(24):276-286.

廖玉芳,吴贤云,潘志祥,等.2007.1961—2006 年湖南省霾现象的变化特征[J].气候变化研究进展,**3**(5):260-265.

廖玉芳,赵福华,陈湘雅.2009.气候变化对湖南城市水安全的影响[J].人民长江,**40**(8):42-44.

林而达,王京华.1994.我国农业对全球变暖的敏感性和脆弱性[J].农林生态环境学报,**10**(1):1-5.

林而达,许吟隆,蒋金荷,等.2006.气候变化国家评估报告(Ⅱ):气候变化的影响与适应[J].气候变化研究进展,**2**(2):51-56.

刘波,姜彤,任国玉,等.2008.2050 年前长江流域地表水资源变化趋势[J].气候变化研究进展,**4**(3):145-150.

刘春蓁,刘志雨,谢正辉.2007.地下水对气候变化的敏感性研究进展[J].水文.**27**(2):1-6.

刘春蓁.2004.气候变化对陆地水循环影响研究的问题[J].地球科学进展,**19**(1):115-119.

刘国华,傅伯杰.2001.全球变化对森林生态系统的影响[J].自然资源学报,(16):71-78.

刘俊明.2007.湖北森林生产力初探[J].湖北林业科技,(2):49-52.

刘可群,陈正洪,夏智宏.2007.湖北省太阳能资源时空分布特征及区划研究[J].华中农业大学学报,**26**(6),888-893.

刘荣花,成林,李树岩,等.2009.气候变化对河南省冬小麦主要农业气象灾害的影响,2009 年农业环境科学峰会.

刘荣花,王友贺,朱自玺,等.河南省冬小麦气候干旱风险评估[J].干旱地区农业研究,2007,**25**(6):1-4.

刘世荣,郭泉水,王兵.1998.中国森林生产力对气候变化响应的预测研究[J].生态学报,**18**(5):478-483.

刘所波.2009.水稻生产气象条件分析和最佳植期安排[J].气象研究与应用,**30**(2):56-59.

刘铁军,李剑侠,刘彦劳.2008.河南省雨雪冰冻灾害森林资源损失调查与分析[J].河南林业科技,**28**:12-13.

刘伟昌,王君,陈怀亮,等.2008.河南省小麦病虫害气象预测预报模型研究[J].气象与环境科学,**31**(3):29-32.

刘晓红,谭著明,袁跃林,等.2008.湖南冰雪灾害致森林毁损的气象原因[J].林业科学,**44**:134-140.

刘艳阳.2009.不同播期对小麦产量和品质的影响[J].安徽农业科学,**37**(35):17425-17428.

刘振英,林玉福,王寿元.1985.气象条件对小麦籽粒灌浆影响的研究[J].农业气象,**6**(3):1-5.

刘志雄,陈正洪,万素琴.2010.湖北省近45年≥10℃界限温度的变化特征分析[J].湖北农业科学,**49**(6):1349-1353.

柳晶,郑有飞,赵国强,等.2007.郑州植物物候对气候变化的响应[J].生态学报,**27**(4),1471-1479.

柳曙光,施建春,杨奇春.2003.南阳市1996—2000年细菌性痢疾流行情况[J].华南预防医学,**29**(4):37-39.

龙新毛,陈光辉.2010.湖南省森林资源增长潜力的探讨[J].湖南林业科技,**37**:48-51.

龙志长,段盛荣,龙晖,等.2005.湖南省春玉米生育气候条件及种植区划[J].作物研究,**19**(2):83-86.

卢秀娟,张耀存,王国刚.2003.黄河流域代表水文站径流和降水量变化的初步分析[J].气象科学,**23**(2):192-199.

陆魁东,黄晚华,王勃,等.2007.湖南气候变化对农业生产影响的评估研究[J].安徽农学通报,**13**(3):38-40.

陆佩玲,于强,贺庆棠.2006.植物物候对气候变化的响应[J].生态学报,**26**:923-929.

路凤,金银龙,程义斌.2008.气象因素与心脑血管疾病关系的研究进展[J].国外医学卫生学分册,**35**(2):83-87.

吕锐玲,周强,涂军民,等.2010.寒露风对晚稻生产的影响及其防御措施[J].现代农业科技,**22**:102.

罗伯良,张超,林浩.2008.近40年湖南省极端强降水气候变化趋势与突变特征[J].气象,**34**(1):80-85.

骆宗诗,王亿成,幕长龙,等.2007.四川盆地丘陵区森林对2006年特大干旱的反响[J].四川林业科技,**28**(3):44-49.

马玉霞,王式功.2005.全球气候变暖对人类健康的影响[J].环境研究与监测,**18**(1):7-9.

毛留喜,张建新,王利文.2000.河南省农业自然资源与农作制度浅析[J].耕作与栽培,**4**:3-5.

苗茜,黄玫,李仁强.2010.长江流域植被净初级生产力对未来气候变化的响应[J].自然资源学报,**25**(8):1296-1305.

陈柏槐,崔讲学.2009.农业灾害应急技术手册.湖北:湖北科学技术出版社.

欧阳也能,余高杰,范友华.2008.湖南省森林火灾多发性原因及森林火险等级预报[J].湖南林业科技,**35**:73-75.

潘家华,赵行姝,陈正洪,等.2008.湖北省应对气候变化方案分析和政策含义[J].气候变化研究进展,**4**(5):309-314.

潘攀,王纪军,刘莎.2011.21世纪河南省未来情景预估[J].干旱区资源与环境,**25**(5):72-76.

彭佩钦,张文菊,童成立,等.2005.洞庭湖湿地土壤碳、氮、磷及其与土壤物理性状的关系[J].应用生态学报,**16**(10):1872-1878.

彭文祥,张志杰,庄建林,等.2006.气候变化对血吸虫病空间分布的潜在影响[J].科技导报,**24**(7):58-60.

彭险峰,何友军.2008.湖南省森林冰雪灾害调查[J].湖南林业科技,**35**:48-50.

彭映辉,简永兴,倪乐意.2005.湖北省梁子湖水生植物的多样性[J].**25**(6):60-64.

彭映辉,简永兴,倪乐意.2005.感湖菱群落的数量特征[J].中南林学院学报,**25**(2):12-14.

气候变化对武汉区域主要粮食作物影响评估项目组.2011.气候变化对武汉区域主要粮食作物影响评估报告.

《气候变化国家评估报告》编写委员会.2007.气候变化国家评估报告[M].北京:科学出版社.

气候变化与作物产量编写组.1992.气候变化与作物产量[M].北京:中国农业科技出版社.

千怀遂,焦士兴,赵峰.2004.全球气候变化对作物气候适宜性的影响—以河南省冬小麦为例[J].农业现代化研究,**25**(2):106-110.

千怀遂,任玉玉,李明霞.2006.河南省棉花的气候风险研究[J].地理学报,**61**(3):319-326.

千怀遂,石艳蕊,魏东岚.2000.气候对河南省棉花产量的影响及其变化研究[J].生态学报,**20**(6):1061-1075.

千怀遂,魏东岚.2000.气候对河南省小麦产量的影响及其变化研究[J].自然资源学报,**15**(2):149-153.

钱正英,张光斗.2001.中国可持续发展水资源战略研究综合报告及各专题报告[M].北京:中国水利水电出版社.

乔文军,臧波,周胜.2004.华中水资源及其可持续利用对策[J].湖北农学院学报,**24**(4):334-338.

秦大河,丁一汇,苏纪兰.2005.中国气候与环境演变(上卷)[M].北京:科学出版社,562.

秦大河,罗勇.2008.全球气候变化的原因和未来变化趋势[J].科学对社会的影响,**2**:16-21.

秦远清.2010.湖南省水资源现状分析及对策研讨[J].湖南水利水电,**3**:62-65.

任国玉,姜彤,李维京,等.2008.气候变化对中国水资源情势影响综合分析[J].水科学进展,**19**(6):772-779.

任国玉.2003.地表气温变化研究的现状和问题[J].气象,**29**(8):3-6.

任国玉.2008.气候变暖成因研究的历史、现状和不确定性[J].地球科学进展,**23**(10):1084-1091.

任国玉.2007.气候变化与中国水资源[M].北京:气象出版社,101-102.

任瑾.1992.子午岭森林植被的破坏与环境演变初探[J].地理研究,(11):70-77.

任先平,何友兰.1991.湖北省流行性乙型脑炎流行特征及防治对策[J].湖北预防医学杂志,**2**(1):9-12.

任永建,陈正洪,肖莺,等.2010a.华中区域百年地表气温变化趋势研究[J].地理科学,**30**(2):278-282.

任永建,刘敏,陈正洪,等.2010b.华中区域取暖、降温度日的年代际及空间变化特征[J].气候变化研究进展,**6**(6):424-428.

任玉玉,千怀遂.2006.河南省棉花气候适宜度变化趋势分析[J].应用气象学报,**17**(1):87-93.

施华宏,黄长江.1999.全球温暖化对淡水生态系统的影响及适应对策[J].生态科学,**18**(4):59-63.

施晓晖,徐祥德,谢立安.2006.NCEP/NCAR再分析风速、表面气温距平在中国区域气候变化研究中的可信度分析[J].气象学报,**64**(6):709-722.

湿地国际组织中国办事处.2007.湿地保护与全球变暖[J].环境经济杂志,**42**:25-27.

史瑞琴,陈正洪,陈波.2008.华中地区2030年前气温和降水量变化预估[J].气候变化研究进展,**4**(3):173-176.

帅细强,王石立,马玉平,等.2009.基于ORYZA2000模型的湘赣双季稻气候生产潜力[J].中国农业气象,**30**(4):575-581.

宋长春.2003.湿地生态系统对气候变化的响应[J].湿地科学,**1**(2):122-127.

宋贤明,张忠义,摆万奇,等.1994.豫西山区日本落叶松人工林气候因子的多变量分析[J].河南农业大学学报,**28**:327-378.

苏布达,姜彤,任国玉.2006.长江流域1960—2004年极端强降水时空变化趋势[J].气候变化研究进展,**2**(1):9-14.

孙芳,杨修,林而达,等.2005.中国小麦对气候变化的敏感性和脆弱性研究[J].中国农业科学,**38**(4):692-696.

谭著明,张灿明,柏方敏,等.2008.冰雪致湖南森林毁损原因、损失评估及重建设想[J].林业科学,**44**:91-95.

谈建国,陆晨,陈正洪主编.2009.高温热浪与人体健康[M].北京:气象出版社.

田开清,程琼,易爱民,等.2007.三峡坝区森林病虫害发生现状及对策[J].现代农业科技,(12):78-79.

庹德政 刘胜祥.2009.湖北湿地[M].武汉:湖北科学技术出版社.

万素琴,陈晨,刘志雄,等.2009.气候变化背景下湖北省水稻高温热害时空分布[J].中国农业气象,**30**:316-319.

万素琴.2003.气候变化对柑橘产量和品质的影响.中国农业气象,**24**(52).

王昌薇.2006.河南杉木物候节律和生长过程与气象因子的关系[J].现代农业科技,(5):5-6.

王昶,龙彪.2008.新宁县林业有害生物发生现状及防控对策[J].林业调查规划,**33**(1):94-97.

王朝晖,李景龙.2006.气象因子对湖南省棉花纤维品质的影响[J].湖南农业大学学报(自然科学版),**32**

(2):111-115.

王春乙,白月明,温民.1996.模拟大气中CO_2浓度增加对玉米产量和品质影响的试验研究[J].环境科学学报,**16**(3):331-336.

王春乙,潘亚茹,白月明,等.1997.CO_2浓度倍增对中国主要作物影响的试验研究[J].气象学报,**55**(1):86-94.

王国杰,姜彤,王艳君,等.2006.1961-2003年洞庭湖流域气候变化特征[J].湖泊科学,**18**(5):471-475.

王国庆.2006.气候变化对黄河中游水文水资源影响的关键问题研究[D].河海大学水文学及水资源博士学位论文.

王惠芳,张青珍,张明捷,等.2010.豫东北气温变化趋势及对冬小麦生长发育的影响[J].中国农学通报,**26**(11):341-345.

王慧亮,王学雷,厉恩华.2010.气候变化对洪湖湿地的影响[J].长江流域资源与环境,6(19):653-657.

王记芳,朱业玉,刘和平.2007.近28年河南主要农业气象灾害及其影响[J].气象与环境科学,**30**:9-11.

王记芳,朱业玉.2005.2004年河南异常气候事件及影响[J].河南气象,**2**:21-22.

王记芳.2005.近50年河南降水变化对水资源的影响[J].河南气象,(1):17-18.

王理顺.2004.河南省伏牛山自然保护区资源研究Ⅲ—森林资源分析与保护对策[J].河南林业科技,**24**:26-27.

王丽娟,查良松.2009.郑州50年来的气温变化及城市化对其贡献率[J].河南教育学院学报(自然科学版),**18**(3):49-53.

王明玉,舒立福,赵凤君,等.2008.中国南方冰雪灾害对森林可燃物影响的数量化分析—以湖南为例[J].林业科学,**44**:69-74.

王绍武,龚道溢.2001.对气候变暖问题争议的分析[J].地理研究,**20**(2):153-160.

王书华,李群,周志强.2009.湖南省能源供需现状及安全战略构想[J].中国国情国力,(1):61-64.

王秀珍,肖汉如,来源,等.1994.棉纤维品质形成与气象条件的研究[J].中国农业气象,**15**(2):8-11.

王叶,延晓东.2006.全球气候变化对中国森林生态系统的影响[J].大气科学,**30**:1009-1018.

王铮,翟石艳,马晓哲.2010.河南省能源消费碳排放的历史特征及趋势预测[J].地域研究与开发,**29**(6):69-74.

王正旺,庞转棠,张瑞庭,等.2007.长治农业气候资源的变化特征分析[J].中国农业气象,**28**(3):258-262.

魏凤英.2007.现代气候统计诊断与预测技术[M].北京:气象出版社.

温民,王春乙,白月明.1995.CO_2浓度倍增对棉花生长发育和产量形成的影响[J].中国农业气象,**16**(3):19-23.

吴春笃,孟宪民,储金宇.2005.北固山湿地水文情势与湿地植被的关系[J].江苏大学学报(自然科学版),**26**(4):331-335.

吴绍洪,戴尔阜,黄玫,等.2007.21世纪未来气候变化情景(B2)下我国生态系统的脆弱性研究[J].科学通报,**52**(7):811-817.

吴增祥.2005.气象台站历史沿革信息及其对观测资料序列均一性影响的初步分析[J].应用气象学报,**16**(4):461-467.

吴庚香,李娟娟,明珍平.2007.三峡库区湖北段血吸虫病流行潜在因素分析.中国地方病学杂志,**26**(6):702-704.

夏智宏,周月华,许红梅,等.2009.基于SWAT模型的汉江流域径流模拟[J].气象,**35**(9):59-68.

向闯,刘苏,刘胜祥.2006.武汉市湿地分布现状调查与分析[J].湿地科学,**4**(2):155-160.

肖飞,蔡述明.2003.洪湖湿地变化研究[J].华中师范大学学报(自然科学版),**37**(2):266-268.

肖英,刘思华,王光军.2010.湖南4种森林生态系统碳汇功能研究[J].湖南师范大学自然科学学报,**33**:124-128.

谢炼,朱毅.2005.湖南水旱灾害频繁成因浅析[J].湖南水利水电,(5):11-12.

谢永宏,王克林,任勃,等.2007.洞庭湖生态环境的演变、问题及保护措施[J].农业现代化研究,28(6):677-681.

谢庄,苏德斌,虞海燕,等.2007.北京地区热度日和冷度日的变化特征[J].应用气象学报,18(2):232-236.

熊伟,居辉,许吟隆,等.气2006.候变化下我国小麦产量变化区域模拟研究[J].中国生态农业学报,14(2):164-167.

徐德应,郭泉水,阎洪.1997.气候变化对中国森林影响研究[M].北京:中国科学技术出版社.

徐红.2003.2002—2003年中国南北方地区流感监测分析[J].世界感染杂志,3(4):282-285.

徐明,马超德.2009.长江流域气候变化脆弱性与适应性研究[M].北京:中国水利水电出版社.

徐文铎,何兴元,陈玮,等.2008.近40年沈阳城市森林春季物候与全球气候变暖的关系[J].生态学杂志,27:1461-1468.

徐影,丁一汇,赵宗慈.2002.近30年人类活动对东亚地区气候变化影响的检测与评估[J].应用气象学报,13(5):513-525.

徐影,赵宗慈,高学杰,等.2005.南水北调东线工程流域未来气候变化预估[J].气候变化研究进展,1(4):176-178.

徐治国,何岩,闫百兴,等.2006.营养物及水位变化对湿地植物的影响[J].生态学杂志,25(1):87-92.

杨爱萍,冯明,刘安国.2009.湖北省水稻盛夏低温冷害变化特征分析[J].华中农业大学学报,28(6):771-775.

杨海蛟.2006.河南林业发展现状与可持续发展战略研究[J].河南农业大学学报,40(5):498-508.

杨宏青,刘敏,冯光柳,等.2006.湖北省风能资源评估[J].华中农业大学学报,25(6):683-686.

杨静.2001.湖北省森林资源评价与林业发展对策[J].华中农业大学学报社会科学版,3:15-17.

杨坤,潘婕,杨国静,等.2010.不同气候变化情景下中国血吸虫病传播的范围与强度预估[J].气候变化研究进展,6(4):248-253.

杨沈斌,申双和,赵小艳,等.2010.气候变化对长江中下游稻区水稻产量的影响[J].作物学报,36(9):1519-1528.

杨修,孙芳,林而达,等.2004.我国水稻对气候变化的敏感性和脆弱性[J].自然灾害学报,13(5):85-89.

杨永峰,彭镇华,孙启祥.2009.重大工程对血吸虫病流行区扩散的潜在影响[J].长江流域资源与环境,18(11):1067-1074.

杨勇,黄杰,田菊,等.2008.气候变化研究使用气候资料受影响的可能性分析[J].陕西气象,(4):49-51.

姚凤梅,张佳华,孙白妮,等.2007.气候变化对中国南方稻区水稻产量影响的模拟和分析[J].气候与环境研究,12(5):659-666.

叶彩玲,霍治国,丁胜利,等.2005.农作物病虫害气象环境成因研究进展[J].自然灾害学报,14(1):90-97.

叶建仁.2000.中国森林病虫害防治现状与展望[J].南京林业大学学报,24(6):1-5.

尤莉,戴新刚,邱海涛.2010.1961—2006年内蒙古年平均气温突变分析.内蒙古气象,(2):3-5.

游艾青,陈亿毅,陈志军.2009.湖北省双季稻生产的现状及发展对策[J].湖北农业科学,48(12):3190-3193.

余兰英,刘达伟.2008.高温干旱对人群健康影响的研究进展[J].现代预防医学,35(4):756-757.

余卫东,汤景华,杨淑萍.2007.城市雨水资源潜力研究[J].气象与环境科学,(3):29-32.

余卫东,赵国强,陈怀亮.2008.气候变化对河南省主要农作物生育期的影响[J].中国农业气象,29(1):20-22.

虞志坚,朱志龙.2006.湖北省水环境现状分析及有关建议[J].水文,26(2):81-83.

俞善贤,滕卫平,沈锦花等.2004.冬季气候变暖对血吸虫病影响的气候评估[J].中华流行病学,25(7):575-577.

袁传武,史玉虎,唐万鹏,等.2009.鄂西三峡库区森林资源动态变化分析与评价[J].南京林业大学学报,33:43-46.

袁传武,吴保国,史玉虎,等.2007.基于 RS 及 GIS 的鄂西三峡库区森林资源结构及空间分布格局研究[J].西北林学院学报,22(3):185-189.

苑希民,李鸿雁,刘树坤,等.2002.神经网络和遗传算法在水科学领域的应用[M].北京:中国水利水电出版社,1-175.

岳海燕,申双和.2009.呼吸道和心脑血管疾病与气象条件关系的研究进展[J].气象与环境学报,25(2):57-61.

云雅如,方修琦,王丽岩,等.2007.我国作物种植界线对气候变暖的适应性响应[J].作物杂志,(3):20-23.

曾小凡,周建中.2010.长江流域年平均径流对气候变化的响应及预估[J].人民长江,41(12):80-83.

翟家齐,赵勇,裴源生.2010.南水北调中线水源区供水水文风险因子分析[J].南水北调与水利科技,8(4):13-17.

翟建青,曾小凡,苏布达,等.2009.基于 ECHAM5 模式预估 2050 年前中国旱涝格局趋势[J].气候变化研究进展,5(4):220-225.

张爱英,任国玉,周江兴,等.2010.中国地面气温变化趋势中的城市化影响偏差[J].气象学报,68(6):957-966.

张晨曦,刘琼,许航.2010.浅谈湖南省水资源概念、现状与管理[J].湖南水利水电,(2):67-68.

张建敏,黄朝迎,吴金栋.2001.三峡工程建成后枯水期运行的气候风险研究[J].应用气象学报,12(2):218-225.

张建平,赵艳霞,王春乙,等.2006.气候变化对我国华北地区冬小麦发育和产量的影响[J].应用生态学报,17(7):1179-1184.

张建平,赵艳霞,王春乙,等.2007.未来气候变化情景下我国主要粮食作物产量变化模拟[J].干旱地区农业研究,25(5):208-213.

张建云,王国庆.2009.气候变化与中国水资源可持续利用[J].水利水运工程学报,(4):17-21.

张建云,王金星,李岩,等.2008.近 50 年我国主要江河径流变化[J].中国水利,2:31-34.

张江涛,茹桃勤,付祥建,等.2009.豫西丘陵区刺槐无性系生长气候因子研究[J].林业科技,34:1-4.

张俊艳,韩文秀.2005.城市水安全问题及其对策探讨[J].北京科技大学学报社会科学版,21(2):78-81.

张丽娟,熊宗伟,陈兵林,等.2006.气候条件变化对棉纤维品质的影响[J].自然灾害学报,15(2):79-84.

张利平,陈小凤,赵志鹏,等.2008.气候变化对水文水资源影响的研究进展[J].地理科学进展,27(3):60-67.

张利平,胡志芳,秦琳琳,等.2010.2050 年前南水北调中线工程水源区地表径流的变化趋势[J].气候变化研究进展,6(6):391-397.

张利阳,吴庆华.2008.湖北能源消费与经济增长关系实证研究[J].中部崛起论坛,(12):58-60.

张明珠,秦天玲,王凌河,等.2011.不同 CO_2 浓度下气候要素变化数值模拟—以南水北调西线水源区为例[J].人民长江,42(3):53-56.

张清华,郭泉水,徐德应,等.2000.气候变化对我国珍惜濒危树种—琪桐地理分布的影响研究[J].林业科学,36(2):47-52.

张增信,Klaus Fraedrich,姜彤,等.2007.2050 年前长江流域极端降水预估[J].气候变化研究进展,3(6):340-344.

赵凤君,王明玉,舒立福,等.2009.气候变化对林火动态的影响研究进展[J].气候变化研究进展,5(1):50-55.

赵海燕.2006.气候变化对长江中下游地区水稻生产的影响及适应性研究[D].中国农业科学院.

赵升平,李传华.2001.湖北省森林火灾发生原因与对策[J].湖北林业科技,(1):39-41.

赵宗慈.1991.近 39 年中国气温变化与城市化影响[J].气象,**17**(4):14-16.

赵宗群,李东民,廖小燕,等.2001.气候变化对我国部分地区心脑血管疾病死亡率的影响及预防对策[J].环境与健康杂志:**18**(5):310-312.

郑景云,葛全胜,赵会霞.2003.近 40 年中国植物物候对气候变化的响应研究[J].中国农业气象,**24**:28-32.

郑有飞,陈彬彬,赵国强,等.2007.气候变化对植物春季物候影响分析及模拟——以河南郑州为例[J].安徽农业科学,**35**:4711-4713.

郑袟芳,陈家华,祈文.2002.湖北省近 50 年气候变化特征分析[J].气象科学,**22**(3):280-287.

周刚.2007.洞庭湖水系四水流域年最大流量序列分析[D].湖南师范大学硕士学位论文.

周广胜,王玉辉.2003.全球生态学[M].北京:气象出版社,78.

周桂生,封超年,陈后庆,等.2003.气象因子对棉纤维品质影响的研究进展[J].棉花学报,**15**(6):372-375.

周后福.1999.气候变化对人体健康影响的综合指标探讨[J].气候与环境研究,(4):121-126.

周倩,黄树红,李爱军.2007.湖北省能源需求预测及分析[J].统计与决策,(4):89-90.

周天军,满文敏,张洁.2009.过去千年气候变化的数值模拟研究进展[J].地球科学进展,**24**(5):469-476.

周晓农,杨坤,洪青标,等.2004.气候变暖对中国血吸虫病传播影响的预测[J].中国寄生虫学与寄生虫病杂志,**22**(5):13262-13268.

周月华,高贤贤.2003.1470—2000 年湖北省旱涝变化分析[J].气象,**29**(12):18-21.

周晓农,杨国静,孙乐平,等.2002.全球气候变暖对血吸虫病传播的潜在影响[J].中国寄生虫学与寄生虫病,**23**(2):83-86.

朱利,张万昌.2005.基于径流模拟的汉江上游区水资源对气候变化响应的研究[J].资源科学,**27**(2):16-22.

朱建华,侯振宏,张治军,等.2007.气候变化与森林生态系统:影响,脆弱与适应性[J].林业科学,**43**:138-245.

朱明栋,陈朝.2006.气候变暖对湖北农业的影响[J].甘肃农业,(6):111-112.

朱文泉,潘耀忠,阳小琼,等.2007.气候变化对中国陆地植被净初级生产力的影响分析[J].科学通报,**52**(21):2535-2541.

朱业玉,罗楠,杜彩月,等.2008.河南省粮食单产变化的小波分析[J].中国农业气象,**29**(2):191-193.

朱业玉.2004.近 40 年郑州冬夏气温突变的诊断分析.河南气象,(1):15-16.

邹春蕾,吴凤芝,郑洋.2008.高 CO_2 浓度对植物的影响研究进展[J].东北农业大学学报,**39**(3):134-139.

Buishand,T.1984.A.Tests for detecting a shift in the mean of a hydrological time series[J]. *J. Hydrol.* **73**,51-69.

Guoyu REN,Hongbin LIU,Ziying CHU,*et al*.2011.Multi-dTime-dScale climatic variations over eastern China and implications for the south-dnorth water diversion project[J]. *Journal of hydrometeorology*, **12**:600-617.

IPCC.2001:*Climate Change* 2001:*The Scientific Basis*.[M](Houghton,J. T. ,Y. Ding,*et al*.),Cambridge University Press,881pp.

IPCC,2007:*The Physical Science Basis*[M].(Solomon,S. ,D. Qin,M. Manning,Z. Chen,M. *et al*.).Cambridge University Press.

IPCC.1990. *Climate Change* 1990[M]. Cambridge:Cambridge University Press.

IPCC.1996. *Climate Change* 1995[M]. Cambridge:Cambridge University Press.

IPCC.2007a. *Climate Change* 2007:*The Physical Science Basis*[M]. Contribution of Working Group I to the Fourth Assessment Report of the Intergovernmental Panel on Climate Change. Cambridge,UK:Cambridge University Press.

IPCC.2007b. *Climate Change* 2007:*Impacts,Adaptation and Vulnerability*[M]. Contribution of Working Group II to the Fourth Assessment Report of the Intergovernmental Panel on Climate Change. Cambridge, UK: Cambridge University Press.

IPCC. 2007c. *Climate Change* 2007: *Mitigation of Climate change*. Contribution of Working Group III to the Fourth Assessment Report of the Intergovernmental Panel on Climate Change. Cambridge, UK: Cambridge University Press.

IPCC. 1990. *Climate Change* 1990: *The IPCC Impacts Assessment Report* [R]. IPCC Working Group II 3. 3-14-3-16.

IPCC. 2001. *Climate Change* 2001: *The scientific basis*[M]. Cambridge: Cambridge University Press, 881.

Ma X Y, Guo Y, Shi G, *et al*. 2004. Numerical simulation of global temperature change over the 20th century with IAP/LASG GOALS models[M]. *Adv. Atmos. Sci.* **21**: 234-242.

Peterson T C. 2003. Assessment of urban versus rural in situ surface temperature in the contiguous United St, tes: No difference found[M]. *J Climate*, **16**(18): 2941-2959.

Pettit, A. N., 1979: A non-dparametric approach to the change point problem[M]. *Appl. Stat.*, **28**, 126-135.

Rochefort R. M., Little R. L., Woodward A. & Peterson D. L. 1994. Changes in subalpine tree distribution in Western North America: a review of climatic and other causal factors[M]. *Holocene*, **4**, 89-100.

Theurillat J. P., Guisan A. 2001. Potential impact of climate change on vegetation in the European Alps a review[M]. *Climatic Change*, **50**, 77-109.

Vincent, L. A., 1998: A technique for the identification of inhomogeneities in Canadian temperature series [M]. *J. Climate*, **11**, 1094-1104.

Wijngaard, J., A. Klein Tank, G. Konnen. 2003. Homogeneity of 20th Century European Daily Temperature and Precipitation Series[M]. *International Journal of Climatology*, **23**: 679-692.

Y Luo, Z C Zhao, Y Xu, *et al*. 2005. Projections of climate change over China for the 21st century[J]. *Acta Meteorologica Sinica*, **19**(4): 401-406.

Xu Ying, Xuan Chonghai, Gao Xuejie, *et al*. 2009. Projected changes in temperature and precipitation extremes over the Yangtze River Basin of China in the 21st century[J], *Quaternary International*, **208**: 44-52.

Zhou Tianjun, Yu Rucong. 2006. Twentieth Century Surface Air Temperature over China and the Globe Simulated by Coupled Climate Models[J]. *Journal of Climate*, **19**(22): 5843-5858.

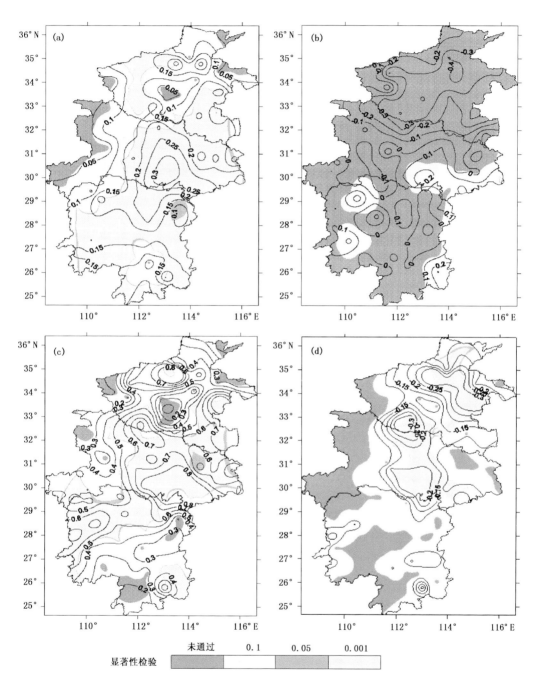

图 2.7 华中区域气温气候倾向率及其显著性检验空间分布

(a)年平均气温;(b)年平均最高气温;(c)年平均最低气温;(d)年平均日较差

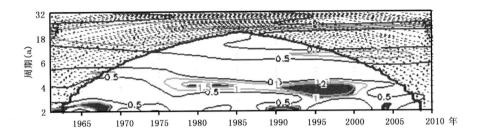

图 4.1　1961—2010 年华中区域年平均气温小波变换功率谱

（阴影部分表示在 0.1 显著性水平下统计显著;点阴影区是小波变换受边界效应影响的区域）

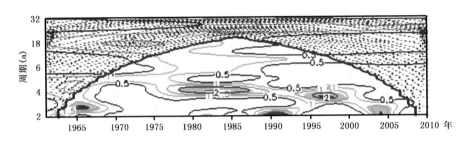

图 4.2　1961—2010 年华中区域年平均最高气温小波变换功率谱

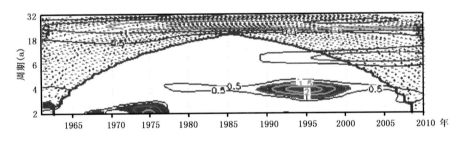

图 4.3　1961—2010 年华中区域年平均最低气温小波变换功率谱

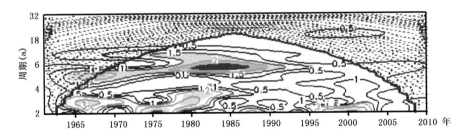

图 4.4　1961—2010 年华中区域年平均降水量小波变换功率谱

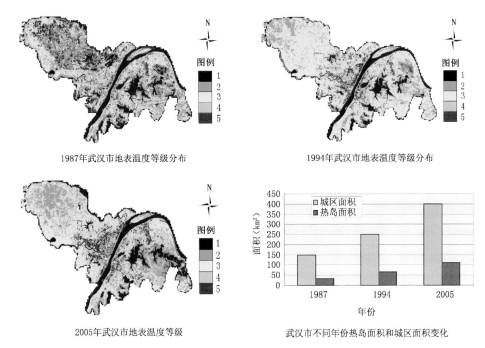

1987年武汉市地表温度等级分布

1994年武汉市地表温度等级分布

2005年武汉市地表温度等级

武汉市不同年份热岛面积和城区面积变化

图 4.6　武汉市城市热岛范围的年代变化

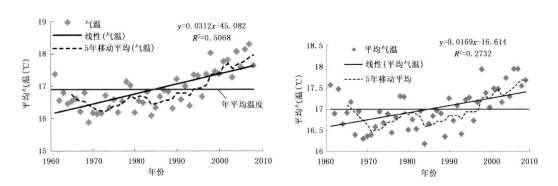

图 9.1　洪湖湿地区 1961—2008 年平均气温变化　　图 9.4　洞庭湖湿地 1961—2008 年平均气温变化图

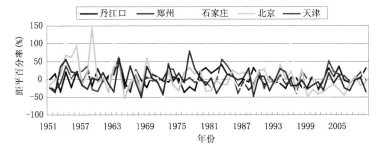

图 11.3　中线工程沿线 1951—2010 年降水逐年变化

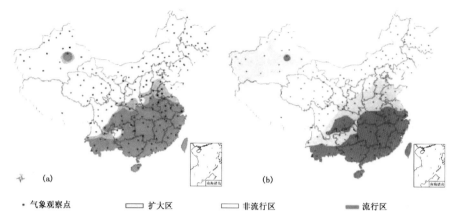

图 12.5 2030 年(a)与 2050 年(b)血吸虫病传播空间分布预测图(周晓农等,2006)

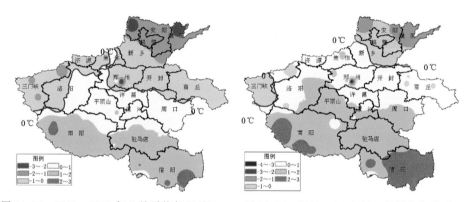

图 14.25 1961—1990 年 1 月平均气温(℃)   图 14.26 1991—2008 年 1 月平均气温(℃)

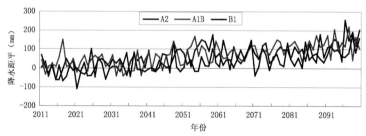

图 15.26 三种情景下湖北 2011—2100 年平均降水量变化趋势

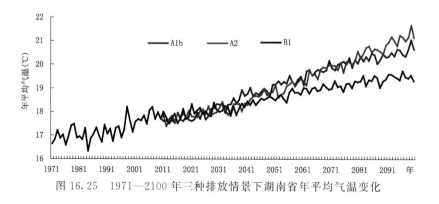

图 16.25 1971—2100 年三种排放情景下湖南省年平均气温变化